牛病毒性腹泻—黏膜病防控

朱战波　周玉龙　刘　宇　著

黑龙江科学技术出版社
HEILONGJIANG SCIENCE AND TECHNOLOGY PRESS

图书在版编目(CIP)数据

牛病毒性腹泻—黏膜病防控 / 朱战波，周玉龙，刘宇著. — 哈尔滨 : 黑龙江科学技术出版社，2022.8
ISBN 978-7-5719-1543-8

Ⅰ. ①牛… Ⅱ. ①朱… ②周… ③刘… Ⅲ. ①牛病-病毒病-腹泻-防治②牛病-粘膜疾病-防治 Ⅳ. ①S858.23

中国版本图书馆 CIP 数据核字(2022)第 152184 号

牛病毒性腹泻—黏膜病防控
NIU BINGDU XING FUXIE—NIANMOBING FANGKONG
朱战波　周玉龙　刘　宇　著

责任编辑　焦　琰
封面设计　欣鲲鹏
出　　版　黑龙江科学技术出版社
地址:哈尔滨市南岗区公安街 70-2 号　邮编:150007
电话:(0451)53642106　传真:(0451)53642143
网址:www.lkcbs.cn
发　　行　全国新华书店
印　　刷　黑龙江艺德印刷有限责任公司
开　　本　787 mm×1092 mm　1/16
印　　张　14.5
字　　数　310 千字
版　　次　2022 年 8 月第 1 版
印　　次　2022 年 8 月第 1 次印刷
书　　号　ISBN 978-7-5719-1543-8
定　　价　89.00 元

前　言

牛病毒性腹泻—黏膜病是由牛病毒性腹泻病毒（BVDV）引起牛的以发热、黏膜糜烂和坏死、腹泻、血小板和白细胞减少、流产、畸型胎儿等为特征的一种接触性传染病，呈世界性分布，是牛场和国际贸易中重点检疫的传染病，其会给养牛业造成了巨大损失。作者在广泛收集、分析和整理近年来国内外该病的相关文献、科研成果、研究进展和实验数据的基础上，结合自己的研究，撰写了该专著。

该专著共计十章，具体编写分工如下：第一章至第四章由朱战波著，共计 10.2 万字，第五章至第八章由周玉龙著，共计 10.8 万字，第九章至第十章由刘宇著，共计 10.2 万字。三名作者均工作于黑龙江八一农垦大学。内容涉及病因学、流行病学、发病机制、临床症状、病理学、免疫学、诊断及预防与控制等，科学实用、通俗易懂，涵盖了该病的国内外研究进展和前沿动态。本书可作为牛病毒性腹泻—黏膜病防控研究的重要参考书之一，适合高等院校本科、研究生及科研工作者参考。

目　　录

第一章　概　述

牛病毒性腹泻—黏膜病(Bovine viral diarrhea - mucosal disease,BVD - MD)又称为牛病毒性腹泻(Bovine viral diarrhea,BVD)或黏膜病(mucosal disease,MD),是由牛病毒性腹泻病毒(Bovine viral diarrhea virus,BVDV)引起的一种急性或慢性传染病。多数呈隐性感染,临床病例以高热、白细胞减少、腹泻、口腔及消化道黏膜糜烂和坏死、妊娠母牛流产或产畸型胎儿、新生犊牛持续性感染等为特征。易感动物主要是牛和猪,对绵羊、鹿、骆驼及其他野生动物也具有一定感染性。该病多呈地方性流行和季节性流行,在封闭集约化养殖场多以暴发形式发病。此病在新疫区急性病例多,老疫区很少发生,多呈隐性感染,发病率和病死率很低。持续性感染(persistent infection,PI)牛在全球畜群中的患病率范围小于0.3%或2%不等。感染水平受牛密度和季节(在较小程度上)的影响,一年四季均可发生,但在冬末和春季多发。目前,OIE将其列为必须报告的动物疫病及国际动物胚胎交流病原名录三类疫病。我国农业农村部将其定为三类动物疫病,进境动物检疫疫病名录中将其列为二类传染病。

本病最早于1946年Olafson首次在美国纽约牛群发现本病,随后世界各地均开始出现相关报道,尤其在美国和欧洲等畜牧业发达的国家,BVDV已经成为全球多个地区牛的主要病毒病原体之一。1953年,在艾奥瓦州的牛群中又发现类似的疾病,以口腔溃疡和出血性肠炎为特征,被称为黏膜病。1957年,Lee分离到病原,命名为牛病毒性腹泻病毒。1971年,美国兽医协会统一将牛病毒性腹泻和黏膜病命名为牛病毒性腹泻—黏膜病。自1993年以来,加拿大和美国发生了由NCP型BVDV引起的严重的、暴发性、出血性疾病。在基因组和血清学方面"传统"毒株与暴发病例中的分离病毒株间存在差异,依据上述差异可将BVDV分为1型和2型,两者都包含CP和NCP型毒株。2004年,从原产于巴西的胎牛血清(FBS)中分离出一种新的BVDV毒株,称为"Hobi"样或非典型瘟病毒。2010年学者们从意大利临床患病犊牛中分离鉴定了Hobi样瘟病毒,被确定为3型。对不同畜种(牛、羊、猪)的病毒基因组5′非编码区的遗传分析结果表明,该属内至少有3种基因型。由此提出了基于基因组序列的瘟病毒新分类方法。在我国,BVDV是由李佑民团队在1983年首次发现的,病毒株分离自从国外进口的流产牛胎儿脾脏。目前,我国许多省(自治区、直辖市)均已分离鉴定出了牛病毒性腹泻病毒,或检测出了血清抗体。

该病广泛分布于世界各地的养牛国家,是养牛场和国际贸易中重点检疫的传染病,给全世界养牛业造成了巨大的经济损失。BVDV 也被认为是哺乳动物细胞培养中最重要的潜在污染物之一,因为它能够在细胞中繁殖而不会引起显著的细胞病变效应。BVDV 感染主要影响牛的生殖系统、呼吸系统和消化系统,引起免疫抑制和病毒持续感染。该病因可导致胚胎或胎儿死亡、持续感染或隐性感染以及母牛产后状态不佳,影响牛场经济效益。在母牛妊娠期间,BVDV 感染机体后能够穿过胎盘感染胎儿,导致胎儿死亡或 PI 小牛的产生,其中只有 NCP 型 BVDV 感染可导致 PI 牛的产生。PI 牛对该病毒具有免疫耐受性,出生后终生带毒,并通过其分泌物大量排毒。如果 CP 型 BVDV 毒株感染了 PI 牛,这种双重感染会导致黏膜病,患病动物往往临床转归为死亡。牛的原发性产后感染通常会导致轻度的牛病毒性腹泻,其特征是食欲不振、发烧和白细胞减少。严重且致命的 BVDV 感染可导致病牛出现发烧、腹泻、呼吸道疾病和/或全身性出血综合征。与 BVD 相关的流产、不育和/或胎儿死亡可导致母牛繁殖性能显著降低和过早淘汰。如果牛群中存在一个或多个 PI 牛,这些临床症状会特别明显。出现急性腹泻和体温升高的母牛可能会死亡,或产奶量及生长性能下降,其治疗周期长且代价高昂。在恢复期,牛的免疫系统往往存在不同程度的免疫抑制,这些牛更容易感染其他疾病。近年来,人们越来越意识到 BVD 对牛群健康可能产生的重大影响,BVD 防控工作的力度也在不断加强。

最常见的 BVD 实验室诊断方法包括病毒分离、PCR 检测、抗体检测和抗原捕获 ELISA。病毒分离一直是 BVDV 检测的"金标准"。ELISA 免疫测定法是检测 BVDV 抗体或抗原的常用方法。间接 ELISA 可用于监测牛群中 BVDV 抗体水平及确定是否是污染群体,然后应用 qRT－PCR 或抗原捕获 ELISA(AC－ELISA)检测 6 月龄以上牛耳组织或全血样本中的病毒,以便进行快速的检疫。与 ELISA 不同,对混合样本进行 PCR 测试可能更实用、更经济、更省时。检测和区分持续性感染(PI)和急性感染(AI)的经典方法是在 3～4 周后对阳性动物进行进一步的测试,在两个时间点检测均为阳性的所有动物都被认为是 PI 牛。

目前,有针对 BVDV 的改良活病毒(MLV)和灭活病毒(KV)疫苗,通常与其他病毒和细菌抗原制备联苗使用。灭活疫苗和 MLV 疫苗为牛生产者和兽医提供了安全有效的畜群免疫用生物制剂,以限制与 BVDV 感染相关的疾病。尽管大多数商业疫苗含有代表性的 BVDV－1 和 BVDV－2 毒株,但 MLV 和 KV 疫苗对异源 BVDV 毒株的交叉保护效力仍然有限,存在安全性、免疫抑制、潜在的毒力恢复和诱导新生儿全血细胞减少症等缺点。一般认为灭活疫苗比弱毒活疫苗更安全,因此不建议在怀孕的前 6 个月内接种弱毒活疫苗。与 NCP 生物型相比,大多数现代改良活疫苗使用 BVDV 的 CP 生物型,因为这些类型的病毒不能在胎儿中建立持续感染。对幼龄牛进行 BVDV 疫苗接种的目的是预防临床疾病和限制病毒向易感动物传播。对于育成牛来说,预防病毒血症和持续感染后代的出生被认为更重要,但也比预防临床疾病更难实现。最近对 BVDV 疫苗免疫效果的评估取得了进展。在预防临床疾病方面,目前的 BVDV 疫苗已被证明可快速刺激机体产生特异性免疫力,并且 MLV 疫苗可以有效地用于具有母源抗体的犊牛。对于生殖保护,最近关于多价弱毒活疫苗的研究表明,在试验研究中胎儿保护率始终保持在 85% ~100% 的范围内。科学的 BVDV 疫苗免疫方案可以最大限度地提高疫苗效力,从而为降低与 BVDV 感染相关的风险做出重要贡献。随着疫苗配方的改进和对疫苗接种后保护性免疫反应的更多了解,可以通过疫苗接种加强对 BVDV 的控制。几十年来,一些经典的 BVDV 减毒和灭活疫苗已经被证实可以触发并诱导产生一定水平的体液和细胞免疫反应。然而,新毒株的出现影响了这些常规疫苗的效力。从已发表的研究来看,当动物受到来自相同基因型的毒株攻击时,保护效果似乎更好。一些国家和地区已开发出与新流行毒株相匹配的新型疫苗,将对存在争议的 BVDV 防控方案产生重大影响。

同时,一些地区或国家实施了国家强制性控制计划,旨在从牛群中根除 BVD。欧洲国家已经采用了疫苗预防接种及根据疾病的血清阳性率、牛群密度和贸易情况进行检测和淘汰的策略,结果非常令人信服。BVDV 控制的通用模式基于三个关键要素:一是通过生物安全措施防止将感染牛引入无 BVD 的畜群,二是消灭 PI 动物以减少病毒传播,三是对无 BVD 的畜群进行监测,以尽早实现再感染的检测。根除 BVDV 主要取决于以下几个因素,包括对病毒株和变异株的严格和持续监测,开发可高通量检测各种毒株和变异毒株的最新诊断方法,以及针对新出现的病毒株或病毒变异株以及同源毒株疫苗的开发。在欧洲,有两种主要类型的系统控制计划,即允许和禁止接种疫苗。比利时、德国、爱尔兰和苏格兰正在采用类似的方法来去除 PI 牛和选择性接种疫苗。接种疫苗应被视为一种生物安全措施,接种疫苗的最终目的是防止胎儿感染和新的 PI 小牛出现。有研究表明,在实施系统性 BVD 控制计划,但未接种疫苗的国家,将 BVDV 重新引入牛群中会造成严重的经济损失,这些牛群在去除 PI 牛后变成血清阴性和脆弱。这凸显了需要严格的生物安全以防止再次感染的发生,为此,对农民的教育和持续性的防控动力是关键。

参考文献

[1] 姚泽慧, 刁乃超, 李大帅,等. 牛病毒性腹泻病毒非结构蛋白研究进展[J]. 动物医学进展, 2022, 40(7): 87-91.

[2] Madeddu S, Marongiu A, Sanna G, et al. Bovine Viral Diarrhea Virus (BVDV): A

Preliminary Study on Antiviral Properties of Some Aromatic and Medicinal Plants[J]. Pathogens, 2021, 10(4).

[3] Liu Y, Liu S, Wu C, et al. PD – 1 – mediated PI3K/Akt/mTOR, caspase 9/caspase 3 and ERK pathways are involved in regulating the apoptosis and proliferation of CD4 (+) and CD8 (+) T cells during BVDV infection in vitro[J]. Front Immunol, 2020, 11: 467.

[4] 钱坤, 王虹. 牛病毒性腹泻病毒灭活疫苗的制备及其免疫效果[J]. 今日畜牧兽医, 2020, (1): 1.

[5] Scharnböck B, Roch F – F, Richter V, et al. A meta – analysis of bovine viral diarrhoea virus (BVDV) prevalences in the global cattle population[J]. Sci Rep, 2018, 8(1): 14420.

[6] Newcomer B W, Givens D. Diagnosis and Control of Viral Diseases of Reproductive Importance: Infectious Bovine Rhinotracheitis and Bovine Viral Diarrhea[J]. Vet Clin North Am Food Anim Pract, 2016, 32(2): 425 – 441.

[7] Constable P D, Hinchcliff K W, Done S D, et al. Veterinary Medicine: A textbook of the diseases of cattle, horses, sheep, pigs and goats, ELSEVIER, 2016.

[8] 马莉莉, 常敬伟, 王宇婷, 等. 牛病毒性腹泻黏膜病疫苗的研究进展[J]. 现代畜牧兽医, 2016, (12): 3.

[9] Lanyon S R, Hill F I, Reichel M P, et al. Bovine viral diarrhoea: pathogenesis and diagnosis[J]. Vet J, 2014, 199(2): 201 – 209.

第二章　病因学

一、病原特性

（一）分类

牛病毒性腹泻病毒（Bovine viral diarrhea virus，BVDV），又名黏膜病病毒（Mucosal disease virus，MDV），是黄病毒科（*Flaviviridae*）中瘟病毒属（*Pestivirus*）的成员。“黄病毒”这个名字来源于黄热病病毒（flavus = lat. yellow）。根据最新 ICTV 报告（第十次），瘟病毒属已被归类为 11 个种（瘟病毒 A ~ K），具体见表 2 - 1。其中主要感染牛的瘟病毒已被归类为瘟病毒 A（BVDV - 1）、瘟病毒 B（BVDV - 2）和瘟病毒 H（HoBi 样瘟病毒，非典型反刍动物瘟病毒，也称为 BVDV - 3）。同科成员还包括丙型肝炎病毒（Hepatitis C virus，HCV）、黄热病毒（Yellow fever virus，YFV）、西尼罗河病毒（West Nile virus，WNV）、日本脑炎病毒（Japanese encephalitis virus，JEV）、登革热病毒（Dengue virus，DV）、猪瘟病毒（Classical swine fever virus，CSFV）和边界病病毒（Borna disease virus，BDV）等。需强调的是，BVDV、CSFV 和 BDV 这 3 种病毒均为重要的动物致病病毒，在兽医学上有重要意义。尽管这三种病毒均存在各自的自然感染宿主，但试验表明，CSFV 可实验感染牛，BVDV 也可人工感染猪、羊和其他反刍动物。基因测序证实，3 种病毒基因有很高的同源性。血清学试验表明，BVDV 与同属的 CSFV 和 BDV 具有密切的抗原关系。BVDV 的一些毒株接种于猪可以产生抗牛病毒性腹泻/黏膜病的抗体，被接种猪可以抵抗猪瘟病毒的攻击。

表 2 - 1　瘟病毒属的成员

物种名称	通用名称	英文名称及缩写	宿主
瘟病毒 A	牛病毒性腹泻病毒 1	bovine viral diarrhea virus 1，BVDV 1	牛、其他反刍动物和猪
瘟病毒 B	牛病毒性腹泻病毒 2	bovine viral diarrhea virus 2，BVDV 2	牛、其他反刍动物和猪
瘟病毒 C	猪瘟病毒	classical swine fever virus，CSFV	猪
瘟病毒 D	边境病病毒	Border disease virus，BDV	绵羊、其他反刍动物和猪

续表

物种名称	通用名称	英文名称及缩写	宿主
瘟病毒 E	叉角羚羊瘟病毒	pronghorn antelope pestivirus,PAPeV	羚羊
瘟病毒 F	猪瘟病毒	porcine pestivirus,PPeV	猪
瘟病毒 G	长颈鹿瘟病毒	giraffe pestivirus,GPeV	长颈鹿、牛
瘟病毒 H	HoBi 样瘟病毒	HoBi - like pestivirus,HoBiPeV	牛、水牛
瘟病毒 I	Aydin 样瘟病毒	Aydin - like pestivirus,AydinPeV	绵羊、山羊
瘟病毒 J	大鼠瘟病毒	rat pestivirus,RPeV	鼠
瘟病毒 K	非典型猪瘟病毒	atypical porcine pestivirus,APPeV	猪

注:病毒名称和病毒缩写不是 ICTV 的官方名称。

(二)形态结构

BVDV 病毒粒子为直径 40～60 nm 的有囊膜的球形颗粒,病毒颗粒的大小存在一些差异,大多数病毒颗粒的直径约为 50 nm,但大约 2% 的颗粒显示出约 65 nm 的直径。其内含直径约 30 nm 的电子致密内核,囊膜表面有 10～12 nm 的环形亚单位。病毒核衣壳呈二十面体结构(由一个单一衣壳蛋白 C 组成),并被一个囊膜(包含 3 个病毒编码的膜蛋白:E0、E1、E2)包围。E1 和 E2 将病毒膜锚定在其 C 端,而 E^{rns} 是松散关联的,并表现出 RNA 酶活性。

(三)理化性质

BVDV 主要分布在血液、精液、脾、骨髓、肠淋巴结、妊娠动物的胎盘等组织以及呼吸道、眼、鼻的分泌物中,能在胎牛的肾(BEK)、睾丸、脾脏、肺、皮肤、肌肉、气管、鼻甲骨等细胞,以及胎羊睾丸、猪肾等细胞培养物中增殖传代。现在常用胎牛肾细胞株(MDBK)细胞进行培养,牛鼻甲骨(BT)细胞、睾丸细胞(BET)也用于增殖本病毒及疫苗制备。

病毒粒子在蔗糖密度梯度中的浮密度是 1.13～1.14 g/mL,沉降系数为 80～90 S,对乙醚、氯仿、胰酶等敏感,pH 在 3 以下易被破坏;50 ℃氯化镁中不稳定;56 ℃很快被灭活;血液和组织中的病毒在 -70℃可存活多年。在低温下稳定,冻干状态下可存活多年。病毒可以被有机溶剂、去污剂和所有常见的消毒剂灭活。

二、基因型

基于病毒基因组的基因差异,可将 BVDV 分为基因 1 型(BVDV1)、基因 2 型

(BVDV2)和基因3型(BVDV3)。根据BVDV基因组5′UTR(非翻译区,一个高度保守的区域)、N^{pro}和E2区编码序列将BVDV-1分为22个基因亚型(1a~1v)。根据BVDV-2型5′UTR二级结构差异可将BVDV-2划分为4个基因亚型(2a~2d),BVDV-3分为3a~3d。BVDV-1和BVDV-2均可引发严重疾病,但大多数(70%~90%)的感染是无症状的,基因结构的差异不能解释毒力。BVDV-1型病毒流行范围远高于BVDV-2,BVDV-2型病毒致病力更强。已公开的序列表明,BVDV-1(88.2%)分离毒株的数量远高于BVDV-2(11.8%)。BVDV-1和BVDV-2在抗原上是不同的,因此有效的疫苗应始终包含两种基因型。世界范围内的主要亚基因型是BVDV-1b,其次是BVDV-1a和BVDV-1c。BVDV-2型多见于美国和日本,主要是BVDV-2a;澳大利亚则以BVDV-1c为主。我国以BVDV-1b、1m和1u为主。BVDV1、BVDV2均有CP和NCP两种生物型,感染早期和持续性感染的犊牛分离的是NCP型,但在发生黏膜病的病牛,两种生物型均可分离到。1型或2型名称或CP/NCP生物型都与病毒的毒力或致病能力无关。由于RNA病毒的高突变性以及频繁的国际交流,一定地区内的BVDV基因新亚型还在不断出现。

BVDV毒株之间的变异可以通过不同的方法进行评估,包括单克隆抗体反应、交叉中和试验和核苷酸序列的比较。部分和完整基因组序列的系统发育分析提供了比基于抗体反应的研究更详细的信息,并允许快速检测和区分BVDV-1和BVDV-2亚基因型,以及识别新的亚基因型。不同的基因组区域,即5′UTR、N^{pro}、E2、NS2-3和NS5B-3′UTR已用于BVDV和其他瘟病毒的基因分型和分类。部分5′UTR序列最常用于BVDV分离株的系统发育分析和基因分型,其次是N^{pro}和E2编码序列,迄今为止描述的几乎所有亚基因型都根据这些基因组区域进行了分类。5′UTR用于系统发育分析的主要缺点是序列长度受限和缺乏多样性。对完整N^{pro}和E2编码序列的分析为将BVDV分离株分配到已建立和新鉴定的亚基因型提供了高可信度。对5′UTR序列的系统发育分析使观察到的有限分辨率和统计支持可以通过分析更长的序列得到显著改善。因此,建议使用完整的N^{pro}和E2编码区,甚至完整的多蛋白编码区,用于推断瘟病毒分离株的系统发育和基因分型。

三、生物型

虽然不同基因型的基因组不同,但可以根据表型特征识别生物型。BVDV可以表现出两种不同的生物型:细胞病变型(CP型)和非细胞病变型(NCP型)。CP型会破坏细胞培养物中的细胞,导致细胞空泡化和裂解;NCP型不会以上述方式影响细胞。虽然大多数疫苗都含有CP型BVDV毒株,但NCP型BVDV毒株在牛群传播中更为常见。NCP型

BVDV 编码一种名为 NS2/3 的非结构蛋白，而 CP 型 BVDV 则编码两种不同的蛋白质 NS2 和 NS3，可能通过突变和/或重组从 NCP 型 BVDV 衍生而来，NS3 被认为是 CP 型 BVDV 的标记蛋白。

NCP 型 BVDV 通常是从急性感染病牛中分离而来的(大约90%有症状的急性感染被认为是由 NCP 型 BVDV 引起的)，其还能诱导持续感染，而 CP 型 BVDV 是导致黏膜病的病原体。最初，NCP 型 BVDV 被认为只能引起轻微疾病。然而，20 世纪 90 年代初爆发的"严重急性 BVD"(病原为 NCP 型 BVDV－2 毒株)证明这一假设是错误的。现有的生物型确实不能解释病原体的毒力，细胞病变和非细胞病变两种生物型均是可能产生轻度或侵袭性的毒株，如所有高毒力的 BVDV－2 都是非细胞病变的。BVDV 感染的结果取决于病毒特征，如生物型、基因型或毒株(抗原多样性)和毒力，以及宿主因素包括宿主的种类、免疫状态、妊娠状态，以及与其他病原体的并发感染。

CP 型 BVDV 通过突变(插入细胞序列、基因重复、缺失、单核苷酸改变等)等方式从 NCP 型 BVDV 衍生而来。新的 CP 型 BVDV 与原始 NCP 型 BVDV 在抗原上相同，这也是黏膜病发病机制的重要因素。也有报道描述过相反的情况，即从 CP 型 BVDV 到 NCP 型 BVDV 的突变，但其仍然存在争议。Ammari 等用蛋白质组学方法评估了 CP 和 NCP 型 BVDV 感染牛单核细胞的效果。分析结果表明，巨胞饮信号、内吞途径、整合素信号传导和原发性免疫缺陷信号传导等通路途径仅在 NCP 型 BVDV 感染的单核细胞中表现出差异。相比之下，在 CP 型 BDVD 感染的细胞中仅发现了肌动蛋白细胞骨架信号、RhoA 信号、网格蛋白介导的内吞信号和干扰素信号等通路存在差异。在涉及 CP 和 NCP 型 BVDV 感染的六种常见途径中，急性期反应信号对两种 BVDV 生物型都是最重要的。尽管两种 BVDV 生物型之间大多数共享的差异宿主蛋白均表现出相同类型的变化，但整合素 α2β1 (ITGA2B) 和整合素 β3 (ITGB3) 在 NCP 型 BVDV 感染中显著下调，而在 CP 型 BVDV 感染中显著上调。

四、基因组

BVDV 基因组由单链 RNA 组成(见附图 1－1)。基因组(Genome)为单股正链 RNA [ss (+) RNA]，长度为 12.3～12.5 kb，碱基组成为32%A、22%T、26%G 和20%C，略富 AT 分布。病毒基因组由一个单一的开放阅读框(ORF)组成，其中包含大部分病毒基因组，两侧是 5′非翻译区(untranslated region，UTR)和 3′非翻译区。5′UTR 长度为 nt385，而 3′ UTR 长度为 nt226。5′末端的帽子到起始密码子 AUG 之间的序列称为 5′UTR，位于 5′ UTR 内的内部核糖体进入位点(internalribosom entrysite，IRES)，通过与帽无关的核糖体与起始密码子的连接来促进翻译起始，IRES 由 3 个螺旋组成，其中包含两个高度可变的区域。3′ UTR 包含保守的茎环而不是 poly - A 尾,并且具有结合多种宿主细胞 microRNA 的位点。BVDV 基因组 RNA 分子似乎缺乏在大多数真核生物 mRNA 末端发现的两种典型结构,即 5′帽和 3′polyA 结构。UTR 可能是 5′帽和 3′polyA 的功能等价物,分别控制翻译起始和 RNA 的稳定性。一些 CP 型 BVDV 毒株在其基因组的某些位置,如 NS2 中或 NS2 和 NS3 之间,整合了病毒核酸或宿主细胞基因组的小可变片段。标准的 BVDV 基因组没有冗余的序列。基因组 RNA 中稳定的二级结构的分子内互补性有限。

BVDV 基因组中含有一个高度保守的域,称为内部核糖体进入位点(IRES),与病毒传播有关,是病毒蛋白生产的关键调控域,已成为抗病毒干预新策略领域的研究热点。BVDV IRES RNA 序列二级结构的相关研究发现,广泛折叠的 BVDV IRES RNA 由螺旋 2、3 和 4 组成。螺旋 2 由五个螺旋部分组成。螺旋 3 包含部分 3a 到 3j 以及 6 个螺旋插入 3.1 - 3.6。部分 3a 和 3b 与螺旋 3.6 和 4 一起形成了一个 RNA 假结。两个高度可变的区域对应于发夹 3j 和 3.4。BVDV - 1b 菌株 Osloss IRES RNA 的三维建模预测了一个细长的结构,其尺寸约为 170 Å × 65 Å ×90 Å。IRES RNA - 核糖体复合物模型表明 BVDV IRES 的螺旋 2 与核糖体蛋白 S5 和 S25 之间的接近度。

ORF 可被靶细胞核糖体转录翻译成一个大约 4000 个氨基酸残基的多聚蛋白,它被细胞和病毒蛋白酶共翻译和翻译后切割,以产生成熟的 4 种结构蛋白(C、E^{rns}、E1 和 E2)和 7 种非结构蛋白(N^{pro}、p7、NS2、NS3、NS4A、NS4B 和 NS5B),其组成顺序为 NH2 - N^{pro}/C/E^{rns}/E1/E2/p7/NS2/NS3/NS4A/NS4B /NS5A/NS5B - COOH)。结构蛋白由细胞信号肽酶加工,而非结构蛋白由病毒丝氨酸蛋白酶加工。病毒在细胞的内质网和高尔基体中组装和成熟,通过胞吐作用释放,其中病毒蛋白不暴露在细胞表面。

(一)结构蛋白

结构蛋白位于基因组的 5′ - N 端,前体蛋白 Prgp140 经蛋白水解酶的切割和糖基化酶的修饰,被加工成为 4 种成熟的病毒结构蛋白 C(p14)、E^{rns}(E0/gp48)、E1(gp25)、E2(gp53),病毒的囊膜由 3 种糖蛋白组成:E0、E1、E2。BVDV 感染时,在 E0 与硫酸乙酰肝素初始相互作用后进入宿主细胞,随后 E2 与其细胞受体牛 CD46 结合,通过网格蛋白介导的内吞作用并在内体酸化后发生融合。

C(p14):是 BVDV 的第一个结构蛋白,存在于 ORF 的 505 ~810 nt 之间,由 102 个氨基酸残基构成,分子质量 14 kDa,属于非糖基化蛋白,具有免疫原性,并且带有高电荷。C 蛋白是 BVDV 基因组 RNA 的重要组成部分,周围有一个脂质双层外膜,在膜上插入了病毒编码的糖蛋白,由于脂膜对热、洗涤剂和有机溶剂具有敏感度,因此该病毒相对容易灭活。C 蛋白疏水性较强,其 N - 末端和 C - 末端分别由 N^{pro} 水解及宿主细胞的信号肽切割产生，并且与E^{rns}之间存在1个与糖蛋白转位信号序列有关的疏水侧链。先前研究发现，在丙型肝炎病毒(Hepatitis C virus，HCV)基因组编码的C蛋白中，具有转录调控因子的作用，能够抑制HCV病毒核糖体结合位点的活性，从而抑制了病毒的复制、翻译过程，有效降低了病毒增殖能力，但也使病毒对机体造成了持续性感染的状况，但C蛋白在BVDV中是否具有同样的作用还是未知。

E^{rns}(E0/gp48)：是分子量为42~48 kDa的糖蛋白，位于ORF的811~1 491 nt之间，由227个氨基酸组成，有8个糖基化位点，可形成约90 kDa的同源二聚体，存在于病毒粒子表面。E^{rns}同E1和E2均属于暴露在病毒衣壳周围脂质膜上的糖基化囊膜蛋白，这三种囊膜蛋白都是产生感染性病毒颗粒所必需的。研究表明，E^{rns}蛋白有抗蠕虫、神经毒性和免疫抑制活性，还在病毒入侵细胞时发挥作用，具有核糖核酸酶(RNase)活性。BVDV E^{rns}的RNase活性是阻断单链RNA(ss RNA)和双链RNA(ds RNA)诱导IFN－I合成所必需的糖蛋白。E^{rns}可优先降解细胞及病毒中的单链RNA，同时也可裂解双链RNA，但活性较低，并且可在保持RNase活性的同时分泌到细胞外，通过双链RNA抑制外来IFN－I对感染的应答，也可在RNase和同源二聚体的形成过程中置换重要氨基酸的突变体。E^{rns}的保守性较高，并具有中和表位，可产生BVDV和CSFV的中和抗体，在检测抗原和疫苗研究方面发挥着重要作用。

E1(gp25)：分子量约为25 kDa，位于ORF的1492~2076 nt之间，由195个氨基酸构成，属于I型跨膜蛋白。E1存在于病毒囊膜内部，包含3个糖基化位点和2个疏水性跨膜区域，其N端固定在胞外区域，C端锚定在BVDV囊膜的表面。此外E1和E2还可组成异源二聚体(E1－E2)，而胱氨酸突变可能会影响E1－E2的形成，在疏水残基的作用下，E1可通过自身含有的膜锚蛋白使其与E1－E2相互作用。BVDV E1跨膜结构域中的带电荷氨基酸(赖氨酸和精氨酸)和E2跨膜结构域中的带电荷氨基酸(精氨酸)在异二聚体形成中起关键作用。目前对于E1蛋白的功能研究还不够全面，根据对其他黄病毒科E1蛋白作用的研究可以推断，BVDV E1蛋白可能是E2的伴侣蛋白，需要与E2蛋白结合共同发挥作用。

E2(gp53)：位于ORF的2077~3198 nt之间，由373个氨基酸残基组成，分子量为55 kDa，可单独形成同源二聚体，属于I型跨膜蛋白，具有N端的胞外区和C端的疏水锚定。E2蛋白含有17个半胱氨酸和4个糖基化位点，研究人员将其分为4个功能区(Domain)，即DA、DB、DC和DD功能区，其中DD功能区在瘟病毒的成员中最具保守性。同时E2蛋白的N末端含有主要的抗原决定簇，而E2蛋白的C末端则含有与细胞受体结合以及与细胞膜融合的重要功能区。两种包膜糖蛋白E1和E2通过与细胞表面受体CD46和LDL－R结合来识别宿主细胞，并且是膜融合和细胞进入所必需的，但CD46本身不足以介导感染。研究表明,NADL - BVDV 菌株能够通过不依赖 CD46 的机制从感染细胞传播到易感细胞。尽管频繁关联,但 BVDV - E2 与 CD46 受体的结合并不是 BVDV 摄取所必需的,这表明有其他细胞蛋白参与。

E2 可作为补体调节蛋白抑制细胞裂解和 DNA 链的断裂,这使得 BVDV 可避开机体的先天免疫系统,并通过其对机体产生的适应性及免疫耐受能力而持续存在于宿主体内。为对 E2 所在位置及含有的拓扑结构进行分析,Radtke 等以 BVDV CP7 株 E2 蛋白为研究对象,发现其位于内质网上,成熟后具有一个单跨膜锚,单独表达时会形成一个跨膜的拓扑结构,与在其他蛋白存在的情况下表达的 E2 无明显区别。E2 糖蛋白是瘟病毒中最具免疫优势的病毒蛋白,包含被特异性抗体识别的主要类型特异性表位。这种蛋白质由抗原呈递细胞呈递,并被确定为细胞毒性 T 细胞的靶点,能够在感染或接种疫苗后引发高滴度的 BVDV 中和抗体。E2 蛋白具有很高的变异率,可引起对抗体的中和逃逸,这也是导致传统疫苗无法完全保护的主要原因。

(二)非结构蛋白

BVDV 编码 8 种非结构蛋白:N^{pro}(P20)、P7、NS2(P54)、NS3(P80)、NS4A(P10)、NS4B(P30)、NS5A(P58)、NS5B(P75),其中 NS3、NS4A、NS4B 和 NS5A 共同形成复制复合体,在病毒复制过程中是必须参与的,其余 3 种即 N^{pro}、p7 和 NS2 是非必须的。

N^{pro}:是由 168 个氨基酸残基组成,相对分子质量为 23 kDa。N^{pro}是 BVDV ORF 编码的第一多聚蛋白,具有自身蛋白水解酶活性,能催化自身从正在翻译的多聚蛋白的第 168 位氨基酸残基(Cys)和第 169 位氨基酸残基(Ser)构成的裂解位点处裂解下来,成为病毒复制过程中第一个具有生物学活性的病毒蛋白产物。此外,N^{pro}的蛋白酶活性随着自身从多聚蛋白上的解离,而其蛋白水解酶活性丧失。通过瘟病毒属成员氨基酸序列比对发现,N^{pro}的同源性较高,其中 E22 - H29 - C69 基序高度保守,构成了酶学活性中心。通过对 N^{pro}蛋白结构的研究发现,H29 - C69 构成了酶的催化中心,而 E22 位于酶催化中心之外,不参与酶催化反应。N^{pro}裂解位点位于 C168 - S169,并且这一裂解位点基序在所有瘟病毒属成员中均十分保守。这暗示了瘟病毒属不同种类病毒的 N^{pro}蛋白在生物学功能上具有一定的相似性。N^{pro}对于病毒的复制不是必需的,但在病毒的增殖及病毒抗宿主天然免疫方面起着重要的作用。研究表明,瘟病毒属病毒 N^{pro}可以诱导细胞内蛋白酶降解干扰素调节因子 3,从而阻止干扰素刺激基因的转录活化。此外,BVDV 与细胞 S100A9 蛋白结合,BVDV 感染细胞后,N^{pro}与抗凋亡蛋白结合后抑制感染细胞发生凋亡,这在一定程度上提高了病毒增殖的效率。

P7 蛋白:位于 E2 蛋白与 NS2 蛋白之间,大小只有 6 ~ 7 kDa,是由疏水氨基酸构成的一个小分子蛋白肽,这种蛋白小肽并非病毒粒子的主要结构组分。P7 蛋白是一种病毒孔蛋白,参与病毒复制周期的包含膜通透性修饰和促进病毒释放的蛋白,是最小的内膜蛋白,在病毒的装配和促进透化作用上起作用。P7 的产生是由宿主信号肽酶介导,该蛋白不能通过细胞信号肽酶从 E2 蛋白中分解而是以 E2 - P7 的复合形式,存在于被感染的细胞中。这就说明了 P7 蛋白参与 BVDV 形成感染性子代病毒,但其并不影响 RNA 的复制。构成其中的氨基酸主要是疏水性氨基酸残基,有两个疏水区,其编码基因能将 E2、NS2 的基因分开。P7 蛋白能调节细胞膜的通透性,从而协助病毒进入宿主细胞及后期病毒的组装释放。虽然 P7 蛋白不参与病毒的复制过程,但是在病毒的侵染性及病毒侵染性颗粒形成中发挥重要作用。如果利用离子通道阻断剂来处理受感染细胞,则通过抑制 P7 蛋白作为离子通道的生物活性来干扰子代病毒的释放。

NS2:在感染 CP 型 BVDV 的细胞中,非结构蛋白 NS2 - 3(P125)在表达后立即被加工成蛋白 NS2(P54)和蛋白 NS3(P80),而在感染 NCP 型 BVDV 的细胞中,只能检测蛋白质 NS2 - 3,这也是区分 CP 和 NCP 型 BVDV 的依据。NS2 - 3(120 kDa)是一种多功能蛋白质,在不同 BVDV 中高度保守。N 端 40%(NS2)是疏水的,包含一个锌指基序,用于结合二价金属离子。NS2(40 kDa)是一种半胱氨酸蛋白酶,负责加工 NS2 - 3 以产生 NS2 和 NS3。

NS3:80 kDa,是 BVDV 的重要调节蛋白,具有多种酶活性,是病毒复制酶的核心组分。随着其加工及结构变化,病毒的生物学表型也出现明显不同。因而它在病毒分型、病毒生命周期及免疫预防方面均有重大价值。NS3 携带有氨基酸序列域,推测有三种酶活性,即丝蛋白酶、核苷三磷酸酶和 RNA 解旋酶活性。NS3 区的蛋白酶活性是所有病毒非结构蛋白加工所必需的,与 NS4A、NS4B、NS5A 和 NS5B 释放有关,但并不是 NS 加工的全部蛋白酶。Tautz 等研究发现,NS3 最小活性域包含约 209 个氨基酸。H1658、D1686 和 S1752 是其催化活性三要点,但将 S1752 置换为苏氨酸仍有残留活性。N - 端缺失 6 个氨基酸明显降低了在 NS4A/4B 位的裂解效率,大片段 N - 端缺失将损害对更多裂解位点的酶活性。NS3 蛋白酶需要 NS4A 的辅酶作用,后者与 NS3 的 N - 端区发生反应。在 BVDV NS3 区已确认存在 6 个可被抗体识别的 B 细胞位点。接种灭活的 BVD 疫苗后,NS3 - 特异性抗体滴度低或检测不到,接种灭活疫苗也不干扰以后野毒感染产生 NS3 抗体。但在强化免疫时,血清中可出现短期抗 - NS3 抗体,乳液也会在短期有抗体活性,因而 NS3 可作为鉴别免疫牛与野毒感染牛的诊断抗原,而 NS3 解旋酶活性域是有效的诊断抗原片段之一。

NS4A:7 kDa,作为 NS3 丝氨酸蛋白酶的一个辅助因子,由 63 个氨基酸组成,在瘟病毒属中高度保守性,参与其他非结构蛋白加工的催化切割等。丝氨酸蛋白酶的活性需要疏水区蛋白与 NS3 蛋白的 N - 末端相互作用,例如 NS3 裂解 NS4A 与 NS4B、NS5A 与 NS5B,都需要 NS4A 的参与。在病毒粒子的组装中,NS4A 与 NS2、NS3 形成一个酶复合体,同时在病毒粒子的装配过程中发挥着重要作用。

NS4B:位于 BVDV 基因组编码的 3′末端,有 345 左右个氨基酸,分子的质量 33 kDa。其被证明在高尔基体中为一种完整的膜蛋白,参与 RNA 复制,在细胞感染中参与细胞囊膜的重组。另外,Qu 等发现 NS4B 的第 15 位氨基酸残基的改变 Y2441C,可减弱 CP 型病毒的毒性,说明其在细胞病变中起作用,还参与 NS2 - 3 蛋白的分裂。NS4B 内部含有多个疏水结构域,通过对 NS4B 拓扑结构分析后发现,NS4B 功能是严格受到其蛋白质结构正确性的影响的。当其自身氨基酸发生突变导致蛋白质高构象发生改变的时候,变构的 NS4B 蛋白无法与其他病毒蛋白或者细胞蛋白质互作来指导病毒的自我复制。

NS5A:由 496 ~ 497 个氨基酸组成,分子质量 58 kDa,是一种磷酸化酶,可以与多种宿主细胞蛋白作用,同时也是病毒复制子的重要组分。NS5A 定位于内质网,可以结合到病毒 IRES 元件上并下调 IRES 介导的病毒基因翻译过程。此外,NS5A 还可以结合到病毒 5′UTR,并与 3′UTR 互作诱发氧化应激,从而调节病毒基因组的复制。在 NS5A 与宿主体蛋白的互作研究方面,NS5A 通过阻止 κB 激酶抑制物的磷酸化来调节 NF - κB 的活性,从而控制病毒对宿主的致病性。研究人员通过分析 BVDV 在牛骨髓瘤细胞中展现出来致病性的过程发现,巨噬细胞通过降低 MyD88 分子的表达水平来实现单核细胞对病毒感染后细胞因子的高水平表达,而 NS5A 与 MyD88 分子的互作是 BVDV 病毒致病性的一个重要层面,后者表达水平的降低使得 NS5A 在毒力调控方面失去了调控作用。

NS5B:是病毒复制必不可少的关键酶,分子质量 75 kDa,编码基因位于病毒基因组的 3′末端。NS5B 在所有黄病毒科的成员中都包含有依赖 RNA 的 RNA 聚合酶(RdRp)活性。BVDV 基因组的 NS5B 蛋白同样在其酶学活性中心的周围有着类似"人右手的手掌结构"。对于所有 RNA 病毒来说,RNA 聚合酶都含有 7 处高度保守的氨基酸残基位点。虽然这 7 处保守氨基酸残基位点在一些不同类别的病毒中存在一定的差异,但是这些位点对应在蛋白酶空间的结构上有高度的结构保守性。

(三)非翻译区

5′UTR 高度保守,由大约 385 个碱基组成,在真实起始密码子上游有多个 AUG 密码子。5′UTR 二级结构模型研究表明,该模型由一系列茎环结构组成,分为四个结构域,指定为 A、B、C 和 D。这些结构域包含参与碱基配对的 5′UTR 核苷酸的约 70%。其中,最重要的结构域是结构域 D,它是一种高度保守、稳定的多茎环结构(D1、D2、D3 和 D4),跨越从核苷酸 139 到 361 的 5′UTR 序列的三分之二。BVDV 5′UTR 特征类似于小核糖核酸病毒和丙型肝炎病毒(HCV)的5′UTR,其中翻译起始通过核糖体与不同结构元件的直接帽独立内部结合发生,称为内部核糖体进入位点(IRES)。BVDV的翻译起始涉及利用位于BVDV基因组5′UTR的结构域D内的IRES元件进行内部核糖体加入。BVDV的5′UTR能够在双顺反子报告转录本的背景下从内部RNA元件驱动翻译起始。由于二级结构或特定序列的稳定性,5′UTR依赖性翻译效率可以直接反映毒株的毒力。该结论基于以下观察:基因型2分离株的5′UTR具有比基因型I病毒更稳定的二级折叠(结构域D)。结构域D代表了5′UTR的大部分,因此,其稳定性可能代表整个5′UTR的稳定性。此外,BVDV 2病毒的毒力差异可能受5′UTR一级和二级结构的影响,其主要影响IRES元件的翻译效率。在兔网织红细胞裂解物(RRL)以及灵长类动物和牛细胞系中,双顺反子报告载体表征了体外和体内的翻译起始效率。研究结果表明,8个毒力不同的BVDV 2分离株在细胞系内的翻译效率不同。同基因型瘟病毒的遗传多样性可能导致翻译效率的差异。BL-3细胞的相关研究结果表明细胞因子与5′UTR相互作用,影响细胞趋向性和病毒致病性。

Robesova等根据5′UTR和N^{pro}基因组区域的一级序列分析了物种的异质性。在BVDV RNA 5′UTR二级结构中根据3个特定可变位点水平观察病毒株间的核苷酸变异,被认为是一种简单实用的基因分型方法,因为二级基因座也可以直接从线性序列中检索,并且非常有限数量的核苷酸(6-10)足以独立于算法识别基因型。考虑到明确的功能和两个属之间的基因组相似性,理论上,回文核苷酸取代(PNS)适用于所有负极性RNA病毒的评估,并且已成功应用于人类丙型肝炎病毒基因型的测定。PNS方法最初仅限于定性分析,通过进一步改进,允许对瘟病毒属进行分类分析。PNS方法具有特殊性,是专门考虑与5′UTR内部核糖体进入位点(IRES)相对应的战略基因组序列,该位点负责瘟病毒中的翻译、转录和复制事件。该属中的核苷酸突变率很高(10^{-3}个替换/核苷酸)。然而,在这个水平上,随机突变很可能与病毒存活不相容。因此,稳定的核苷酸变异在病毒进化历史方面具有很高的重要性。基于二级结构序列分析,已经开发并提供了一种名为PNS的特定软件,使该方法在应用和交互方面更简便快捷。根据PNS方法,该物种已被聚类为15个基因型,从BVDV-1a到BVDV-1o。

五、BVDV基因组的遗传变化机制

BVDV基因组的遗传变化包括三个不同的过程,即病毒RNA依赖性RNA聚合酶的易错性质导致点突变的积累、非同源RNA重组、同源RNA重组。假设瘟病毒的突变率与报道的其他RNA病毒相似,可以粗略估计每个复制周期将一个点突变引入BVDV基因组。对于BVDV-1,已经公布了其不同的进化速率。BVDV 5′UTR序列的分析结果揭示

了其平均进化率为 9.3×10^{-3} 替换/(位点·年)。此外,Chernick 等报道了 BVDV 5′UTR 和 E1 – E2 区域进化率分别为 5.9×10^{-4} 和 1.26×10^{-3} 替换/(位点·年)。

另外,非同源 RNA 重组可导致 CP 型 BVDV 变异的产生,并且已经描述了多种 CP 型 BVDV 毒株的不同基因组改变。由于持续感染动物感染同源 CP 型 BVDV 后可导致致命的黏膜病,因此,RNA 重组、CP 型 BVDV 的出现和致死性黏膜疾病的发病机制是密切相关的过程。此外,Weber 等通过病毒序列分析技术研究了 BVDV – 1、BVDV – 2、CSFV 的同源 RNA 重组。结果表明,2 种 BVDV – 1、1 种 BVDV – 2 和 4 种 CSFV 毒株的基因组是从同源重组进化而来的。其中,重组 BVDV – 1 菌株 ILLNC 和 3156 被分别归类为 BVDV – 1a 和 BVDV – 1b,而 BVDV – 2 菌株 JZ05 – 1 的基因组来自 BVDV – 2a 和 BVDV – 2b 之间基因重组。此外,一项关于 BVDV 进化的计算机研究确定了 61 个可用的完整 BVDV – 1 基因组序列中的 5 个重组体,证实了 BVDV 中的重组并不罕见,其可发生在属于相同亚基因型的病毒之间或不同亚基因型之间,甚至在 BVDV – 1 和 BVDV – 2 之间也可能发生 RNA 重组。基因重组的存在对 BVDV 分离株的系统发育分析和分类提出了挑战。在此背景下 BVDV 分离株的基因分型不应局限于对单个基因组片段的分析。虽然非同源 RNA 重组是产生各种 CP 型 BVDV 变体的主要原因,但越来越多的 BVDV 亚基因型的出现是点突变随时间累积的结果,也被称为遗传漂变。同源重组会导致 BVDV 的遗传多样化,基因变化会影响 BVDV 的诊断,并可能导致现有 BVDV 疫苗免疫失效。

参考文献

[1] Sangewar N, Hassan W, Lokhandwala S, et al. Mosaic bovine viral diarrhea virus antigens elicit cross – protective immunity in calves[J]. Front Immunol, 2020, 11: 589537.

[2] Liu Y, Liu S, Wu C, et al. PD – 1 – mediated PI3K/Akt/mTOR, caspase 9/caspase 3 and ERK pathways are involved in regulating the apoptosis and proliferation of CD4(+) and CD8(+) T cells during BVDV infection in vitro[J]. Front Immunol, 2020, 11: 467.

[3] Guan W J, Ni Z Y, Hu Y, et al. Clinical characteristics of coronavirus disease 2019 in China[J]. N Engl J Med, 2020, 382(18): 1708 – 1720.

[4] Vijayakumar V, Kehmia T, Baogong Z, et al. Enhancing SIV – specific immunity in vivo by PD – 1 blockade[J]. Nature, 2018, 458(7235): 206 – 210.

[5] Mo H, Huang J, Xu J, et al. Safety, anti – tumour activity, and pharmacokinetics of fixed – dose SHR – 1210, an anti – PD – 1 antibody in advanced solid tumours: a dose –

escalation, phase 1 study[J]. Br J Cancer, 2018, 119(5): 538 –545.

[6] Liu Y, Liu S, He B, et al. PD –1 blockade inhibits lymphocyte apoptosis and restores proliferation and anti –viral immune functions of lymphocyte after CP and NCP BVDV infection in vitro[J]. Vet Microbiol, 2018, 226: 74 –80.

[7] Okagawa T, Konnai S, Nishimori A, et al. Anti –bovine programmed death –1 rat –bovine chimeric antibody for immunotherapy of bovine leukemia virus infection in cattle[J]. Front Immunol, 2017, 8: 650.

[8] Villalba M, Fredericksen F, Otth C, et al. Transcriptomic analysis of responses to cytopathic bovine viral diarrhea virus –1 (BVDV –1) infection in MDBK cells[J]. Mol Immunol, 2016, 71: 192 –202.

[9] Seong G, Lee J S, Lee K H, et al. Noncytopathic bovine viral diarrhea virus 2 impairs virus control in a mouse model[J]. Arch Virol, 2016, 161(2): 395 –403.

[10] Seong G, Lee J S, Lee K 2H, et al. Experimental infection with cytopathic bovine viral diarrhea virus in mice induces megakaryopoiesis in the spleen and bone marrow[J]. Arch Virol, 2016, 161(2): 417 –424.

[11] Velu V, Shetty R, Larsson M, et al. Role of PD –1 co –inhibitory pathway in HIV infection and potential therapeutic options[J]. Retrovirology, 2015, 12(1): 1 –17.

[12] Seong G, Oem J K, Lee K H, et al. Experimental infection of mice with bovine viral diarrhea virus[J]. Arch Virol, 2015, 160(6): 1565 –1571.

[13] Darweesh M F, Rajput M, Braun L J, et al. Characterization of the cytopathic BVDV strains isolated from 13 mucosal disease cases arising in a cattle herd[J]. Virus Res, 2015, 195: 141 –147.

[14] Chase C L, Thakur N, Darweesh M F, et al. Immune response to bovine viral diarrhea virus –looking at newly defined targets[J]. Anim Health Res Rev, 2015, 16(01): 4 –14.

[15] Carter L, Fouser L, Jussif J, et al. PD –1:PD –L inhibitory pathway affects both CD4 (+) and CD8(+) T cells and is overcome by IL –2[J]. Eurn J Immunol, 2015, 32 (3): 634 –643.

[16] Rajput M K, Darweesh M F, Park K, et al. The effect of bovine viral diarrhea virus (BVDV) strains on bovine monocyte –derived dendritic cells (Mo –DC) phenotype and capacity to produce BVDV[J]. Virol J, 2014, 11: 44.

[17] Maekawa N, Konnai S, Ikebuchi R, et al. Expression of PD –L1 on canine tumor cells

and enhancement of IFN – γ production from tumor – infiltrating cells by PD – L1 blockade[J]. Plos One, 2014, 9(6): e98415.

[18] Chang K, Svabek C, Vazquez – Guillamet C, et al. Targeting the programmed cell death 1: programmed cell death ligand 1 pathway reverses T cell exhaustion in patients with sepsis[J]. Crit Care, 2014, 18(1): R3.

[19] Palmer B E, Neff C P, Lecureux J, et al. In vivo blockade of the PD – 1 receptor suppresses HIV – 1 viral loads and improves CD4 + T cell levels in humanized mice[J]. J Immunol, 2013, 190(1): 211 –219.

[20] Ikebuchi R, Konnai S, Okagawa T, et al. Blockade of bovine PD – 1 increases T cell function and inhibits bovine leukemia virus expression in B cells in vitro[J]. Vet Res, 2013, 44(1): 1 –15.

[21] Edward S, Dudek T E, Allen T M, et al. PD – 1 blockade in chronically HIV – 1 – infected humanized mice suppresses viral loads[J]. Plos One, 2013, 8(10): e77780.

[22] Heinz, F X, Stiasny K. Flaviviruses and flavivirus vaccines[J]. Vaccine, 2012, 30 (29): 4301 –4306.

[23] Zeng Z, Shi F, Lin Z, et al. Upregulation of circulating PD – L1/PD – 1 is associated with poor post – cryoablation prognosis in patients with HBV – related hepatocellular carcinoma[J]. Plos One, 2011, 6(9): e23621.

[24] Muthumani K, Shedlock D J, Choo D K, et al. HIV mediated PI3K/Akt activation in antigen presenting cells leads to PD – 1 ligand upregulation and suppression of HIV specific CD8 T – cells[J]. J Immunol, 2011, 187(6): 2932.

第三章　流行病学

一、传染源

病牛和隐性感染牛是主要传染源，持续性感染牛及康复后牛（可带毒6个月）可带毒排毒，绵羊、山羊、猪、鹿、水牛、牦牛等多为隐性感染，也可成为传染源。

二、传播途径

直接或间接接触均可传染本病，BVDV可以通过宿主的唾液、鼻液、粪便、尿、乳汁和精液等分泌物排出体外，主要经消化道和呼吸道感染，也可通过胎盘垂直感染。病毒通过垂直和水平传播的循环而长期存在。与持续感染的个体相比，病毒从短暂感染的动物中传播的效率要低得多（低病毒水平加上较短的脱落期）。来自持续感染公牛的精液可能含有高浓度的BVDV，幼小母牛/母牛通常会暂时感染，并且在某些情况下，会产生持续感染的小牛，并可能导致易感小母牛/母牛在繁殖或授精后受孕率低。

三、易感动物

本病易感动物有黄牛、奶牛、水牛、牦牛、绵羊、山羊、猪、鹿、羊驼、家兔及小袋鼠等，BVDV也可以在许多野生动物物种中引起明显的疾病，流行率很高。各年龄段的牛对本病毒均易感，但大多数明显的临床疾病病例见于6个月至2岁的牛。

四、流行特点

本病呈地方流行性，常年均可发生，但多见于冬末和春季。新疫区急性病例多，发病率通常不高，约为5%，但病死率高达90%～100%；老疫区则急性病例很少，发病率和病死率均很低，而隐性感染率在50%以上。持续性感染（persistent infection，PI）牛在全球畜群中的患病率范围从≤0.3%到2%。感染水平受牛密度和（在较小程度上）季节的影响。

五、国内外流行情况

(一)国内流行情况

我国于1980年首次发现BVD,随后在全国各地陆续发现本病。1983年李佑民等成功分离并鉴定出BVDV,随后我国研究人员先后在东北、华北、西南及西藏、内蒙古、新疆等地的病例中分离出该病毒或检出阳性血清。1985年,于学辉等对四川部分地区采用中和试验和免疫琼脂扩散试验方法进行BVD血清学调查,平均阳性率为33.30%。1989年,黄骏明等对黑龙江13个地区BVD进行抗体检测,平均阳性率为17.05%。1999年,高双娣等对中西部五省(自治区)部,使用中和试验检测血清中BVD/MD中和抗体,阳性检出率达37.60%。陈备娟(2010)等采集了国内11个省57个奶牛场的奶样以及来自上海、江苏、内蒙古等地的20多个奶牛场的352份血清,运用抗原捕获ELISA法检测BVDV抗体,阳性率分别为84.2%和68%。高闪电等于2012年采集了我国西北五个省的56份双峰驼血清进行了ELISA和RT-PCR检测,阳性率为30.4%。2015年,贺顺忠等对玉树地区使用ELISA方法开展BVD抗体检测,阳性率高达91.00%。2016年,赵世媛等人对宁夏地区进行BVD流行病调查,抗体阳性率为90.20%,抗原阳性率为0.30%。哈尔滨兽医研究所的王竞晗等(2016)对2014年购买的一批进口胎牛血清进行BVDV的分离及鉴定,得到一株BVDV Ia亚型病毒,进一步说明了市场上的牛血清还是有部分存在BVDV污染。Ran(2019)通过Mate分析方法对中国牛群中BVDV进行了血清流行病学调查,基于35项研究的汇总BVDV血清阳性率在中国约为57.0%(95% CI 44.4%~69.5%);福建省奶牛群中BVDV阳性率最高,达90.0%,其次是陕西省88.9%和山东省83.3%。中国六个行政区的感染率变化较大在25.7%~72.2%,在中国北方的奶牛群中达到72.2%。Gao(2013)对2018年以前的27530份奶牛样本的数据分析发现,中国奶牛平均BVDV流行率为53.0%。这些研究表明,中国奶牛群中BVDV的估计患病率呈上升趋势。根据文献资料显示,我国2005~2013年间分离鉴定BVDV-1a 15株、BVDV-1b 113株、BVDV-1c 17株、BVDV-1d 13株、BVDV-1m 116株、BVDV-1o 5株、BVDV-1p 9株、BVDV-1q 14株、BVDV-1u 22株、BVDV-2a 2株、BVDV-2b 1株。

BVD广泛存在于世界范围内,尤其在养殖大国。在我国的牛群中也已广泛存在,且散养户抗体阳性率显著低于规模养殖场,说明在密集牛群中该病更为严重。在各省区BVDV抗体阳性率也有日益蔓延的趋向。在相应的动物产品中也检测到BVDV的存在,进一步说明了BVDV感染已经成为普遍的现象。

（二）国外流行情况

目前BVDV流行呈全球分布，在畜牧业发的的国家尤其严重，造成严重的经济损失。主要感染黄牛、奶牛，牦牛、水牛、绵羊、山羊等反刍动物也可感染该病。血清型调查学显示，美国血清阳性率为50%，加拿大血清阳性率为84%，欧盟国家如英国、法国、德国、瑞士、比利时的血清阳性率为12% ~80%，爱尔兰几乎为100%，南美国家如巴西、阿根廷等血清阳性检出率为15% ~37%，亚洲国家如日本、韩国血清阳性检出率为15% ~20%，澳洲国家如澳大利亚和新西兰的血清阳性检出率为89%。美国牛群血清阳性率为50%，澳大利亚为89%，加拿大为84%，南美洲国家为85%。

流行病学研究表明，不同的BVDV亚基因型在不同的国家占主导地位。各个国家BVDV分离株的亚基因型可见表3-1。亚基因型的病毒不仅在牛中检测到，而且在猪和各种反刍动物宿主中也被检测到，包括绵羊、山羊、牦牛、水牛、美洲驼、羊驼、骆驼和鹿。目前收集的数据证实，BVDV-1b是全球主要的亚基因型，其次是BVDV-1a和BVDV-1c。从各大洲来看，BVDV-1b是美洲、亚洲和欧洲的主要亚基因型。相比之下，根据已发表的数据，几乎所有(95.9%)来自澳大利亚的田间分离株都被分类为BVDV-1c。尽管从非洲分析的病毒分离株总数相当低，而且不代表整个大陆，但有限的数据集表明，至少在南非，BVDV-1a比其他亚基因型检测得更频繁。来自非洲的特征病毒分离株数量有限可被认为是该大陆报告的BVDV亚基因型数量较低的原因之一。BVDV广泛的遗传多样性反映在检测到的亚基因型的数量上，这种高基因变异在一定程度上与这些国家的动物进口政策有关。与许多欧洲国家和亚洲国家相比，美洲、澳大利亚和非洲的BVDV-1变异程度要低得多。BVDV-1m、BVDV-1n、BVDV-1o、BVDV-1p和BVDV-1q亚基因型迄今只在亚洲发现。同样，亚基因型BVDV-1f、BVDV-1g、BVDV-1h、BVDV-1k、BVDV-1l、BVDV-1r、BVDV-1s和BVDV-1t在欧洲以外的国家也没有报道。BVDV-2最初是在加拿大和美国发现的，20世纪90年代报道的高患病率在过去20年中没有显著变化。过去20年的分析显示，BVDV-2存在于许多欧洲国家，包括德国、比利时、法国、英国、斯洛伐克和奥地利。进一步的研究显示BVDV-2的分布范围更广，包括从所有有人居住的大陆分离出来的病毒。BVDV-2a是所有大陆上最常见的BVDV-2亚基因型。BVDV-2c只在欧洲和美洲发现。来自阿根廷的一种单一污染BVDV菌株被归类为BVDV-2d，但自1995年报道以来，尚未检测出该亚型的其他成员。

表 3-1　世界部分国家 BVDV 流行病学调查概况

国家	基因	年	BVDV-1										BVDV-2					文献
			a	b	c	d	e	f	g	h	i	?	a	b	c	d	?	(Giangaspero et al. , 2008; Jones et al. ,2001; Pecora et al. , 2014; Vilcek et al. ,2004)
阿根廷	5′UTR, Npro, E2	1984-2010	23	36								2	5	4	1	1	4	(Bianchi et al. , 2016; Flores et al. ,2002; Lunardi et al. , 2008; Ana Cristina et al. , 2016; Otonelr et al. ,2014; Weber et al. ,2014)
巴西	5′UTR, Npro, E2	1994-2016	54	20	4	24	1				1	2	2	50			3	(José et al. ,2006; Karl et al. ,2009)
美国	5′UTR, Npro, E2	1971-2015	184	652								3	129	4			125	(LEE et al. , 2009; Campen et al. ,2001; Characterization et al. ,2015; Evermann et al. , 2002; Fultonr et al. , 2005; Fultonr et al. , 2016; Kim et al. , 2009; Pogranichniyr et al. , 2011; Workman et al. , 2015; Yan et al. ,2011)
加拿大	5′UTR	1990-1993	1	1									3					(Deregt et al. , 2005)
乌拉圭	5′UTR, Npro	2014	12								1			1				(Maya et al. , 2016)
澳大利亚	5′UTR, Npro	1971-2005	13	1	425								4					(Mahony et al. , 2005)
埃及	5′UTR, Npro	1994-2004		4									4					(Abdel-Latif et al. , 2013; Soltan et al. , 2015)
南非	5′UTR	1990-2009	31	13	20	20						20						(Baule et al. , 1997; Kabongo et al. , 2003; Ularamu et al. , 2013)
日本	5′UTR, Npro	1975-2006	216	558	226							2	315				2	(Ochirkhuu et al. , 2016)
法国	5′UTR, Npro	1993-2005	3		15		3		46				2				3	(Jackova et al. , 2008)

六、流行病学调查

(一)BVDV 中国区域流行性 RT - PCR 方法调查的 Meta 分析

牛病毒性腹泻病作为全球流行性疾病,近年来逐渐成为人们研究的热点。近些年对 BVDV 研究报告显示,该病对世界各国养殖业都带来了巨大的经济损失,且呈逐年递增的趋势。因此,有必要对该病毒进行持续监测,并采取相应的防控措施,有针对性的应对该疾病的传播。Meta 分析是指对具备特定条件的、同课题的诸多研究结果进行综合的一类统计方法,目的在于增大样本含量,减少随机误差所致的差异,增大检验效能。因此我们选用了 Meta 分析,其优点是可以对同一课题的多项研究结果做系统性评价和总结。通过查阅文献可以看出,我国对 BVDV 主要的检测方法为血清学调查和分子生物学调查,即 ELISA 方法和 RT - PCR 方法检测。国内已有对 BVDV 血清学调查进行 Meta 分析的文献。

ELISA 常作为流行病学调查的检测手段,以其高通量和特异性强等为优点,但对于 BVDV 来说也有一定的局限性:抗原检测不能检测出牛的 BVDV 一过性感染,很多隐性感染牛无法被统计在内。使用 RT - PCR 方法检测,其敏感性高,可以更加直观的反映 BVDV 在牛群中的带毒情况。本实验应用 Meta 分析方法,对近年来有关 RT - PCR 方法检测 BVDV 的文献进行整理分析,得出 BVDV 在我国牛群中的流行情况。

1. 研究方法

1)研究对象

筛选我国在2009 - 2019 年间公开发表有关 RT - PCR 方法检测 BVDV 流行情况的文献进行整理和分析。

2)检索文库方法

在本次实验分析中,从国际上的 PubMed、(CNKI)中国知网、(VIP)维普与(Wanfang)万方数据库四个数据库中,对相关文献进行了中英文检索。检索了在中国范围内 2009 - 2019 年间有关牛群 BVDV 的文献,以获取我们所需要的所有英文或中文发表的关于 RT - PCR 方法检测 BVDV 的流行情况的文献。

3)纳入和排除标准

(1)中文文献主要在 CNKI 中搜索关键词:“BVDV RT - PCR”“BVDV 流行病学”“牛病毒性腹泻病”,从万方、维普进行补充。

(2)外文文献主要从 PubMed 中以“PCR BVDV China”作为关键词进行搜索。

(3)按照中英文关键词对各数据库进行检索,根据文献篇名和摘要等进行初步的筛选,符合研究范围的下载全文,进行后续的研究工作。

(4)在一次筛选中,我们排除了重复的文献、综述,也排除了其他动物研究,并排除了只有流行病学调查没有分离基因型的文章,以及只有针对某一基因型的实验性的文章、样本数量过小的研究。此外,没有联系原始研究的作者获得更多的信息,也没有试图识别未发表的报告。

(5)二次筛选时,我们对其余全文进行阅读,挑出不合格的文献,最终对符合要求的文献进行分析,若在筛选过程中存在问题,可以找到两名以上的专业人员帮助分析或在专家讨论后确定文献的收录工作等(向志等,2018)。

4)数据提取

对符合要求的文章进行数据提取,包括发表年份、研究对象的地理区域、省份、样本总数和阳性数、养殖场所、症状、采集部位。对合格文章质量评分标准如下:文章目的明确、材料方法完整。如果研究包括明确描述的研究目标、调查时间、样本信息完整性以及对详细的实验过程,则每项研究都得到1分。评分可达3~4分的论文为高质量的文章,2分为中等质量的文章,1分或0分的为低质量的文章。

5)数据分析

使用Meta分析方法对符合条件的牛群内BVDV流行情况进行分析,看文献结果是否具有明显的异质性。使用随机效应模型进行分析,通过95%置信区间表示效应量。采用随机效应模型分析异质性,当统计结果异质性有意义时,采用亚组分析进一步探讨异质性的潜在来源。本研究对影响异质性的因素分别进行了分析,并在多变量模型中建立了影响异质性的因素,研究的因素分为以下几点:出版年份(2009－2014年间发表的文献至2014年以后的研究比较)、地理区域(华北、西南、华中、东北、西北等地区的比较)、症状(呼吸道型感染、黏膜病型感染、隐性感染)、动物种类(奶牛和其他)、采集部位(粪便、血样、组织)、养殖场所(规模化养殖和其他)。

6)森林图

分析结果使用森林图显示,中心线是指OR＝1,最下方的棱型符号代表纳入全部试验的综合结果,短横线/棱型符号中与中线接触或相交表示差异无显著统计学意义,菱形和横短线在中心线的左或右侧,表示结果出现差异性,有统计学意义。因此以中心线(也称无效线)为中心进行描述,可以直观的探究Meta分析结果,本研究采用随机效应模型(Stata软件12版)计算和编制了森林图。

7)偏倚分析

本次研究利用漏斗图(funnel plot analysis)对发表文献的偏倚性进分析,漏斗图是以每个实验研究的效应量作为横坐标,样本含量作为纵坐标的散点图。样本量少、缺失数据过多所得的离散度会较大，因此常处于漏斗图的底部，样本量大且精准则离散度则较小，因此处于顶部。如果漏斗图为不对称，则说明分析结果存在发表偏倚，一般偏倚程度和不对称程度表现为正相关。

2. 结果

1）文献搜索结果

我们从四个数据库中共检索到了 1585 篇文献，删除重复文献并进行初步筛选后得到 78 篇文献，其中有 38 篇内容信息不全面被排除，排除掉 8 篇研究数据总量过少的文献，排除掉 8 篇综述性论文，排除掉 2 篇年限早于 2009 年的文献，最后对 22 篇国内外文献进行了定量分析，文献检索流程图见图 3－1。

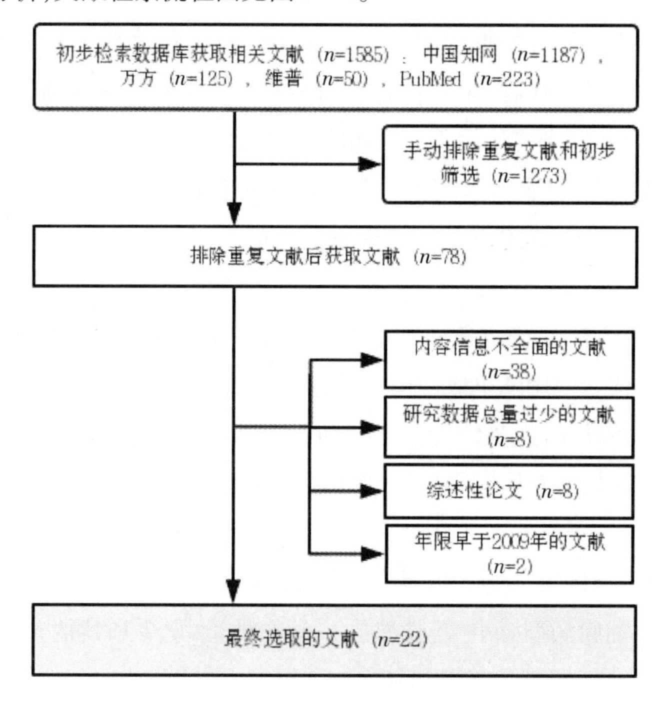

图 3－1　文献检索流程图

2）文献 Meta 分析

本次纳入研究的文献有 22 篇，选取文献的最早时间为 2009 年。按照我们设定的文献质量标准，高质量文献有 7 篇（评分 3～4 分），质量中等文献有 7 篇（评分 2 分），其余 8 篇为低质量论文（评分 0～1 分），文献见表 3－2。从总体上讲，我们分析了 6 个地区 5104 头牛的数据，阳性数为 1182 头，阳性率为 23%。

根据表格可知，东北地区 39%（377/1445），华北地区 55%（157/226），华东地区 39%（173/377），西北地区 20%（29/149），华南地区 19%（26/134），分析结果显示华北地区和东北地区感染率比其他地区高。我们将文献根据 2014 年前和 2014 年后进行了划分，统计流行情况为：2009 – 2014 年阳性率为 25%（601/3173），2014 – 2019 年阳性率为 20%（638/2195），2014 年前比 2014 年后流行率高。

从 BVDV 临床症状上来进行流行统计，可以看出，呼吸道症状的阳性率为 12%（30/240），黏膜病症状的阳性率为 23%（219/1031），隐性感染的阳性率为 23%（945/3905）。临床症状表现上看，黏膜病和隐性感染占多数，从总数据上来看，隐性感染的检测总数为最高，说明使用 RT – PCR 检测出来的隐性感染居多。从牛只种类上进行划分，分为了奶牛和其他，其他包含了牦牛和没有明确信息的牛只种类，其中，奶牛占 21%（502/2506），其他为 23%（737/2862）。从养殖场所进行分类，将其分为规模化养殖和其他，其他中包含了散养户、屠宰场和未说明养殖场所，明确为规模化养殖的文献有 7 篇，占 18%（414/2300），而其他包含了 15 篇文献，占 24%（825/3068）。

我们根据文献中动物检测的采集部位进行了归类，分为了粪便、血样和组织，血样包含了血清和血液在内，组织则为肺部组织。有 12 篇文献以粪便为采集部位的，占 23%（242/1404）；从血液和血清中提取病毒的文献有 11 篇，占 24%（959/3759）；有 3 篇文献是从肺部组织中提取病毒，占 19%（38/220）。对于发病动物或者即将死亡的动物，采集其粪便、血液和组织以 RT – PCR 的方式进行检测是临床上常用的检测方法，根据不同的症状也会选取不同的采集部位。（表 3 – 3）

3）RT – PCR 检测结果

通过 RT – PCR 检测手段，各省份的感染情况统计结果如表 3 – 4 所示，其众多省份中内蒙古自治区感染率为 55%，青海省感染率为 21%，吉林省感染率为 39%，安徽省感染率为 88%，山东省感染率为 62%，江苏省感染率为 18%，新疆地区感染率为 19%，浙江省感染率为 12%，黑龙江省感染率为 24%，辽宁省江省感染率为 20%，这些省份的 BVDV 的流行情况较明显。

表 3-2　文献纳入情况及基本分析

序号	文献	见刊年	年份	样品数	阳性数	总阳性率	症状	动物种类	文章类型	方法	评分
1	（范峻豪等,2018）	2018	2014 后	32	2	0.063	呼吸道症状	其他	横断面	RT-PCR	2
2	（Gong et al.,2014）	2014	2014 前	407	98	0.241	隐性感染	其他	横断面	RT-PCR	2
3	（孟庆森等,2019）	2019	2014 后	451	354	0.785	隐性感染	其他	横断面	RT-PCR	3
4	（陈新诺等,2018）	2018	2014 后	149	29	0.195	消化道症状	其他	横断面	RT-PCR	1
5	（刘泽余等,2019）	2019	2014 后	192	45	0.234	隐性感染	其他	横断面	RT-PCR	4
6	（米思远等,2018）	2018	2014 后	42	13	0.310	消化道症状	奶牛	横断面	RT-PCR	2
7	（陈新诺等,2016）	2016	2014 后	222	44	0.198	消化道症状	其他	横断面	RT-PCR	2
8	（权英存等,2014）	2014	2014 前	184	27	0.147	消化道症状	其他	横断面	RT-PCR	3
9	（闫占云等,2019）	2019	2014 后	138	62	0.449	呼吸道症状	其他	横断面	RT-PCR	2
10	（刘洁琼,2016）	2016	2014 后	208	28	0.135	消化道症状	奶牛	横断面	RT-PCR	1
11	（李娜等,2009）	2009	2014 前	64	25	0.391	隐性感染	奶牛	横断面	RT-PCR	1
12	（宋维彪等,2018）	2018	2014 后	382	32	0.084	消化道症状	其他	横断面	RT-PCR	3
13	（王青青等,2018）	2018	2014 后	30	2	0.067	消化道症状	奶牛	横断面	RT-PCR	2
14	（王国超等,2013）	2013	2014 前	15	4	0.267	隐性感染	奶牛	横断面	RT-PCR	2
15	（姚志兰等,2019）	2019	2014 后	145	19	0.131	消化道症状	奶牛	横断面	RT-PCR	3
16	（蔡元庆等,2015）	2015	2014 后	174	3	0.017	隐性感染	其他	横断面	RT-PCR	3
17	（商云鹏等,2013）	2013	2014 前	1 198	282	0.235	隐性感染	奶牛	横断面	RT-PCR	3
18	（韩猛立等,2010）	2010	2014 前	208	105	0.505	隐性感染	奶牛	横断面	RT-PCR	1
19	（季新成等,2014）	2014	2014 前	566	19	0.034	隐性感染	奶牛	横断面	RT-PCR	1
20	（季新成等,2014）	2014	2014 前	506	23	0.045	消化道症状	其他	横断面	RT-PCR	1
21	（任艳等,2010）	2010	2014 前	25	18	0.720	消化道症状	其他	横断面	RT-PCR	1
22	（于新友等,2015）	2015	2014 后	30	5	0.167	呼吸道症状	奶牛	横断面	RT-PCR	1

表 3－3　根据不同条件划分的亚组

分类	分类	文献数量	样品数量(头)	阳性数量(头)	阳性率	χ^2	异质性 P	I^2
地域	东北	4	1 445	377	39(20～60)	119.96	0.00	97.5
	华北	3	226	157	55(15～92)	78.02	0.00	97.44
	华东	6	377	173	39(10～73)	218.58	0.00	97.71
	西北	13	2 907	446	20(11～31)	492.04	0.00	97.56
	西南	1	149	29	19(13～27)	/	/	/
见刊年	2014 年前	9	3 173	601	25(14～38)	424.96	0.00	98.12
	2014 年后	13	2 195	638	20(7～36)	831.71	0.00	98.56
症状	呼吸道症状	2	240	30	12(8～17)	/	/	/
	黏膜病症状	10	1 031	219	23(12～36)	162.28	0.00	94.45
	隐性感染	9	3 905	945	23(9～42)	1114.81	0.00	98.49
动物种类	奶牛	10	2 506	502	21(11～32)	297.22	0.00	96.97
	其他	12	2 862	737	23(10～40)	1013.29	0.00	98.91
采集部位	粪便	12	1 404	242	22(12～35)	267.61	0.00	95.89
	血样	11	3 759	959	24(11～41)	1111.55	0.00	99.10
	组织	3	220	38	19(5～38)	10.59	0.01	81.12
养殖场所	规模化养殖	7	2 300	414	18(9～30)	191.33	0.00	96.86
	其他	15	3 068	825	24(11～39)	1092.13	0.00	98.72

表 3 - 4　我国各省份 RT - PCR 检测的感染情况表

省份	样品数(头)	阳性数(头)	阳性率	95% CI
内蒙古	226	157	0.55	0.15 ~ 0.92
青海	1111	219	0.21	0.10 ~ 0.37
吉林	247	95	0.39	0.33 ~ 0.45
安徽	97	85	0.88	0.79 ~ 0.93
山东	96	59	0.62	0.52 ~ 0.72
江苏	117	21	0.18	0.11 ~ 0.25
新疆	1796	227	0.19	0.08 ~ 0.34
浙江	67	8	0.12	0.05 ~ 0.22
黑龙江	1028	248	0.24	0.22 ~ 0.27
辽宁	170	34	0.2	0.14 ~ 0.27

4) 偏倚性分析

偏倚性分析见图 3 - 2，可以看出漏斗图两侧并不对称，说明存在发表偏倚。

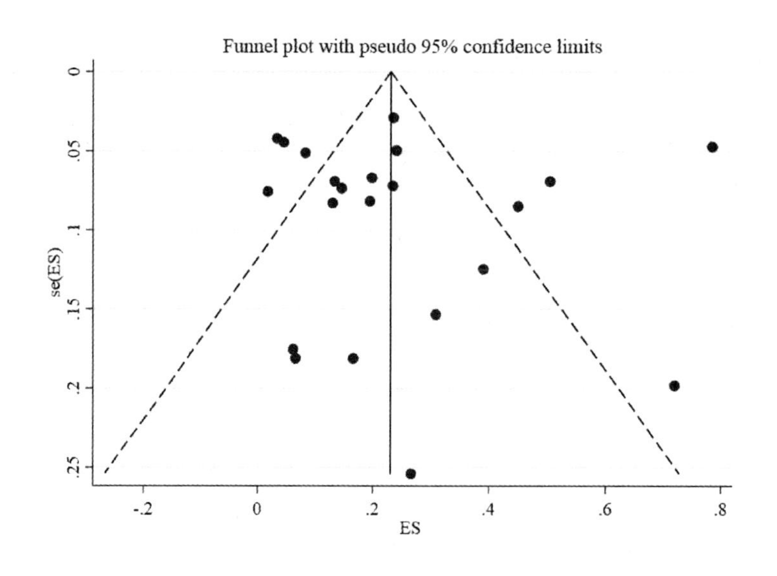

图 3 - 2　95% 置信区间 Meta 分析漏斗图

5) Meta 分析森林图

从森林图中可以看出，95% 置信区间横线不与无效竖线相交的数据为有效数据，证明研究数据有一定的统计学意义（图 3 - 3）。

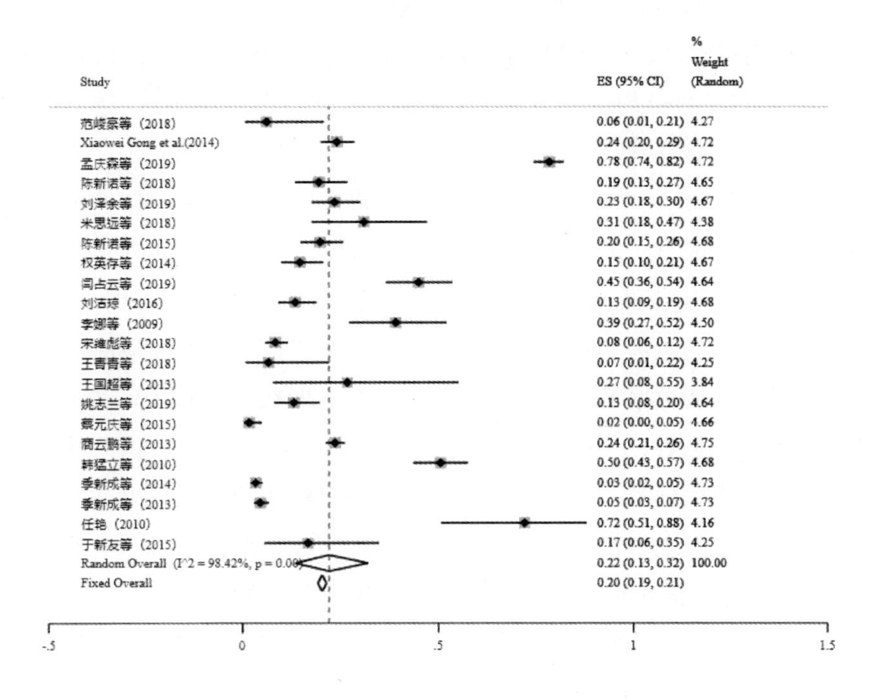

图 3-3　森林图

3. 讨论

牛病毒性腹泻病从 1980 年在中国发现至今，一直未有有效的防治手段，因此，探究我国 BVDV 流行率具有重要的意义。本研究从 22 份文献中分析了 6 个地区 5 104 头牛的数据，阳性数为 1 182 头，阳性率为 23%。分析结果显示华北地区（55%）、华东地区（39%）和东北地区（39%）感染率比其他地区高。根据之前血清学调查 Meta 的数据显示（金卫东等，2009），华北地区（63%）、华东地区（62%）、华中地区（66%）和东北（51%）为高感染地区，结果较为相符，可以看出该病在北方地区流行率更高。我国南方气候湿热，城市密集，并不适合大规模养殖，因此国家政策鼓励我国北方地区开展规模化养殖。目前养牛在全国尤其是贫困地区都在大力推广，其市场效益稳定等原因引得大家广泛看好其市场前景，大力发展规模化养殖，南方地区的养殖业也在往我国北方地区转移，这也是导致我国北方地区流行病阳性率高的原因之一。而造成阳性率差异主要原因是检测方法不同，使用 ELISA 方法检测抗体虽然有高通量和特异性好的优点，但由于 BVDV 病毒较为特殊，牛只出现一过性感染，体内也会存在抗体，但并不代表牛只携带病毒。而且隐性感染的牛会出现只有抗原没有抗体的现象，所以其真实携带病毒的数据有差异。RT-PCR 检测病原，体现的是带毒动物在牛群中的比率，也就是真实感染率，检测结果更为精准。此外,本次分析中,众省份中内蒙古自治区(55%)、青海省(21%)、吉林省(39%)、安徽省(88%)、山东省(62%)、江苏省(18%)、新疆地区(19%),浙江省(12%)、黑龙江省(24%)和辽宁省(20%)均有感染 BVDV 的情况。阳性率高的地区,造成的传播风险大,应对这些地区加强监控和防治,防止 BVDV 进一步扩散。

我们的 Meta 分析也存在着很多局限性,这对最后的结果会有一定的影响。我们在筛选文献时发现提取完整数据有一定的困难性,我们根据不同采集部位、症状、养殖场所和种类都进行了数据提取,发现很多文献背景交代不清且病料来源不详,这对我们想进一步分析带来了很大的难度。根据 2018 年,由勃林格殷格翰主办的最新牛病毒性腹泻病毒中国流行病学调研数据新闻发布会提供的信息可知,在中国 BVDV 超过 46.7% 的牛场 BVDV 抗原检测为阳性,牛群中 BVDV 持续性感染率为 2.2%。我国 BVDV 感染严重程度远远高于亚洲多数国家,不仅如此,相比欧美国家的普遍感染率也高。目前该病的传染率在我国仍然处于上升趋势。隐性感染牛是主要的传播方式,如果牛群中存在隐性感染牛,就会不断向牛群散播病毒,不仅牛群繁殖性能明显降低,而且对于其他病原的易感性也会大大提高,同时产奶量明显下降。使用 RT - PCR 的方法,可以更为准确的对 BVDV 进行检测,检测出 BVDV 的真实感染率。传统的 RT - PCR 时间长且工艺繁琐并不是首选检测方法,但是随着检测技术的发展,目前已经出现 Nano - PCR 和一步法 RT - PCR 的方法来进行检测,这两种检测方法敏感性高且特异性强,简化了 RT - PCR 的操作步骤,可以广泛应用于 BVDV 的快速检测、分型和流行病学调查,对于今后我国可能实行的牛场净化提供了更为有效的方法。

本研究通过 Meta 分析方法总结了使用 RT - PCR 调查到的 BVDV 在中国区域流行情况,在我国养殖业较为发达的地区均能检测到,所以应提高对 BVD 的认知和受重视程度、建立示范基地、进行疫苗的研发并制定 BVD 控制计划。虽然付出一定成本,但控制 BVD 带来的效益更为可观。

(二)黑龙江省集约化牛场 BVDV 流行病学调查

BVDV 广泛分布于牛群和其他反刍兽,严重危害养牛业健康发展。BVDV 感染能导致多种临床症状,包括消化道、呼吸道和生殖道症状等,严重的出现死亡。BVDV 也可以产生持续感染(PI),是重要的传染源,也具有发展成黏膜病的风险。BVDV 也引起免疫抑制导致其他病原感染容易继发感染,使病情加重。常使用 5′UTR、N^{pro} 和 E2 基因进行 BVDV 的遗传进化分析。Vilcek 等证明 5′UTR 是高度保守的序列,对于基因分型具有重要意义。这个区域能有效地用 RT - PCR 扩增,是 BVDV 遗传进化分析最常用的基因。目前,基于 5′UTR、N^{pro} 和 E2 BVDV 分离株被分成 2 个主要基因型 BVDV - 1 和 BVDV -

2,以及新出现的 HoBi - like 病毒,被称为 BVDV - 3 或者 atypical BVDV。BVDV - 1 被进一步分成 18 个亚型 1a - 1u(NAGAI et al. ,2008;XUE et al. ,2010;YESILBAG et al. ,2014;DENG et al. ,2015),BVDV - 2 被分成 3 个亚型 2a - 2c。

在中国,BVDV 最早于 1980 年分离自流产胎儿,分离株被命名为 Changchun 184,属于 BVDV1b。BVDV 广泛分布于 20 多个地区,已有报道在奶牛、牦牛、水牛、骆驼四角鹿和猪等均监测到 BVDV 感染。目前在国内流行的 BVDV 亚型主要有 BVDV - 1a、BVDV - 1b、BVDV - 1c、BVDV - 1d、BVDV - 1m、BVDV - 1p、BVDV - 1q、BVDV - 1u 和 BVDV - 2a。在 2005 年以前,中国主要流行 BVDV1b,2005 - 2013 年主要流行 BVDV - 1m。黑龙江省具有悠久的养牛历史,是中国奶牛的主产区,而 BVDV 流行病学调查仍不完善。当设计和研发有效的 BVDV 疫苗时病毒的遗传变异必须要考虑,在本国使用的疫苗基因型和抗原性必须要符合当地的流行毒株特征。BVDV 的高度变异导致诊断和预防困难。因此,BVDV 野毒株变异的认识是成功设计控制和根除计划的关键(GAO et al. ,2013)。国内尽管对 BVDV 的基因分型有了一些研究,但是黑龙江省 BVDV 的分子进化和血清学相关研究仍不清楚。本研究的目的是使用 ELISA 检测病毒抗原(Ags)对黑龙江 BVDV 分离株进行 5′UTR 基因测序分析,确定主要黑龙江省牛群中 BVDV 感染风险和毒株变异情况,为 BVDV 防控计划的制定、疫苗开发和致病机理研究奠定基础。

1)方法

通过 RT - PCR 扩增 BVDV 5′UTR 基因和 NS2 - 3 基因高变区,然后进行克隆测序,使用 MEGAX 进行遗传进化分析。5′UTR 引物:根据 Vilcek 报道合成 BVDV 5′UTR 特异性引物 324/326,5′UTR 既可用于 BVDV 鉴定,也可用于 BVDV 基因分型研究。NS2 - 3 引物:根据 BVDV NS2 - 3 基因高变区两端相对保守序列设计引物,引物位于外源基因插入区两端,用以扩增 NS2 - 3 基因了解其变异情况,从而确定 BVDV 毒株 CPE 与 NS2 - 3 基因变化的联系。具有插入序列的 NADL 株目的基因 935 bp,Osloss 株目的基因 893 bp,NCP BVDV 毒株目的基因 665 bp。引物序列见表 3 - 5。

表 3 - 5　本研究所使用的引物

Name		Sequence 5 - 3	Length	Reference
5′UTR	324	ATGCCC(T/A)TAGTAGGACTAGCA	288bp	(WANG et al. ,2012)
	326	TCAACTCCATGTGCCATGTAC		
NS2 - 3	F	GAGATCTCGGGAGGTAC	≥655bp	(BAKER et al. ,1995)
	R	CCTCTCGGCATGATCCCGAAA		

2)样本来源

样本来自位于中国东北部的黑龙江省(125°03′~125°33′S, 46°42′~46°58′W),年平均温度4.2℃,寒冷季平均温度23.3℃,温暖季节平均温度18.5℃,年平均湿度60%~70%。本研究中总计10643份血清样本,分别来自哈尔滨市、齐齐哈尔市、牡丹江市和虎林市的4个大型奶牛场,2016年3月到5月期间,每个牛群从断奶犊牛到成年母牛全部血清样本,见表3-6。

27个BVDV样本被用于病毒分离鉴定,这些阳性样本来自于2010-2016年黑龙江省8个不同地区的牛场,见表3-6。13份BVDV抗原阳性的血清样本来自来自齐齐哈尔市、哈尔滨市和虎林市的奶牛场,没有临床症状或者繁殖障碍的牛。14份其他BVDV Ag阳性样本来源是哈尔滨市、齐齐哈尔市、牡丹江市、大庆市、虎林市、北安市、肇东市和尚志市等地区具有明显BVD症状的奶牛或者肉牛。12份样本来自奶牛,品种主要是荷斯坦奶牛,饲养方式为集约化饲养,规模在1500~5000头。另外,2份样本来自肉牛,品种是西门塔尔,规模500头育肥牛场。动物年龄在3月龄~5岁龄。牛群没有免疫过BVDV疫苗。

3)结果

(1)BVDV抗原检测结果

正在进行BVDV净化的4个规模化奶牛场,于2016年春季进行BVDV抗原普检一次,总计10591份血清样本,阳性牛被淘汰处理。BVDV抗原阳性率2.5%(268/10591)。在这四个牛场之间血清抗原阳性率变化较大,在0.41%~4.27%之间。另外,血清抗原阳性率在成年牛(>14月龄)和未成年牛(<14月龄)变化较大。在成年牛群中BVDV Ag阳性率是0.58%(42/7215),而在小牛中阳性率是6.31%(213/3376)($P<0.01$),具有显著差异。实用软件Epi Info™ 3.5.1进行成年牛和未成年牛对BVDV感染的分先分析发现,比数比(OR)是11.50,表明小牛比成年牛更易感染BVDV,具体结果见表3-7。

表 3－6　本研究中 BVDV 分离株信息

城市	牛场	品种	来源	分离株	临床样本	临床症状	基因型	生物型	年龄	分离日期	GenBank accession no.	
											5′－UTR	NS2－3
北安	HJ	荷斯坦奶牛	本地	HJ－1	肠道,肝脏	黏膜病	1b	CPE	13 m	2010.11	JX065783	KU756226
北安	HJ	荷斯坦奶牛	本地	HJ－2	肠道,肝脏	黏膜病	1b	CPE	13 m	2010.11	JX065784	KY865406
肇东	DZ	西门塔尔肉牛	本地	DZ－1	肠道,脾脏	黏膜病	1b	CPE	10 m	2016.3	KY865360	KY865385
肇东	DZ	西门塔尔肉牛	本地	DZ－2	肠道,脾脏	黏膜病	1b	CPE	10 m	2016.3	KY865359	KY865384
哈尔滨	WD	荷斯坦奶牛	澳大利亚	WD－1	粪便,血液	黏膜病	1b	CPE	8 m	2016.5	KY865361	KY865386
哈尔滨	WD	荷斯坦奶牛	澳大利亚	WD－2	粪便,血液	黏膜病	1b	CPE	8 m	2016.5	KY865362	KY865387
哈尔滨	WD	荷斯坦奶牛	澳大利亚	WD－3	粪便,血液	黏膜病	1b	CPE	7 m	2016.5	KY865363	KY865388
牡丹江	MF	荷斯坦奶牛	本地,澳大利亚	MF－1	血清	无症状	1c	CPE	5 m	2016.7	KY865369	KY865394
牡丹江	MF	荷斯坦奶牛	本地,澳大利亚	MF－2	血清	无症状	1c	CPE	3 m	2016.7	KY865370	KY865395
牡丹江	MF	荷斯坦奶牛	本地,澳大利亚	MF－3	血清	无症状	1o	CPE	7 m	2016.7	KY865371	KY865396
牡丹江	MF	荷斯坦奶牛	本地,澳大利亚	MF－4	血清	无症状	1b	CPE	4 m	2016.7	KY865372	KY865397
牡丹江	MF	荷斯坦奶牛	本地,澳大利亚	MF－5	血清	无症状	1c	CPE	4 m	2016.7	KY865373	KY865398
虎林	HY	荷斯坦奶牛	乌拉圭	HY－1	血清	无症状	1c	CPE	18 m	2016.7	KY865364	KY865389
虎林	HY	荷斯坦奶牛	乌拉圭	HY－2	血清	无症状	1c	CPE	18 m	2016.8	KY865365	KY865390
虎林	HY	荷斯坦奶牛	乌拉圭	HY－3	血清	无症状	1o	CPE	18 m	2016.8	KY865366	KY865391

续表

城市	牛场	品种	来源	分离株	临床样本	临床症状	基因型	生物型	年龄	分离日期	GenBank accession no.	
											5′-UTR	NS2-3
虎林	HY	荷斯坦奶牛	乌拉圭	HY-4	血清	无症状	1m	CPE	18 m	2016.8	KY865367	KY865392
虎林	HY	荷斯坦奶牛	乌拉圭	HY-5	血清	无症状	1m	CPE	18 m	2016.8	KY865368	KY865393
齐齐哈尔	FH	荷斯坦奶牛	澳大利亚	FH-1	血清	无症状	1c	CPE	3 m	2016.12	KY865356	KY865381
齐齐哈尔	FH	荷斯坦奶牛	澳大利亚	FH-2	血清	无症状	1c	CPE	4 m	2016.12	KY865357	KY865382
齐齐哈尔	FH	荷斯坦奶牛	澳大利亚	FH-3	血清	无症状	1c	CPE	3 m	2016.12	KY865358	KY865383
齐齐哈尔	XH	荷斯坦奶牛	本地	XH-1	粪便	腹泻	1o	CPE	8 m	2016.4	KY865374	KY865399
齐齐哈尔	XH	荷斯坦奶牛	本地	XH-2	粪便	腹泻	1o	CPE	8 m	2016.4	KY865375	KY865400
齐齐哈尔	XH	荷斯坦奶牛	本地	XH-3	粪便	腹泻	1o	CPE	6 m	2016.4	KY865378	KY865401
齐齐哈尔	XH	荷斯坦奶牛	本地	XH-4	粪便	腹泻	1o	CPE	7 m	2016.4	KY865379	KY865402
齐齐哈尔	XH	荷斯坦奶牛	本地	XH-5	粪便	腹泻	1o	CPE	6 m	2016.4	KY865376	KY865403
齐齐哈尔	XH	荷斯坦奶牛	本地	XH-6	粪便	腹泻	1o	CPE	6 m	2016.4	KY865377	KY865404
尚志	YL	荷斯坦奶牛	本地	YL-1	鼻拭子	肺炎	1o	CPE	30 m	2016.9	KY865380	KY865405

表 3-7　BVDV 感染风险分析

<table>
<tr><th>Cattle age</th><th>Cattle farm</th><th>Sample no.</th><th colspan="2">Positive (%)</th><th>OR</th><th>CI: Confidence interval</th><th>P</th></tr>
<tr><td rowspan="4"><14 month</td><td>WD</td><td>2200</td><td>170(7.73)</td><td rowspan="4">213(6.31)</td><td rowspan="8">11.50</td><td rowspan="8">7.80-15.05</td><td rowspan="8">0.000</td></tr>
<tr><td>MF</td><td>756</td><td>15 (1.98)</td></tr>
<tr><td>HY</td><td>220</td><td>7 (3.18)</td></tr>
<tr><td>FH</td><td>200</td><td>21 (10.5)</td></tr>
<tr><td rowspan="4"><14 month</td><td>WD</td><td>2400</td><td>18 (0.75)</td><td rowspan="4">2(0.58)</td></tr>
<tr><td>MF</td><td>3180</td><td>9 (0.28)</td></tr>
<tr><td>HY</td><td>382</td><td>7 (1.83)</td></tr>
<tr><td>FH</td><td>1253</td><td>8 (0.64)</td></tr>
<tr><td>Total</td><td></td><td>10591</td><td>255 (2.4)</td><td></td><td></td><td></td><td></td></tr>
</table>

(2)BVDV 分离及生物型鉴定结果

从 27 份 BVDV 阳性样本中均分离到 CP BVDV 毒株，其中血清样本 13 份，发生 BVD 死亡的奶牛肝脏样本 2 份，脾脏样本 2 份，粪便样本 6 份，鼻拭子 1 份，血液 3 份。其中 23 份样本接种 MDBK 细胞，第一代就出现了典型的 CPE，另外 4 份样本在第二代时也发生了 CPE，最终 27 份样本均出现了典型的 BVDV CPE。不同的组织样本接种 MDBK 细胞以后出现的 CPE 特征相似，CPE 特征是在接毒后 48 h，开始出现细胞间隙变大，细胞变成长梭形，随着时间延长细胞出现拉丝状，细胞融合脱落等细胞病变。72 h 后大部分样本 CPE 达到 70%，此时收毒用于 BVDV 鉴定。

(3)BVDV PCR 及测序鉴定结果

应用 PCR 方法成功从 27 份样本接种 MDBK 细胞后的第三代病毒液中扩增出 BVDV 5′UTR 和 NS2-3 基因，见图 3-4 和 3-5。然后将目的基因链接至 T 载体进行克隆，通过菌落 PCR 鉴定出阳性重组菌。然后选择 3 株阳性重组均进行测序分析，均为 BVDV 序列，测序结果上传至 GenBank 获得登录号为 KY865356 - KY865380、JX065783 和 JX065784。BVDV 分离株的 5′UTR 序列与 GenBank 中的序列没有完全相同的。而且 27 个分离株序列具有两个变异区，分别位于 NADL 株的第 208～223 和 256～320 位核苷酸之间。两个变异区主要出现 1 或者 2 个碱基缺失。BVDV 分离毒株与 BVDV-1b 参考毒株 Osloss(GenBank 登录号 M96687)的同源性在 97.2%～97.9%，与 BVDV-1c 参考毒株 AQMZ02A/21/2(GenBank 登录号 AB300687)同源性在 96.8%～99.6%，与 BVDV-1m 参考毒株 ZM-95(GenBank 登录号 AF526381)基因同源性在91.7%～94.4%与 BVDV-

1o 参考毒株 IS25CP01(GenBank 登录号 AB359931)同源性在 91.5% ~94.6%。

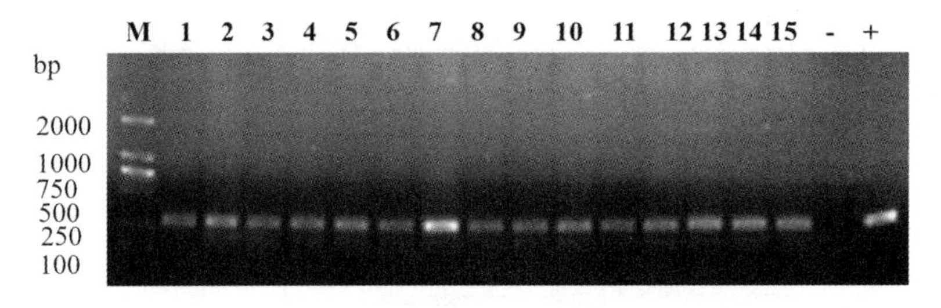

图 3-4 BVDV 黑龙江分离株 5′UTR 基因扩增结果
M 为 DNA Marker;1-27 为样本

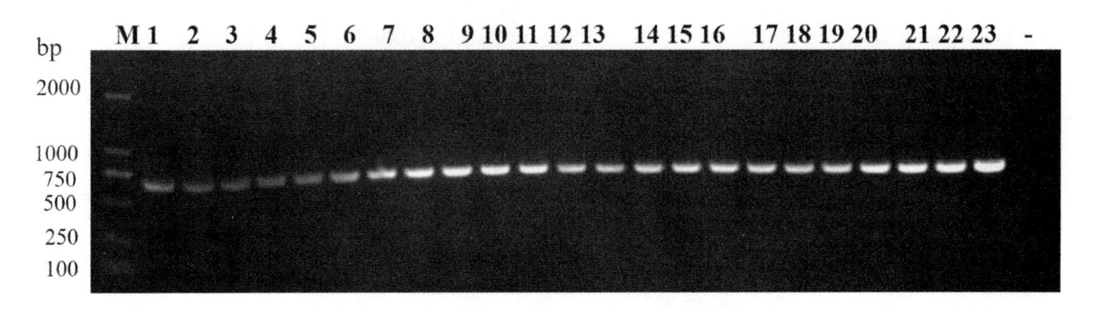

图 3-5 BVDV 黑龙江分离株 NS2-3 基因扩增结果
M 为 DNA Marker;1-27 为样本

(4) BVDV 5′UTR 序列系统进化分析结果

所有的 27 个 BVDV 分离毒株都属于 BVDV-1(图 3-6)。基因亚型分析结果表明,分离株分为 4 个亚型,分别是 BVDV-1b(29.63%,$n=8$);BVDV-1c(29.63%,$n=8$);BVDV-1m(7.41%,$n=2$)和 BVDV-1o(33.33%,$n=9$),具体结果见表 3-8。

表 3-8 黑龙江省 BVDV-1 亚型主要流行特征

BVDV-1 subtypes	Number	Percent rate	Cities	Clinical symptoms
1b	8	29.63	Harbin, Mudanjiang, Beian, Zhaodong	Mucosal disease, None
1c	8	29.63	Qiqihar, Mudanjiang, Hulin	None
1m	2	7.41	Hulin	None
1o	9	33.33	Mudanjiang, Daqing, Hulin, Shangzhi	Diarrhea, Pneumonia

(5)BVDV NS2－3 核苷酸序列同源性比较和系统进化分析结果

为了分析 BVDV 黑龙江分离株产生的 CPE 与 NS2－3 之间的特征,通过 RT－PCR 扩增得到 NS2－3 的 CDS 序列并进行测序。结果所有的分离毒株均扩增到约 665 bp 基因片段。目的基因测序结果表明这些基因与 BVDV NS2－3 基因同源性最高,与 GenBank 上参考毒株序列均存在差异。未发现分离株的 NS2－3 基因内部存在基因插入、重组或者基因重排。然而,BVDV FH－2 株和 YL 株与参考毒株 Oregon C24V(GenBank 登录号 AF091605)相比,在 4663～4665 nt 之间存在谷氨酸(E)缺失,并且在所有的序列中都存在一些核苷酸替代。与 5′UTR 核苷酸序列相反,NS2－3 序列核苷酸变异发生在整个基因序列上,而不是特定的区域。

27 个 BVDV 黑龙江分离株被分成 3 个亚群(图 3－7):81.48%(22/27)处于 A 亚群,与 BVDV USMARC－51998 株(GenBank 登录号 KP941581)相比较基因同源性在 94.9%～95.5%之间。HJ－1 和 HJ－2 位于 B 亚群,与 BVDV 08GB45－2 株(GenBank 登录号 JQ418634)相比较基因同源性为 96.1%。剩余的 MF－2、MF－5 和 HY－1 位于 C 亚群,与 BVDV Bega－like 株(GenBank 登录号 KF896608)相比较基因同源性在 94.7%～95.6%之间。

(6)BVDV NS2－3 编码蛋白氨基酸同源性及系统进化分析

27 个 BVDV 分离株的 NS2－3 编码区由 219 或者 220 个氨基酸组成。分离株之间氨基酸同源性在 88.7%～100%之间。BVDV 分离株进化树分析结果与核苷酸序列分析结果一致,也分成 3 个亚群(图 3－8)。分离株与 BVDV NADL 株(GenBank 序列号 NC_001461)NS2－3 氨基酸同源性在 85%～90%之间,与 Oregon C24V 株(GenBank 序列号 AF091605)NS2－3 氨基酸同源性在 84.6%～92.8%,与 Bega－like 株(GenBank 序列号 KF896608)NS2－3 氨基酸同源性在 89.6%～99.1%。

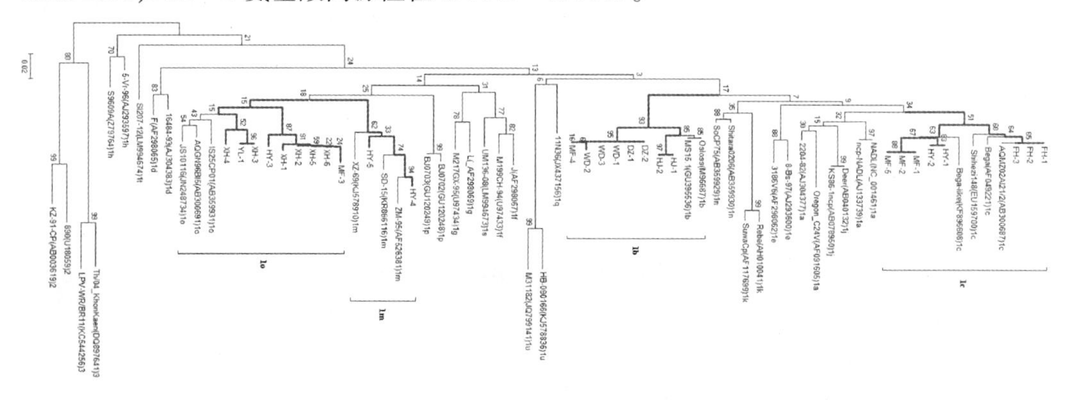

图 3－6 5′UTR 核苷酸酸序列进化树

粗线为本研究得到的 BVDV 黑龙江分离株

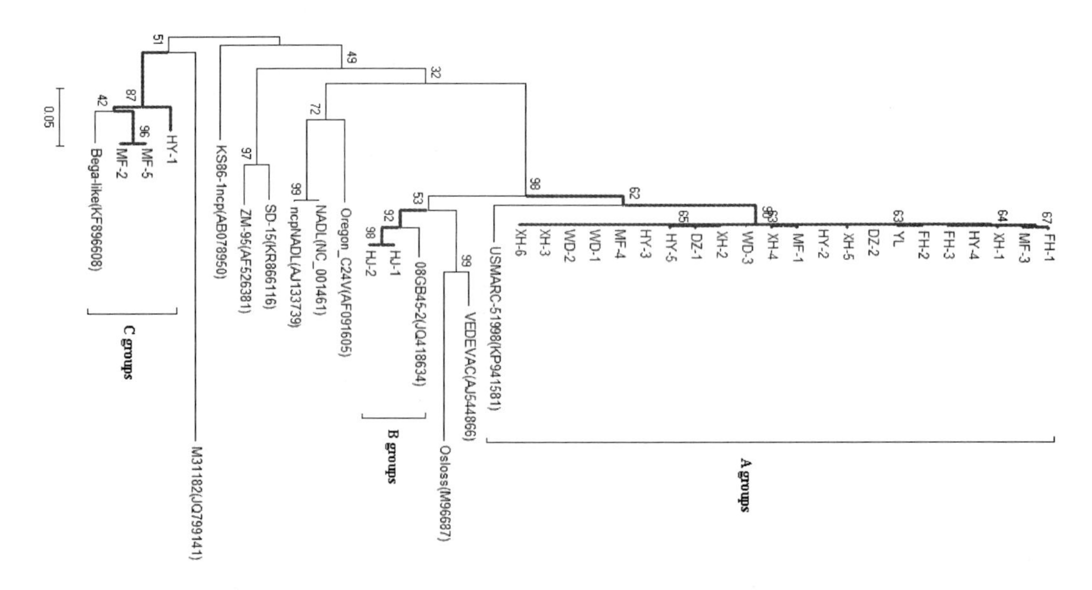

图 3－7　NS2－3 核苷酸序列系统进化树

粗线为本研究中的 BVDV 黑龙江分离株

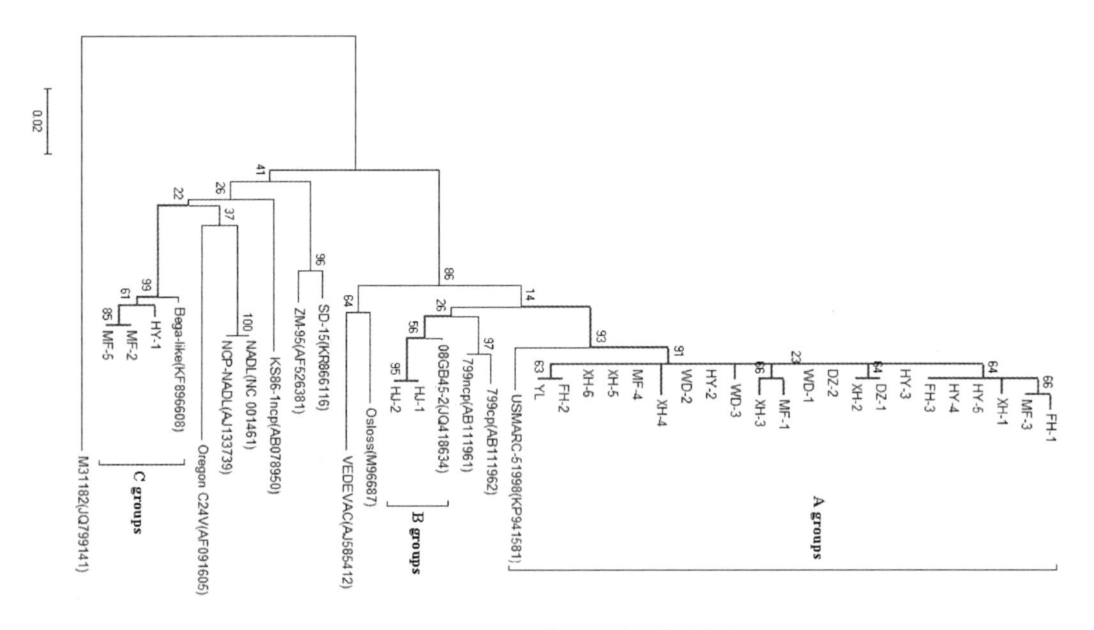

图 3－8　NS2－3 氨基酸序列系统进化树

粗线为本研究中的 BVDV 分离株

4)讨论

在中国关于牛群中 BVDV 抗体(Ab)的血清流行病学调查研究较多,全国范围内都有报道。研究结果表明,在不同的地区、不同的牛品种以及不同的农场中抗体阳性率变化较大。在中国东南部的福建省抗体阳性率高达92.5%。然而,关于BVDV抗原流行病学调查研究较少。在2010－2013年间,Deng等对我国部分地区(不包括黑龙江省)不同品种的牛进行了BVDV Ag流行病学调查,结果表明奶牛、肉牛、牦牛和水牛的BVDV抗原阳性率分别是0.00%(0/116)、0.77%(3/392)、0.82%(3/368)和5.97%(8/134)。在另一个研究中,Wang等调查结果表明黑龙江省2011－2012年间BVDV抗原阳性率为1.6%(23/1434)。在本研究中,BVDV抗原阳性率平均为2.4%(254/10591),略微高于以前的报道。其中WD奶牛场阳性率最高达到4.09%(188/4600),而且在小牛群中正流行病毒性腹泻病,部分犊牛出现死亡。事实上,本研究中得到的数据可能低于实际阳性率,由于根据文献报道,血清样本中BVDV抗原阳性率比耳耳豁组织低4%。另外,统计学结果表明小牛(<14月龄)比成年牛更易感BVDV($p<0.01$),这与以往研究报道一致。这一结果提示我们,对于BVD的防控除了应该淘汰PI牛,还应该注意控制与犊牛的传播途径。

在本研究中,样本来自黑龙江省不同地区牛场的健康牛和有不同临床症状的牛,症状包括腹泻、肺炎和黏膜病。27个经ELISA或者PCR检测BVDV阳性的样本,接种于MDBK细胞用于病毒分离。令人惊奇的是,所有的BVDV分离株均属于CP型,没有分离到NCP型BVDV。这个结果有些异常,由于这些样本来自于无症状的牛。根据文献报道,NCP型BVDV来自PI动物,CP型BVDV来自急性感染或者短暂性感染动物。

PI动物是指BVDV抗体阴性而且BVDV抗原阳性动物,能大量排毒,一生都表现为病毒血症,主要由NCP型BVDV引起。在本研究中,血清样本没有检测BVDV－Ab,因此,无症状的牛也不能确定为PI牛。另外,NCP型BVDV没有被分离到可能由于可能是由于CP和NCP型BVDV在样本中共存,以及阳性样本数量有限。在小牛群中BVDV急性感染更容易发生,可能临床症状不明显或者表现出高烧、腹泻、呼吸道症状,有时突然死亡。BVDV引起的疾病严重程度随着BVDV毒株毒力差异和其他继发感染病原体差异而不同。

在本研究中,小牛BVDV抗原阳性率明显高于成年牛($p<0.01$),这与以前的研究结果一致。NCP型BVDV似乎是急性感染的原因,而且能够通过体液广泛传播,包括鼻汁、尿液、乳汁、唾液、泪液和羊水等。CP型BVDV也在实验条件下也能诱导急性感染。CP型BVDV常分离自发展成黏膜病的PI动物。因此,用于病毒分离的牛也可能是BVDV急性感染造成的。当NCP型BVDV的NS2－3蛋白编码区发生某些变化时,导致NS2－3蛋白裂解成NS2和NS3蛋白。这些基因变化包括基因组重复、细胞的mRNA序列插入或者核苷酸点突变等。NS2－3基因序列分析结果表明,黑龙江BVDV分离株没有发生外援基因序列的插入、基因重组或者基因重排等。然而,在所有的BVDV分离株中NS2－3

基因的核苷酸发生了大量的突变，导致 5 ~ 20 个氨基酸突变。也有一些 CP 型 BVDV 毒株的基因组变化发生在 N^{pro}、C 和 NS4B 基因。这些分离株也可能发生上述基因的变化。27 个 BVDV 分离株的 NS2 – 3 和 5′UTR 基因系统进化分析结果是不一致的，有 22 个 BVDV 分离株处于相同的群(81.48%，22/27)。如果 22 个 BVDV 分离株的抗原性相似，这种基于 NS2 – 3 基因分型的方法对疫苗的研发具有重要意义。

在本研究中 BVDV – 1b、BVDV – 1c、BVDV – 1o 和 BVDV – 1m 被发现在黑龙江省不同地区流行。BVDV – 1b、BVDV – 1c 和 BVDV – 1o 阳性率相似，是主要的流行亚型。BVDV – 1m 流行率相对较低。实际上 BVDV – 1b 在世界范围内流行。在中国，BVDV 最早于 1980 年分离自吉林省长春市，根据 P125(NS2 – 3)基因序列进化分析结果，其属于 BVDV – 1b 亚型。此外，8 个 BVDV – 1c 毒株与澳大利亚分离株 BVDV – 1c AQMZ02A121/2 株有高度同源性，最高达 94.4%。这 8 个 BVDV 毒株分别来源于 FH 牛场(100%，3/3)、MF 牛场(60%，3/5)和 HY 牛场(40%，2/5)。BVDV – 1c 在澳大利亚是主要的流行毒株。AQMZ02A121/2 株分离自日本进口的澳大利亚的牛。自从 2000 年，黑龙江省和其他省份从澳大利亚进口了大量奶牛。因此，本研究分离的 BVDV – 1c 可能来源于澳大利亚奶牛。在中国新疆也分离到了 BVDV – 1c 毒株 Shihezhi 148 和 Manas，新疆 8 个地区在 2006 – 2008 年间 BVDV – 1c 阳性率是 25%(6/24)。目前，BVDV – 1o 仅在中国的猪群分离到。日本从进口自中国的荷斯坦奶牛中分离到了 BVDV – 1o 毒株。在本研究中，发现 BVDV – 1o 毒株是主要流行的毒株之一。基因序列同源性达到 99%。这 8 个分离毒株与中国猪源 BVDV 毒株 JS10116(BVDV – 1o)或者日本牛源 BVDV 毒株 AQGN96BI5 毒株(BVDV – 1o)5′UTR 基因同源性最高达到 99%(S1)。

近年来，对我国牛群中 BVDV 分子流行病学调查研究越来越多。2012 年，Xue 等研究表明 BVDV1m 占阳性样本的 66.7%(12/18)。2015 年，Deng 等研究表明，BVDV1m 占阳性样本的 49%(61/124)。然而，在本研究中 BVDV – 1m 占分离毒株的 7.41%(2/27)，相对低于以前的研究报道，这可能是由于地理差异所致。此外，在本研究中，BVDV – 2 和 HoBi – like 病毒没有分离到。在亚洲，BVDV – 2 在日本和中国散发，而在韩国有较高的流行率。HoBi – like 病毒首次在南美检测到，后来在东南亚和欧洲也有报道。在以前研究中，在美国有呼吸道症状的犊牛中以 BVDV – 1b 为主。因此，BVDV – 1 亚型与感染的牛症状之间可能有一些联系。在本研究中，BVDV – 1b 占 87.5% (7/8)，这 7 头牛来自 3 个不同牛场而且都有黏膜病症状。BVDV – 1c 和 BVDV – 1m 占 100%(10/10)，均分离自无症状奶牛。BVDV – 1o 分离自有腹泻和肺炎症状的奶牛。然而，临床症状和 BVDV – 1 亚基因型之间的联系需要进一步验证。以前的研究表明，在 BVDV – 1 亚基因型之间抗原性存在明显差异。遗传进化特征为病毒进化提供了进程的新视角，特别是高度变异的 RNA 病毒。BVDV 展现出更复杂的进化史，在家畜和野生动物中检测到了多个亚基因型。在中国流行的 BVDV 表现出高度的不均一性，存在至少 8 个不同的亚基因型。本研究中发现在相同的牛群中有多个亚基因型共存。在 MF 奶牛场同时存在 BVDV－1b、BVDV－1c 和 BVDV－1o，而在 HY 奶牛场同时存在 BVDV－1c、BVDV－1o 和 BVDV－1m。以上结果表明 BVDV 不同亚型的流行主要原因可能是牛只在国内流动或者国际间贸易导致牛只移动所致。此外，在黑龙江省新基因型变异株的出现可能是由于 BVDV 毒株的高度多样性所致。

5）小结

本研究结果表明 BVDV Ag 平均阳性率从 2012 年的 1.6% 增加到 2016 年的 4.09%，而且表现出高度的基因遗传变异，主要由于中国缺少系统的 BVDV 防控计划。将来，成功的 BVDV 根除和控制计划将依赖于有效的疫苗和诊断方法。然而，当前生物学信息的缺乏阻碍了疫苗研发进程。目前不同亚基因型之间交叉反应程度还不清楚，因此，必须进行连续的调查研究，控制新的 BVDV 亚基因型出现。更确切的交叉反应研究应该被进行，来说明抗原决定簇差异的重要性，来确定将来的疫苗是否应该包含多个 BVDV 亚基因型毒株。

参考文献

[1] Giammarioli M, Ceglie L, Rossi E, et al. Increased genetic diversity of BVDV－1: recent findings and implications thereof[J]. Virus Genes, 2015, 50(1): 147－151.

[2] 陈备娟，高全新，朱毅兴，等. 牛病毒性腹泻病的流行病学调查[J]. 上海畜牧兽医通讯，2010，5：43－44.

[3] Gao S, Luo J, Du J, et al. Serological and molecular evidence for natural infection of Bactrian camels with multiple subgenotypes of bovine viral diarrhea virus in Western China [J]. Veterinary microbiology, 2013, 163(1－2): 172－176.

[4] 马莉莉. 我国牛病毒性腹泻病毒流行情况的 Meta 分析及感染 BVDV 的 MDBK 细胞转录组学分析[D]. 黑龙江八一农垦大学，2018.

[5] 向志，马一平，栾超，等. 银屑病患者血清 IgE 水平增高的 Meta 分析[J]. 中国麻风皮肤病杂志，2018(9)：515－519.

[6] 范峻豪，赵洪哲，王昊，等. Ⅱ型牛病毒性腹泻病毒的分离鉴定[J]. 中国动物传染病学报. 2018(09)：7.

[7] Gong X, Liu L, Zheng F, et al. Molecular investigation of bovine viral diarrhea virus in-

fection in yaks (Bos gruniens) from Qinghai, China[J]. Virology Journal, 2014, 11(1): 29.
[8]孟庆森，季烨，张学成，等. 2018年我国部分地区牛病毒性腹泻病毒感染情况调查[J]. 中国奶牛, 2019(02): 22-24.
[9]陈新诺，肖敏，阮文强，等. 川藏地区牦牛牛病毒性腹泻病毒分子流行病学调查及分离鉴定[J]. 畜牧兽医学报. 2018(03): 606-613.
[10]刘泽余，李健友，刘占悝，等. 吉林某牛场牛病毒性腹泻流行病学调查及分析[J]. 中国畜牧兽医, 2019, 46(01): 255-263.
[11]米思远，师科荣，瑞强，等. 牛病毒性腹泻病毒的RT-PCR检测及感染犊牛相关基因差异表达分析[J]. 畜牧兽医学报, 2018(7): 1432-1439.
[12]陈新诺，张朝辉，徐林，等. 青藏高原牦牛感染BVDV和BEV的分子流行病学调查[J]. 动物医学进展, 2016, 37(9): 35-38.
[13]权英存，刘虎守. 青海省部分地区3种牛病毒性腹泻病原的感染情况调查[J]. 中国畜牧兽医, 2014, 41(5): 220-223.
[14]闫占云，吕秉林，拉加，等. 青海省湟中县牦牛病毒性腹泻5种相关病原的检测与分析[J]. 畜牧与兽医, 2019, 51(01): 95-99.
[15]刘洁琼. 新疆部分规模化奶牛场牛病毒性腹泻调查[J]. 当代畜禽养殖业, 2016(2): 6-7.
[16]宋维彪，马存寿，郭俊梅，等. 青海省海北州2016-2017年牦牛感染牛病毒性腹泻病毒、牛肠道病毒的病原学调查与分析[J]. 黑龙江畜牧兽医, 2019(02): 88-90.
[17]王青青，张迎春，崔鑫，等. 新疆南疆牛病毒性腹泻病毒基因型鉴定及分析[J]. 畜牧与兽医, 2018, (7): 113-117.
[18]王国超，王沪生，乔军，等. 新疆沙湾牛病毒性腹泻病毒基因2型毒株的分离鉴定[J]. 中国兽医杂志, 2013, 49(10): 14-17.
[19]姚志兰，傅宏庆，崔平福，等. 江浙部分地区牛病毒性腹泻病毒分子流行病学调查及BVDV-2型毒株分离鉴定[J]. 扬州大学学报, 2019(10): 40-46.
[20]蔡元庆，雷程红，包振中，等. 新疆部分地区牛病毒性腹泻—黏膜病病毒的分离鉴定[J]. 新疆农业科学, 2015, 52(12): 2335-2343.
[21]商云鹏，刘华，张海丽，等. 东北地区规模化奶牛场牛病毒性腹泻/黏膜病血清学调查[J]. 中国预防兽医学报, 2013, 35(07): 559-561.
[22]季新成，段琛，王克栋，等. 牛病毒性腹泻病毒内标双重RT-PCR检测方法的建立及初步应用[J]. 动物医学进展, 2014, 35(1): 17-21.

[23]于新友，李天芝，沈志强. 牛病毒性腹泻病毒一步法 RT－PCR 检测方法的建立及应用[J]. 中国奶牛，2015(9)：27－29.

[24]贺顺忠，牛永娟，张青兰，等. 玉树部分地区牦牛病毒性腹泻血清学检测报告[J]. 中国牛业科学，2015，41(4)：39－40.

[25]何小丽，赵世媛，李永琴，等. 宁夏地区奶牛病毒性腹泻及牛传染性鼻气管炎的流行病学调查[J]. 畜牧与兽医，2016，48(11)：100－102.

[26]王竞晗，李素，何文瑞，等. 进口胎牛血清中牛病毒性腹泻病毒的分离及鉴定[J]. 中国生物制品学杂志，2016，29(3)：308－311.

[27]Jones Lr，rubén Zandomeni，Weber E L. Genetic typing of Bovine Viral Diarrhea Virus from Argentina[J]. Veterinary Microbiology，2001，81(4)：367－375.

[28]Pecora A，Malacari D A，ridpath J F，et al. First finding of genetic and antigenic diversity in 1b－BVDV isolates from Argentina[J]. Research in Veterinary Science，2014，96(1)：204－212.

[29]Ana Cristina S Mósena，Weber M N，Cibulski S P，et al. Genomic characterization of a bovine viral diarrhea virus subtype 1i in Brazil[J]. Archives of Virology，2016，162(4)：1－5.

[30]Otonelr A A，Alice F Alfieri. The diversity of BVDV subgenotypes in a vaccinated dairy cattle herd in Brazil[J]. Tropical Animal Health and Production，2014，46(1)：87－92.

[31]Weber M N，Silveira S，Machado G，et al. High frequency of bovine viral diarrhea virus type 2 in Southern Brazil[J]. Virus research，2014，191：117－124.

[32]Evermann J F，ridpath J F. Clinical and epidemiologic observations of bovine viral diarrhea virus in the northwestern United States[J]. Veterinary Microbiology，2002，89(2－3)：129－139.

[33]Fultonr W，D'Offay J M，Landis C，et al. Detection and characterization of viruses as field and vaccine strains in feedlot cattle with bovine respiratory disease[J]. Vaccine，2016，34(30)：3478－3492.

[34]Pogranichniyr M，Schnur M E，raizman E A，et al. Isolation and Genetic Analysis of Bovine Viral Diarrhea Virus from Infected Cattle in Indiana[J]. Veterinary Medicine International，2011，2011：1－6.

[35]Yan L，Zhang S，Pace L，et al. Combination of reverse Transcription real－Time Polymerase Chain reaction and Antigen Capture Enzyme－Linked Immunosorbent Assay for

the Detection of Animals Persistently Infected with Bovine Viral Diarrhea Virus[J]. Journal of Veterinary Diagnostic Investigation Official Publication of the American Association of Veterinary Laboratory Diagnosticians Inc, 2011, 23(1): 16 -25.

[36]Abdel - Latif A, Goyal S, Chander Y, et al. Isolation and molecular characterisation of a pestivirus from goats in Egypt [J]. Acta Veterinaria Hungarica, 2013, 61 (2): 270 -280.

[37]Soltan M A, Wilkesr P, Elsheery M N, et al. Circulation of bovine viral diarrhea virus - 1 (BVDV - 1) in dairy cattle and buffalo farms in Ismailia Province, Egypt[J]. Journal of Infection in Developing Countries, 2015, 9(12): 1331.

[38]Ularamu H G, Sibeko K P, Bosman A B, et al. Genetic characterization of bovine viral diarrhoea (BVD) viruses: confirmation of the presence of BVD genotype 2 in Africa[J]. Archives of Virology, 2013, 158(1): 155 -163.

[39]Ochirkhuu N, Konnai S, Odbilegr, et al. Molecular detection and characterization of bovine viral diarrhea virus in Mongolian cattle and yaks[J]. Archives of Virology, 2016, 161(8): 1 -5.

[40]Fultonr W, D'Offay J M, Landis C, et al. Detection and characterization of viruses as field and vaccine strains in feedlot cattle with bovine respiratory disease[J]. Vaccine, 2016, 34(30): 3478 -3492.

[41]Kuta A, Polak M P, Larska M. Predominance of bovine viral diarrhea virus 1b and1d subtypes during eight years of survey in Poland[J]. Vet Microbiol. 2013, 166: 639 -644.

[42]Gao J, Liu M, Meng X. Seroprevalence of bovine viral diarrhea infection in Yaks (Bos grunniens) on the Qinghai - Tibetan Plateau of China [J]. Trop Anim Health Prod. 2013, 45: 791 -793.

[43]Zhong F, Li N, Huang X. Genetic typing and epidemiologic observation of bovine viral diarrhea virus in Western China [J]. Virus Genes. 2011, 42: 204 -207.

[44]Deng Y, Sun C Q, Cao S J. High prevalence of bovine viral diarrhea virus 1 in Chinese swine herds [J]. Vet Microbiol. 2012, 159: 490 -493.

[45]Pecora A, Malacari D A, Ridpath J F. First finding of genetic and antigenic diversity in 1b - BVDV isolates from Argentina [J]. Res Vet Sci. 2014, 96: 204 -212.

[46]Peletto S, Caruso C, Cerutti F. A new genotype of border disease virus with implications for molecular diagnostics [J]. Arch Virol. 2016, 161: 471 -477.

第四章　发病机制

BVDV 首先侵入牛的呼吸道及消化道黏膜上皮细胞进行复制，然后进入血液形成病毒血症，再经血液和淋巴管进入淋巴组织。导致循环系统中的淋巴细胞坏死，继而脾脏、淋巴结生发中心和集合淋巴结等淋巴组织受损。病毒在黏膜上皮细胞内复制，使其变性和坏死，引起黏膜糜烂。怀孕牛的 BVDV 感染可能导致多种综合征，包括早期胚胎死亡、对胎儿的致畸作用以及持续性感染(persistent infection，PI)。

一、白细胞减少症和免疫抑制

免疫应答正常的动物在病毒侵入机体后 2～3 周，即可产生足够的抗体将病毒清除，并获得特异性免疫力。病毒可以感染淋巴细胞和巨噬细胞，引起了 B 和 T 淋巴细胞、T 淋巴细胞亚群的百分比和中性粒细胞减少为特征的暂时性白细胞减少症，抑制了抗体和干扰素的产生，受感染动物中出现 7～14 d 或直至恢复的免疫抑制，进而可能导致严重的呼吸道和胃肠道等继发感染。

二、繁殖障碍和持续性感染

病毒可以通过胎盘垂直感染胎儿，对的胎儿损伤随感染时胎龄不同而异。妊娠早期(40 d 前)可使胎儿死亡，引发流产或造成木乃伊胎。幸存胎牛可终身感染，成为危险的传染源，或发展为临床疾病。母牛第 30～125 d 之间感染 NCP 型 BVDV，产出胎儿为 PI 牛，是非常危险的传染源。NCP 型 BVDV 可抑制胎儿对病毒感染所诱导的 I 型干扰素应答，这也是病毒感染导致 PI 状态的原因之一。PI 牛被 CP 型 BVDV 再次感染，可导致黏膜病的发生。PI 牛体内缺乏抗 BVDV 的抗体，处于免疫耐受状态，但这种 PI 动物的免疫耐受是高度特异的，当再次感染抗原性不同的 BVDV 可产生免疫应答。在 80～150 d 之间暴露于 NCP BVDV 株的胎儿也可能发生先天性异常，例如小脑发育不全、眼部病变和许多其他问题。

三、血小板减少症和出血性综合征

BVDV 致死的原因(PI 动物的过度感染除外)可能是 BVDV 诱发的血小板减少症,以及随后的出血以及严重的腹泻等。一般认为 BVDV 感染引起血小板减少症是由于外周循环中血小板受损程度增加和骨髓生成血小板的能力下降造成的。临床上不同 BVDV 毒株感染导致的血小板减少症的程度差异很大。BVDV -1 和 BVDV -2 感染均能引起血小板减少和出血性综合征,其中 BVDV -2 能引起严重的急性出血综合征。

四、免疫逃避机制

包括 BVDV 在内的许多病毒可使用独特的免疫逃避策略来劫持宿主的免疫反应,以确保病毒成功复制,并从一个宿主传播到另一个宿主。这些策略包括适应生存、"打了就跑"和持续感染等。其有利于病毒的复制和传播。同时,对目前用于识别新出现病毒株的诊断分析也提出了更高的要求。此外,这些策略将有利于变异毒株的出现,这可能对目前使用的 BVDV 疫苗的临床保护作用产生负面影响。BVDV 在动物群体中建立持续感染的关键是在怀孕动物体内的胎儿中建立先天免疫耐受,产生 PI 犊牛。

尽管病毒 RNA 诱导了 IFN 的产生和合成,但病毒 E^{rns} 抑制了病毒感染早期 RNA 触发的 IFN 产生途径。BVDV N^{pro} 在病毒复制过程中可诱导 IRF3(IFN 激活因子)降解。N^{pro} 和 E^{rns} 在 CP 型 BVDV 和 NCP 型 BVDV 的细胞培养物中都以非冗余的方式充当 IFN 拮抗剂。尽管 NCP 型 BVDV 能有效地逃避动物机体的先天免疫反应,但它们可以在感染的急性期诱导 IFN -γ 产生,尤其是在 PI 动物中。这表明,尽管 BVDV 感染对感染宿主的 IFN 产生有显着的抑制作用,但它不会改变或抑制它们的作用。另一种独特的 BVDV 免疫逃避策略是对 IFNα/β 途径的"自我"和"非自我"改变。这种选择性现象使 BVDV 能够在被感染动物体内建立持续感染,从而维持病毒在特定动物种群中的循环。

五、病毒感染宿主的受体研究

(一)MDBK 细胞牛病毒性腹泻病毒互作蛋白的筛选和初步鉴定

1. 背景

BVDV 感染可导致牛病毒性腹泻—黏膜病 BVD - MD,引起牛发热、黏膜糜烂和坏死、腹泻、血小板和白细胞减少、流产、畸型胎儿等症状。BVD - MD 呈世界性分布,是牛场和国际贸易中重点检疫的传染病之一,给养牛业造成了巨大损失。在我国,BVD - MD 已广泛流行于 20 多个省、市及自治区,2003 - 2018 年的流行率约为 53% ,其中华北地区为72.2%，华中地区为69.8%，华东地区为58.3%，西南地区为25.7%。BVD－MD流行范围呈扩大趋势，使净化与防控仍然任重道远。

BVDV为黄病毒科、瘟病毒属的成员。BVDV的基因组为单股正链的RNA，全长约12.5 kb，包含一个开放阅读框架，编码一个多聚蛋白，被宿主细胞和病毒的蛋白酶裂解为不同的病毒蛋白，主要包括4种结构蛋白（Core、E^{rns}、E1和E2）。其中，E2蛋白的免疫原性最好，可诱导机体产生细胞免疫和体液免疫，是制备BVDV DNA疫苗和亚单位疫苗的首选抗原。E2蛋白也是决定病毒复制周期的重要结构蛋白之一，与病毒对宿主细胞的吸附、侵入以及病毒的免疫逃逸密切相关。此外，E2蛋白拥有突出囊膜表面的N端部分，决定了BVDV的抗原性。通过E2蛋白制备的多克隆抗体，可结合病毒多种抗原表位，与不同的BVDV毒株发生反应，用于研发诊断制品。

本研究拟应用昆虫细胞杆状病毒表达系统对BVDV E2蛋白进行真核表达与鉴定，并通过pull－down结合质谱技术筛选，鉴定E2与MDBK细胞互作的候选蛋白。研究结果为探索BVDV感染的分子机制以及治疗靶点筛选等研究提供了基础与参考。

2. 方法

首先，本研究通过克隆BVDV结构蛋白E2的全基因，构建真核质粒pFast－E2和rBacmid－E2，并将rBacmid－E2转染至sf9细胞，制备可以稳定表达E2蛋白的重组杆状病毒，并通过Western Blot进行验证。然后，以MDBK细胞为模式细胞，将表达的E2蛋白作为pull－down实验的“诱饵”，钓出与之发生相互作用的宿主蛋白。此外，选择分离自PI牛的NCP型BVDV毒株，进行病毒铺覆蛋白印记实验（VOPBA）和免疫共沉淀实验（Co－IP），再将候选蛋白进行质谱鉴定，并对鉴定结果进行GO分析。

3. 结果

（1）pMD18－T－E2质粒的双酶切鉴定

E2基因的PCR扩增产物经1%琼脂糖凝胶电泳鉴定，在1047 bp处出现特异性条带，与预期片段大小相符。利用限制性内切酶*Eco*RⅠ和*Hin*dⅢ对质粒pMD18－T－E2进行双酶切鉴定，可见约2700 bp的载体片段和1047 bp的E2基因片段。将重组质粒pMD18－T－E2送公司进行测序，测序结果与GenBank中公布的BVDV标准株进行比较，结果显示同源性为100%。

（2）pFast－E2的双酶切鉴定

1%琼脂糖凝胶电泳分析结果表明，重组质粒pFast－E2经限制性内切酶*Eco*RⅠ、*Hin*dⅢ双酶切，可见约4700 bp的载体片段和1047 bp的E2目的基因片段，与预期结果相符合。

(3)重组杆粒 rBacmid - E2 的 PCR 鉴定

1%琼脂糖凝胶电泳分析结果表明,1、2、3 重组杆粒 rBacmid - E2 泳道可见约 4200 bp 的 PCR 扩增产物,与预期结果相符合。

(4)Western - Blot 鉴定

SDS - PAGE 结果表明,感染重组杆状病毒后 sf9 细胞内可见相对分子量为 43.6 kDa 的目的蛋白条带,阴性对照组 sf9 细胞和空质粒转染的 sf9 细胞均未检测到目的条带。此外,Western - Blot 表明,感染组细胞在相对分子量为 43.6 kDa 的位置可见特异性 E2 蛋白条带,而野生型杆状病毒感染的 sf9 细胞组则未检测到条带。

(5)E2 蛋白互作蛋白的筛选

SDS - PAGE 结果表明,与空白对照组和 E2 对照组相比,试验组洗脱下来的蛋白中多出了 2 种蛋白,分别命名为候选蛋白 1(110 kDa)和候选蛋白 2(50 kDa)具体结果见图 4 - 1。

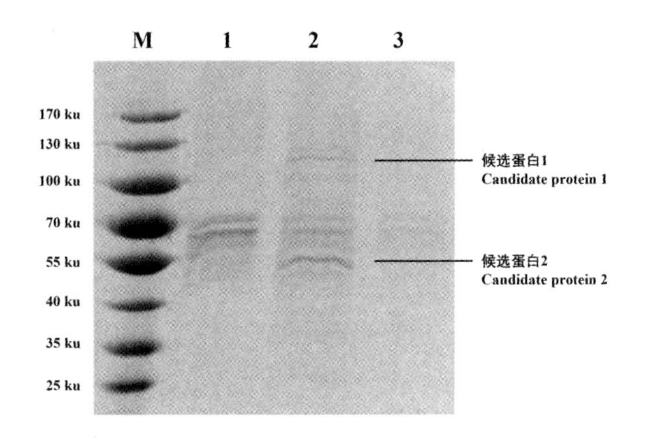

图 4 - 1 Pull - down 试验的 SDS - PAGE
M: Marker; 1: E2 对照组; 2: 实验组; 3: 空白对照组

利用 LC - MS 质谱技术对候选蛋白 1 和候选蛋白 2 进行鉴定。候选蛋白 1 和候选蛋白 2 分别鉴定出 188 和 291 种蛋白质(图 4 - 2)。除去外来物质污染的角蛋白以及未鉴定出的蛋白之后,通过分析肽段质荷比与理论蛋白库匹配上的数目(PSMs)、某一个蛋白质所特有的并且能够将其与其他蛋白质特异性区分的肽段序列(unique peptides)以及蛋白质的理论分子量,筛选出 8 种候选蛋白(表 4 - 1)。

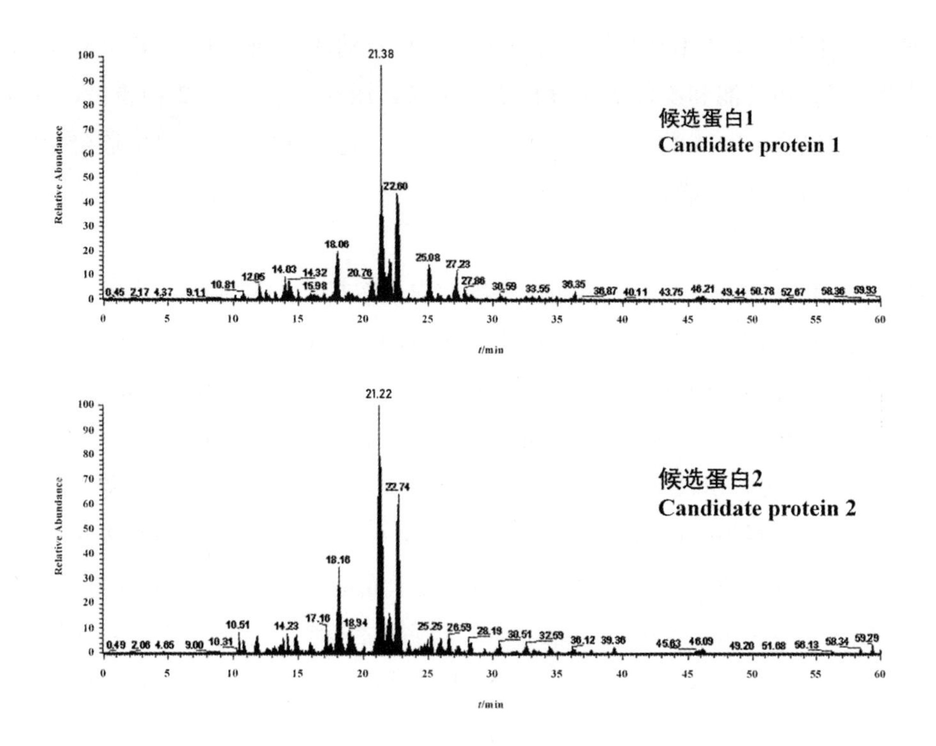

图 4－2　候选蛋白 LC－MS 鉴定

表 4－1　候选蛋白的信息

名称 Name	No.	功能 Function	特异肽段 Unique Peptides	匹配数 Spectrum matches	大小/ku Sizes
候选蛋白 1 Candidate protein 1	A5D7D1	Alpha－actinin－4	8	17	104.862
	A4ZZF8	Alpha－actinin 1	3	11	102.766
	Q3B7N2	Alpha－actinin－1	3	11	102.916
	A6QNJ8	GANAB protein（Fragment）	2	3	109.017
候选蛋白 2 Candidate protein 1	P68103	Elongation factor 1－alpha 1	4	10	50.109
	E1B9F6	Elongation factor 1－alpha	2	8	50.138
	P48616	Vimentin	4	6	53.695
	E1B7J1	Elongation factor 1－alpha	2	5	50.048

(6)候选蛋白的分析

通过对上述 8 种蛋白的 GO 分析可知,3 种蛋白(P68103、E1B9F6、E1B7J1)具有 GTP 酶活性和结合 GTP 的功能,3 种蛋白(A4ZZF8、Q3B7N2、P48616)具有结合双链 RNA 功能,2 种蛋白(Q3B7N2、A5D7D1)具有结合肌动蛋白丝功能,2 种蛋白(A4ZZF8、Q3B7N2)具有结合离子通道功能和配体依赖性核受体转录共激活因子活性,2 种蛋白(A5D7D1、A6QNJ8)具有结合 mRNA 的多聚腺苷酸尾部功能,1 种蛋白(P48616)是细胞骨架的结构成分,且具有蛋白绑定功能。

4. 讨论

昆虫细胞杆状病毒表达系统可在昆虫细胞内高效扩增的同时表达出外源基因。本研究分别成功地构建了真核质粒 pFast - E2 和 rBacmid - E2,并将 rBacmid - E2 转染 sf9 细胞,获得了能够稳定表达 E2 蛋白的重组杆状病毒。经 Western - Blot 验证,在 43.6 kDa 位置出现清晰的目的条带,表明成功在昆虫细胞中表达了重组 E2 蛋白。

目前,在国内关于 BVDV E2 蛋白表达的相关研究中,多数采用原核表达系统进行表。通过真核表达系统表达 E2 蛋白的报道较为少见。通过真核表达系统表达的目的蛋白具有天然蛋白的构象和活性。本研究选用了技术成熟的昆虫细胞杆状病毒表达系统。与哺乳动物细胞系表达系统相比,昆虫细胞杆状病毒表达系统表达产量相对比较高。与细菌表达系统相比,杆状病毒表达系统可对蛋白进行翻译后加工。与酵母表达系统相比,杆状病毒表达系统产物的免疫原性等生物活性与天然蛋白更相似,能够有效减少非特异性结合。

BVDV E2 蛋白作为 BVDV 囊膜上的重要结构蛋白,不仅具有良好的抗原性,还参与病毒对宿主细胞的吸附、侵入以及病毒的免疫逃逸等过程,一直以来都是国内外研究的热点。目前,关于 BVDV E2 蛋白与 MDBK 细胞互作蛋白的筛选与鉴定的相关研究尚未见报道。本研究筛选出了 BVDV E2 蛋白的候选互作蛋白,主要包括 α - actinin(α - 辅肌动蛋白)、Elongation factor 1 - α(延伸因子 1 - α)、Vimentin(波形蛋白)和 GANAB(α 葡萄糖苷酶 II)。其中,α - 辅肌动蛋白具有结合信号分子、胞质蛋白和膜受体等功能,参与信号转导过程。延伸因子 1 - α 与细胞的蛋白合成、胞质分裂以及多核细胞形成密切相关。波形蛋白在细胞凋亡、炎症、免疫反应和病毒感染等过程中发挥重要的生物学功能。α 葡萄糖苷酶 II 在内质网蛋白质折叠的控制中起着重要作用。BVDV 感染过程中其可能通过 E2 蛋白与宿主细胞多种蛋白发生互作,进而影响宿主细胞的多个生物代谢过程。

5. 结论

本研究成功地构建了能够稳定表达 BVDV E2 蛋白的重组杆状病毒。在此基础上,筛选到与 BVDV E2 蛋白具有相互作用的 MDBK 细胞蛋白,主要包括 α - actinin(α - 辅肌动蛋白)、Elongation factor 1 - α(延伸因子 1 - α)、Vimentin(波形蛋白)和 GANAB(α 葡萄糖苷酶 II)。本研究为进一步研究 BVDV E2 蛋白细胞受体和 BVDV 感染的分子机制提供了线索。

(二)波形蛋白在牛病毒性腹泻病毒感染MDBK细胞中的作用研究

1. 背景

牛病毒性腹泻病(Bovine viral diarrhea,BVD)是严重危害养牛业的重要传染病之一。研究病毒对宿主的感染机制有助于该病的防控。本实验室前期筛选出4种可能与BVDV存在相互作用,且最具有后续研究价值的互作蛋白,主要包括波形蛋白、α-辅肌动蛋白、延伸因子1-α和α葡萄糖苷酶II。大量的研究表明,波形蛋白在许多病毒的感染中发挥着重要的作用。本研究拟确定波形蛋白在BVDV感染MDBK细胞时的作用,该研究对于深入了解BVDV的感染机制具有重要的理论价值。

2. 方法

首先通过实时定量PCR检测BVDV感染后MDBK细胞中波形蛋白的转录水平,Western Blot检测波形蛋白的表达水平。从而确定BVDV感染是否对MDBK细胞的波形蛋白产生影响。然后,为了确定破坏和敲低波形蛋白对BVDV感染MDBK时病毒复制的影响。采用短发夹RNA介导的RNA干扰技术,设计构建靶向波形蛋白的特异shRNA质粒,利用shRNA敲低MDBK细胞中波形蛋白的表达,利用ACY破坏波形蛋白结构,然后感染BVDV,确定破坏和敲低波形蛋白对病毒复制的影响。最后,通过PCR扩增波形蛋白基因,构建Vim-pET-28a表达质粒,诱导表达,镍柱纯化目的蛋白。分别应用重组波形蛋白和波形蛋白单抗铺覆MDBK细胞,检测BVDV感染MDBK时病毒复制情况。从而进一步研究重组波形蛋白和波形蛋白单抗阻断对BVDV感染MDBK时病毒复制的影响。

3. 结果

(1)BVDV感染对MDBK中波形蛋白和蛋白转录的影响

① BVDV的PCR鉴定。

细胞上清PCR产物经1%琼脂糖凝胶电泳分析,均可见244 bp的目的基因条带,大小与预期一致。

② 波形蛋白相对荧光定量PCR结果。

在细胞接毒后12 h和24 h,接毒组与对照组mRNA表达量差异显著(12 h,$p<0.001$;24 h,$p<0.05$),36 h后于正常对照组相比差异不明显($p>0.05$)。

③ 波形蛋白Western Blot结果。

在感染BVDV 24 h时MDBK细胞波形蛋白的定量Western Blot结果显示,波形蛋白的蛋白量与对照组相比明显减少。

④ 波形蛋白与BVDV E2蛋白的共定位。

激光共聚焦结果显示,波形蛋白在细胞核周围发生聚集,而BVDV的E2蛋白也在细胞核周围聚集，波形蛋白和 BVDV 结构蛋白 E2 的定位高度契合。

(2)波形蛋白 BVDV 侵染 MDBK 细胞的影响

① BVDV 相对荧光定量 PCR 结果。

丙烯酰胺破坏波形蛋白结构后，BVDV 的 mRNA 表达量与不破坏波形蛋白的对照组相比减少，在 48 h 时明显减少差异极显著($p<0.0001$)。丙烯酰胺破坏波形蛋白结构后 BVDV 感染 24 h 时 BVDV 的 E2 蛋白表达量与不破坏波形蛋白的对照组相比降低但并不明显，48 h、72 h 时差异明显。而 $TCID_{50}$ 结果表明，BVDV 感染 MDBK 细胞的 24 h、48 h、72 h 时，细胞上清的病毒效价与没用丙烯酰胺破坏波形蛋白结构的对照组相比均降低，在 48 h 时差异较显著($p<0.001$)。

② 构建 Vimentin 敲低质粒的鉴定结果。

经过 *EcoR* I、*Age* I 的双酶切与阳性的对照组相比，酶切后的 pLKO.1 – Sh – vim 质粒与预期的对照组条带一致。上海生工回馈的测序结果，与设计的 shRNA 干扰序列单链对比后，二者的序列完全一致。

③ 波形蛋白干扰效果检测结果。

波形蛋白的干扰效果检测结果显示，pLKO.1 – Sh – vim1、pLKO.1 – Sh – vim2、pLKO.1 – Sh – vim3 转染组的 vimentin 蛋白表达均显著下调，其中 pLKO.1 – Sh – vim1 质粒的干扰效果最好。而 pLKO.1 – sh – nc 转染组的蛋白条带清晰。表明靶向波形蛋白的 shRNA 重组质粒的构建成功。

④ 下调波形蛋白表达会抑制 BVDV 复制。

将筛选到的 pLKO.1 – Sh – vim1 质粒转染 MDBK 细胞后，检测波形蛋白的下调对 BVDV 复制的影响。实时荧光定量 PCR 结果表明，pLKO.1 – Sh – vim1 质粒转染的波形蛋白下调组与 pLKO.1 – Sh – nc 转染的对照组相比，BVDV 的基因拷贝数减少(图 4 – 3)，在 48 h、72 h 时差异极显著($P<0.0001$)。Western Blot 结果表明，接毒后 24 h 时波形蛋白下调组的 E2 的表达量与阴性对照组相比差异不明显，48 h、72 h 时差异明显(图 4 – 4)。TCID50 结果表明，波形蛋白敲低组与对照组相比细胞上清的病毒效价均显著降低(图 4 – 5)，BVDV 感染 MDBK 细胞的 24 h、48 h、72 h 时差异都较显著($p<0.001$)。上述数据说明，下调 MDBK 细胞中的波形蛋白表达，将抑制 BVDV 在 MDBK 细胞中的复制。

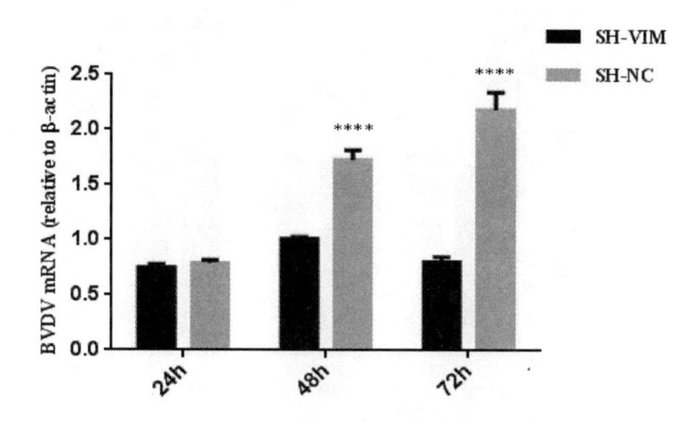

图 4－3　波形蛋白下调后 BVDV 基因组的拷贝数检测

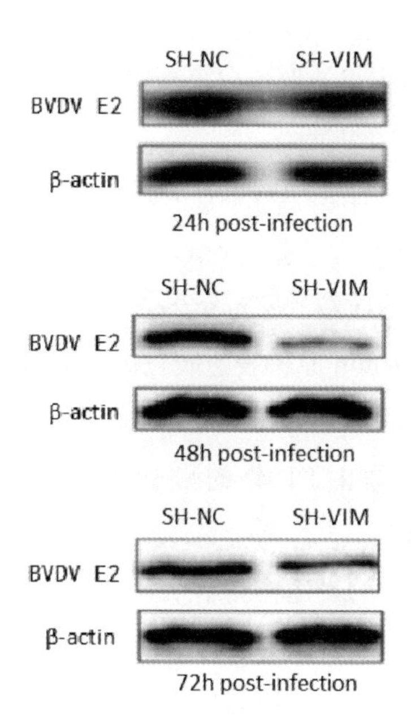

图 4－4　波形蛋白下调后 BVDV E2 蛋白的表达

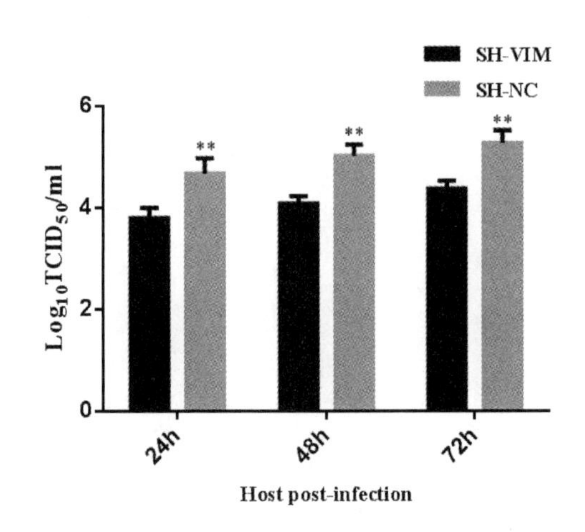

图 4 - 5　波形蛋白下调后细胞上清病毒效价

(3)波形蛋白单抗阻断与重组波形蛋白阻断对 BVDV 侵染的影响

① 波形蛋白目的基因的扩增结果。

使用 PCR 方法对波形蛋白的全 CDS 区序列进行扩增,波形蛋白的扩增在 1400 bp 左右处有条带。试验结果与预期条带一致。

② 构建 Vimentin 原核表达质粒的鉴定结果。

使用酶切鉴定方法对 Vimentin 原核表达质粒进行鉴定。经过 *EcoR* Ⅰ、*Hind* Ⅲ 双酶切 pET - 28a - BoVim 质粒分别在 5200 bp 左右和 1400 bp 左右处产生条带,这两个条带的位置与预期条带位置一致。上海生工回馈的测序结果,经过 Genbank 的比对,与 vimentin (NM_173969.3)序列完全一致。

③ pET - 28a - BoVim 质粒的表达检测结果。

为了验证 pET - 28a - BoVim 质粒可以表达目的蛋白,对诱导后 2 h,4 h,6 h 的样品进行 SDS - PAGE 和 Western Blot 进行检测,Western Blot 试验孵育鼠源 vimentin 单抗(Abcam)进行检测。结果表明 SDS - PAGE 和 Western Blot 均显示出 pET - 28a - BoVim 质粒在 57 kDa 处有目的条带,与预期条带大小一致,而且诱导 6h 时蛋白的表达量最高。

④ 原核表达 Vimentin 的纯化、复性后 SDS - PAGE 检测结果。

为进一步验证 Vimentin 的纯化、复性后的效果,而进行了 SDS - PAGE 检测。结果表明纯化、复性后的 Vimentin 在 57 kDa 出有蛋白条带,结果与预期条带大小一致。且与纯化、复性前相比没有了杂条带,得到了纯度较高的目的蛋白。

⑤ 牛源波形蛋白阻断 MDBK 细胞后抑制 BVDV 的复制。

将重组表达的牛源波形蛋白孵育 MDBK 细胞后,检测波形蛋白的孵育对 BVDV 复制的影响。实时荧光定量 PCR 结果表明,在 48 h、72 h 时牛源波形蛋白阻断组的 BVDV 的基因拷贝数下降(图 4-6),与 Tbpa 蛋白阻断组相比差异极显著($p<0.001$),与不加蛋白阻断组相比差异显著($p<0.05$)。Western Blot 结果表明,接毒后 24 h 时牛源波形蛋白阻断组的 BVDV 结构蛋白 E2 的表达量略低于 Tbpa 蛋白阻断组和不加蛋白阻断组,48 h、72 h 时差异明显(图 4-7)。$TCID_{50}$结果表明,BVDV 感染 MDBK 细胞的 24 h、48 h、72 h 时细胞上清的病毒效价与两组对照组相比均显著降低(图 4-8),在 72 h 时差异均极显著($p<0.0001$)。上述数据说明,牛源波形蛋白孵育 MDBK 细胞会抑制 BVDV 在 MDBK 细胞中的复制。

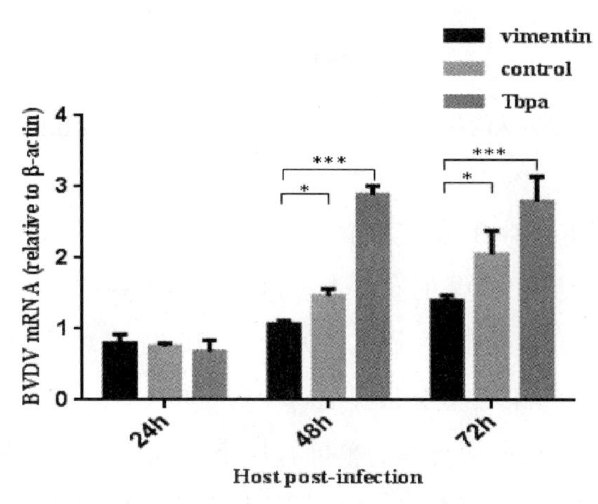

图 4-6 重组表达的牛源波形蛋白孵育 MDBK 细胞后 BVDV 基因组的拷贝数

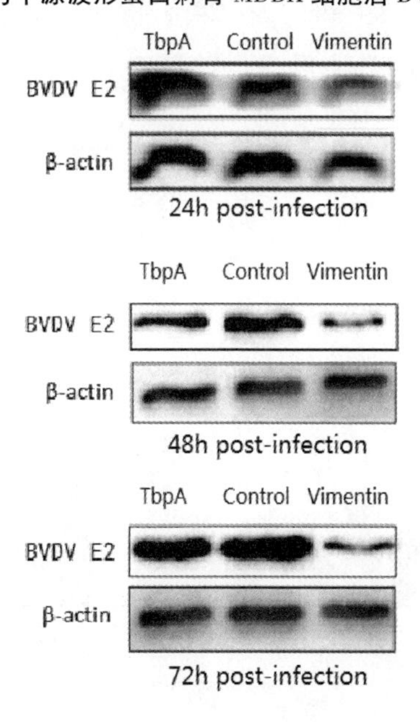

图 4-7 重组表达的牛源波形蛋白孵育 MDBK 细胞后 BVDV E2 蛋白的表达

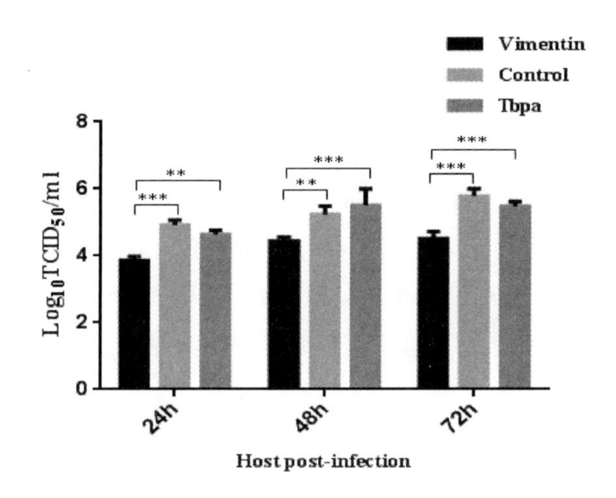

图4－8　重组表达的牛源波形蛋白孵育 MDBK 细胞后细胞上清病毒效价

⑥ 波形蛋白单抗阻断对 BVDV 复制的影响。

波形蛋白单抗阻断后,BVDV 的 mRNA 表达量与不加单抗和加小鼠 IgG 单抗的对照组相比在不同时间段均明显减少(图 4－9),在 72h 时与对照组相比差异显著($p<0.01$),与鼠源 IgG1 单抗组相比差异极显著($p<0.0001$)。波形蛋白单抗阻断后,BVDV 感染 24h 时 BVDV 的 E2 蛋白量与不加单抗和加小鼠 IGG 单抗的对照组相比明显减少(图 4－10)。而在 BVDV 感染 MDBK 细胞的 24 h、48 h、72 h 时,细胞上清的病毒效价与两组对照组相比均显著降低(图 4－11),在 24 h、48 h 是差异显著,在 72 h 时差异均极显著($p<0.0001$)。上述数据说明,波形蛋白单抗阻断抑制了 BVDV 在 MDBK 细胞中的复制。

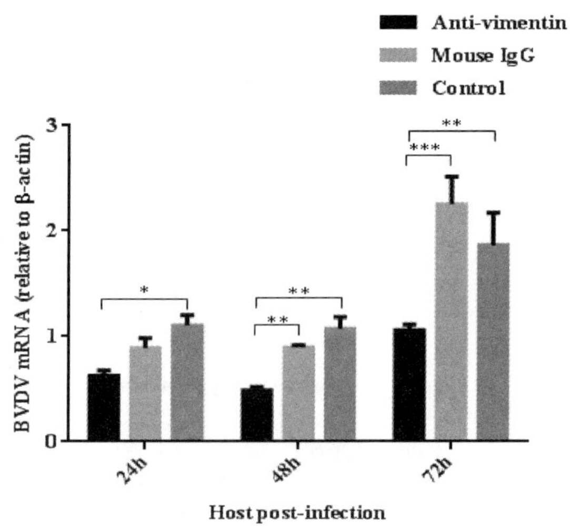

图4－9　波形蛋白单抗阻断 MDBK 细胞后 BVDV 基因组的拷贝数

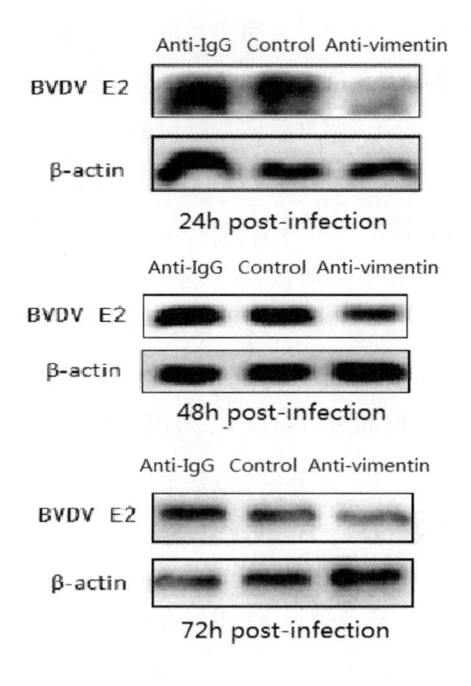

图 4－10　波形蛋白单抗阻断 MDBK 细胞后 BVDV E2 蛋白的表达

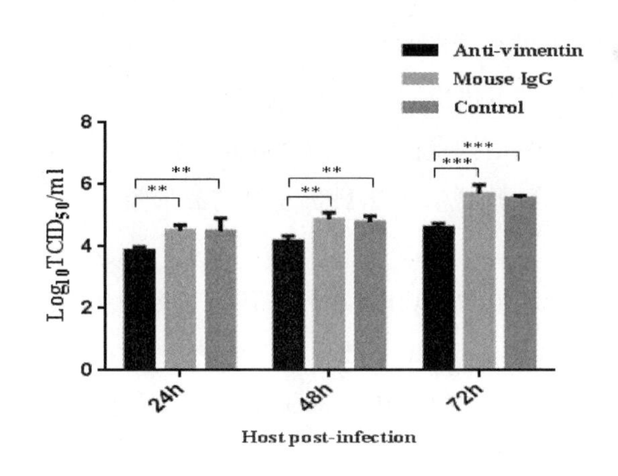

图 4－11　波形蛋白单抗阻断 MDBK 细胞后细胞上清病毒效价

4. 讨论

波形蛋白是细胞表面结构中间丝(IF)家族的一员,中间丝(IF)家族由 70 多个主要细胞骨架蛋白组成。这些细胞骨架蛋白质基于它们的结构和序列同源性分为五种主要类型。前四种类型(I－IV)存在于是细胞质中,而 V 型中间丝存在于细胞核中。波形蛋白是 III 型 IF 蛋白,其参与许多细胞生理活动,包括运动性、形状、力学、细胞器锚定和分布以及信号转导。近来越来越多的报道表明波形蛋白在病毒入侵中起到重要作用。

病毒感染的最初步骤是附着于细胞表面分子，然后进入细胞。不同的受体使用通常可以解释致病谱的差异。研究病毒感染后宿主蛋白表达的变化，对病毒感染和发病机理的研究具有重要意义。我们研究了BVDV感染MDBK细胞时对波形蛋白的影响，发现在病毒侵染的早期，波形蛋白的转录和翻译显著降低。有研究表明，禽网状内皮组织增生病毒（REV）在感染CEF细胞48 h的时候，波形蛋白的转录水平要低于正常对照组但是并不明显，而到了96 h时波形蛋白的转录水平要明显高于正常对照组。而我们的实验检测了波形蛋白在12 h、24 h、36 h的波形蛋白转录水平，结果显示也是在前期降低而后期回升，尤其是刚感染病毒初的12 h最为明显。我们推测这可能与BVDV感染的复杂机制有关，波形蛋白参与了多个BVDV感染的过程，在不同的时间段发挥着不同的作用，所以导致了波形蛋白的转录的水平在不同时间段有着差异。

而我们检测出BVDV感染24 h时细胞中波形蛋白与对照组相比明显降低，有趣的是有研究表明，小鼠细小病毒（MVM）感染LA9小鼠成纤维细胞后，LA9小鼠成纤维细胞上的波形蛋白表达水平也显著减少，并且波形蛋白中间丝网络被重排，最终崩溃。HIV－1病毒感染也会引起波形蛋白的蛋白水解切割导致蛋白重排，非洲猪瘟病毒（ASFV）在核周区域重排和积累波形蛋白，形成波形蛋白笼，然后开始病毒的复制。我们推测，BVDV感染MDBK细胞时也引起波形蛋白的水解切割，导致了蛋白表达量降低。

此外我们还通过激光共聚焦检测了波形蛋白与BVDV结构蛋白E2的共定位情况，结果表明波形蛋白与BVDV结构蛋白E2都在细胞核周围聚集，并高度定位。这可能和非洲猪瘟病毒（ASFV）一样，形成有利于病毒复制的波形蛋白笼，方便BVDV的进一步侵入。

波形蛋白除了具有细胞生物学功能以外，它还参与多种病毒的感染与复制，而且发挥重要功能。BVDV感染影响MDBK中波形蛋白的转录和翻译水平并且在细胞中二者高度定位，说明二者存在一定的关联，因此本研究选择波形蛋白进一步探索其在BVDV感染过程中扮演的角色。

之前的研究表明BVDV感染影响了波形蛋白的表达并且二者高度定位。这表明二者之间肯定存在着某些联系。因此，本研究进一步研究波形蛋白在BVDV感染时起到的作用。本试验首先通过波丙烯酰胺破坏了波形蛋白的网格结构后接毒，检测BVDV感染时的转录与翻译水平的变化，可以看到BVDV的转录与翻译水平均被抑制。从1983年开始丙烯酰胺就被用作破坏波形蛋白结构的试剂。有很多的试验都用丙烯酰胺破坏波形蛋白结构后再检测波形蛋白在病毒感染期间的作用。Miller and Hertel于2009年的报道表明当巨细胞病毒（CMV）在感染前用丙烯酰胺阻断后，不同型的CMW的感染均被抑制，Kanlaya 在 2010 年的报道表明丙烯酰胺破坏波形蛋白网格结构后，登革热 NS1 表达，已经病毒的复制和释放均被减少。这与我们的试验结果相一致。

随后，我们通过 sh－RNA 质粒下调了 MDBK 细胞中的波形蛋白的表达，成功地构建了波形蛋白敲低表达系，用来检测波形蛋白下调后 BVDV 感染时的转录与翻译水平的变化。得出的结果也是 BVDV 的转录与翻译水平均被抑制，在刚开始的 24 h 时结果并不明显，但在随后的 48 h、72 h 时，实验结果的差异尤其明显。相关研究表明，在波形蛋白敲低表达系中日本脑炎病毒（JEV）与细胞的结合减少。与我们的结果一致，这表明该波形蛋白是 BVDV 的结合分子。

JEV 和 BVDV 同属于黄病毒科，与 BVDV 的亲缘性较高，它的研究被指出结构蛋白 E 蛋白与波形蛋白相结合，这对我们的试验有着相当的指导意义。根据几种已经被报道的几种与波形蛋白相结合的病毒，其所发现的与波形蛋白结合的蛋白与黄病毒主要结构蛋白与 E 蛋白相一致。JEV 发现其结构蛋白 E 蛋白与波形蛋白结合，当 E 蛋白被某段序列被突变后，病毒与波形蛋白的结合被抑制。本试验通过破坏波形蛋白结构和敲低波形蛋白，研究 BVDV 在 MDBK 细胞中的复制变化，结果显示出来二者之间有着明确的关联性。不论是波形蛋白被破坏或敲低，病毒的复制均明显下降。波形蛋白可以视为未来药物开发的阻断靶点，以预防 BVDV 病毒的感染。

为了深入研究宿主 vimentin 蛋白在 BVDV 感染和致病中的作用，本研究从 MDBK 细胞中扩增了牛源的全长 vimentin 基因，测序并对其序列进行分析，结果表明与 genbank 上所公布的牛源 vimentin 基因氨基酸序列同源率是 100%。此外，本研究原核表达了牛源的 vimentin 蛋白，将 vimentin 蛋白孵育 MDBK 细胞后，BVDV 的复制表现出了被抑制，在 48 h，72 h 差异显著。当用鼠源波形蛋白单抗阻断 MDBK 细胞时，BVDV 的复制也表现出了被抑制，在 72 h 差异显著。有研究表明，当原核表达猪源 vimentin 蛋白后孵育在 Marc－145 细胞上，通过 IFA 和 ELISA 试验可以看出感染明显降低，但却不能完全阻断 PRRSV 的感染，而 Vimentin 的抗体却可以完全的阻断 PRRSV。我们的试验结果与之比较，都是蛋白和单抗的阻断，都是降低了 BVDV 的感染，却不能像波形蛋白单抗阻断 PRRSV 一样造成完全的阻断，这可能与 BVDV 还有其他的入侵细胞通路有关。有报道表明，CD46 是 BVDV 的已知受体，单抗阻断 CD46 也会造成 BVDV 的复制下降。BVDV 可能是通过 CD46 的途径进入细胞内。而与 BVDV 同属黄病毒的 JEV 研究也表明，JEV 在感染人和小鼠神经元细胞 HTB－11、NT－2 和 N18 细胞时会被抗波形蛋白抗体和重组表达的波形蛋白阻断，这表明波形蛋白结合对于日本脑炎病毒感染是至关重要的。

5. 结论

BVDV 的感染可以降低 MDBK 细胞内波形蛋白的蛋白量和转录水平，BVDV 结构蛋白 E2 与波形蛋白在激光共聚焦下显示二者共定位。此外,敲低、破坏或单抗阻断波形蛋白后 BVDV 在 MDBK 细胞中的复制下降。BVDV 与波形蛋白的互作对于病毒的感染和复制有明确的影响。

(三)BVDV 与 IBRV 共感染 MDBK 细胞的病毒复制与细胞凋亡研究

1. 背景

牛传染性鼻气管炎病毒(IBRV)和牛病毒性腹泻病毒(BVDV)是两种重要的牛病毒性传染病毒。两种病毒均可造成机体的免疫抑制。临床中存在 BVDV 与 IBRV 共同感染、BVDV 与其他呼吸道病原混合感染或继发感染的情况。本研究拟在体外进行了两种病毒感染 MDBK 细胞后的病毒复制和凋亡研究,为研究病毒感染的分子机制和开发疫苗奠定了基础。

2. 方法

本研究首先进行了 CP 型的 BVDV 与 IBRV 的增殖,然后选择 0.2 MOI、1.0 MOI、2.0 MOI 的 BVDV 感染 MDBK 细胞,50% 细胞病变时再分别感染 IBRV(0.1 MOI),同时设单独感染 BVDV、IBRV 的对照组和空白细胞对照。共感染 24h 后收集细胞提取病毒核酸,采用实时荧光定量 PCR 和间接免疫荧光等方法进行了病毒感染、载量和细胞活性等检测,确定了 MDBK 细胞感染两种病毒后的病毒复制和细胞活性。应用 CCK－8 细胞增殖试验、TUNEL 检测法、流式细胞仪等进行了病毒定位与凋亡等检测,确定病毒共感染对细胞凋亡的影响。

3. 结果

(1)BVDV 与 IBRV 共感染 MDBK 细胞对病毒复制的影响

① 病毒增殖结果。

在 BVDV 接种后第 4 d 可见 70% 以上 MDBK 细胞出现病变,细胞呈拉网、溃破样,阴性对照未出现 CPE。在 IBRV 接种后第 4 d 可见 70% 以上 MDBK 细胞出现病变,细胞呈拉网、圆缩、葡萄球状,阴性对照未出现 CPE。

② $TCID_{50}$测定结果。

收获后的 BVDV 和 IBRV 病毒液经传代培养到达稳定的滴度。BVDV 的病毒滴度为 10－5.42$TCID_{50}$/100μL,传代培养到第六代后发现滴度稳定。IBRV 的病毒滴度为 10－6.54$TCID_{50}$/100μL,传代到第八代时滴度稳定。将病毒滴度稳定的 BVDV 与 IBRV 进行冻存,已备后续实验使用。

③ PCR 鉴定结果。

获取足够量的 BVDV 与 IBRV 后,提取病毒核酸,经 PCR 扩增,均出现与目的片段相符的条带，BVDV 大小为 244 bp，IBRV 大小为 698 bp，与预期片段大小相符合，阴性对照并未出现条带，说明病毒增殖成功。

④ 实时荧光定量 PCR 检测结果。

标准品制备结果：以提取的 IBRV 冻存株的 DNA 为模板，利用 gB – RTF 及 gB – RTR 引物进行 PCR 扩增，电泳检测目的片段大小约 150 bp，与预期大小一致，与 IBRV Bartha – Nu/67 的全序列进行比对，同源性为 100%。测序结果表明，目的片段成功插入到 pMD – 18T 质粒中，将其命名为 pMD – gB。质粒提取后，测定质粒浓度为 41.3ng/μL，按公式计算原始质粒拷贝数是 1.33×10^{10} 拷贝/μL。将质粒进行 10 倍系列稀释，冻存以作为标准品。

以反转录的 BVDV BA 冻存株的 DNA 为模板，利用 BVD – F 及 BVD – R 引物进行 PCR 扩增，电泳检测目的片段大小约 165 bp，与预期大小一致，与 BVDV 标准毒株 NADL 株的全序列进行比对，同源性为 100%。测序结果表明，目的片段成功插入到 pMD – 18T 质粒中，将其命名为 pMD – BVD。质粒提取后，测定质粒浓度为 72.3 ng/μL，标准品按拷贝数 (copies) = (质量/分子量) $\times6.0\times10^{23}$ 公式，结果原始质粒拷贝数是 2.34×10^{10} copies/μL。将质粒进行 10 倍系列稀释，冻存以作为标准品。

标准曲线的建立及病毒拷贝数检测结果：将 IBRV 重组质粒进行十倍系列稀释，使其拷贝数在 $10^4\sim10^9$ copies/μL 之间。进行荧光定量 PCR 反应，获得扩增曲线和标准曲线，得出标准方程为：$y=-3.691\lg x+49.166$，扩增效率为 88.6，相关系数 R^2 为 0.998，说明此标准曲线扩增良好。将感染了 BVDV 0.2MOI、1.0MOI、2.0MOI 后再感染 0.1MOI IBRV 以及 0.1MOI IBRV 单独感染分别命名为第 1、2、3、4 组，与标准品同时进行检测，最终四组未知样品全部落于标准曲线上。

将 BVDV 重组质粒进行十倍系列稀释，使其拷贝数在 $10^3\sim10^9$ copeis/μL 之间。进行荧光定量 PCR 反应，获得扩增曲线和标准曲线，得出标准方程为：$y=-3.360\lg x+37.401$，扩增效率为 98.5，相关系数 R^2 为 0.995，扩增曲线良好。四组未知样品以及相应对照组均落于标准曲线上。根据标准曲线，得出各实验组 BVDV 病毒拷贝数。

重复性实验结果：重复性扩增实验组内拷贝数变异系数均小于 1.5%，组间拷贝数均变异系数均小于 1.0%，表明标准曲线方法成熟稳定，组内与组间重复性良好，实验结果准确。

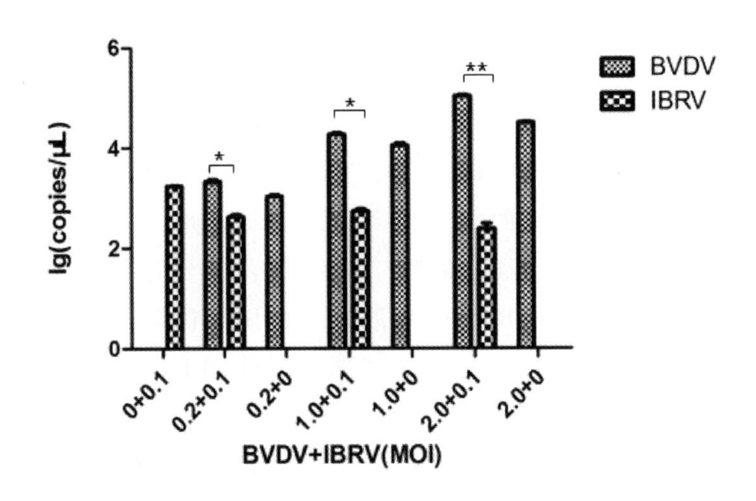

图 4－12　BVDV 与 IBRV 拷贝数

由图 4－12 可知，单独感染组与共同感染组中的 BVDV 的病毒拷贝数有所变化。三个共同感染组中 BVDV 的病毒拷贝数随着 BVDV 感染复数的增加而增加，与 BVDV 单独感染组相比较差异显著。共同感染组与单独感染组中的 IBRV 的病毒拷贝数也有所变化，当先感染 0.2 和 1.0 MOI BVDV 时，IBRV 单独感染组与共同感染组的 IBRV 拷贝数差异显著，BVDV 感染复数 2.0 MOI 时 IBRV 的病毒拷贝数与单独组比较差异极显著。说明 BVDV 感染复数在 2.0 MOI 时，BVDV 的病毒量达到了 IBRV 的 20 倍，此时 BVDV 大量获取 MDBK 细胞增殖权，使细胞病变加剧，进而影响了 IBRV 的复制。

⑤ 间接免疫荧光检测病毒共定位结果。

BVDV 单独接种到 MDBK 上第 4 d 达到 70% 以上细胞病变，显微镜下可观察到典型拉网、皱缩病变。间接免疫荧光可检测到 BVDV，结果可见细胞浆中出现大量红色特异性荧光，与 BVDV 细胞病变形态一致。IBRV 接种到 MDBK 细胞上第 2 d 病变达到 70% 以上，显微镜下观察到典型圆缩、拉网、葡萄球状的病变。对其进行免疫荧光实验，IBRV 呈现绿色特异性荧光。

检测 BVDV 与 IBRV 在 MDBK 细胞上的共同感染，荧光显微镜下 BVDV 可见红色特异性荧光，IBRV 可见绿色特异性荧光，细胞核可见蓝色特异性荧光。结果表明，混合感染组的细胞病变程度要比单独感染组的细胞病变程度严重，细胞核脱落明显。当 BVDV 量逐渐增多时，IBRV 的荧光强度与 IBRV 单独感染组相比在逐渐减弱。当 2.0 MOI BVDV 时感染时，IBRV 的荧光强度降低较 0.1 MOI BVDV 感染时明显，这可能与 BVDV 先感染且病毒量 BVDV 是 IBRV 的 20 倍有关。细胞中可能存在病毒先入为主情况，即

BVDV 的先感染占据了大量的 MDBK 细胞,使之细胞活性降低,缺少足够能量维持 IBRV 的感染,因此 IBRV 感染后荧光数减少。

⑥ 流式细胞仪检测细胞感染率结果。

间接免疫荧光实验证明了 BVDV 与 IBRV 能够在 MDBK 细胞上共同感染,实时荧光定量 PCR 方法检测了病毒的复制情况即病毒拷贝数。在此基础上对共同感染的 MDBK 细胞进行感染率检测,因流式细胞仪无法识别 BVDV 的红色荧光二抗,且在选择上存在属源差异,无法同时检测一个细胞上感染两种病毒的细胞感染情况,因此在检测病毒感染率时选择了纵向的组间数值来比较两个病毒对彼此的影响,具体结果见图 4 - 13。

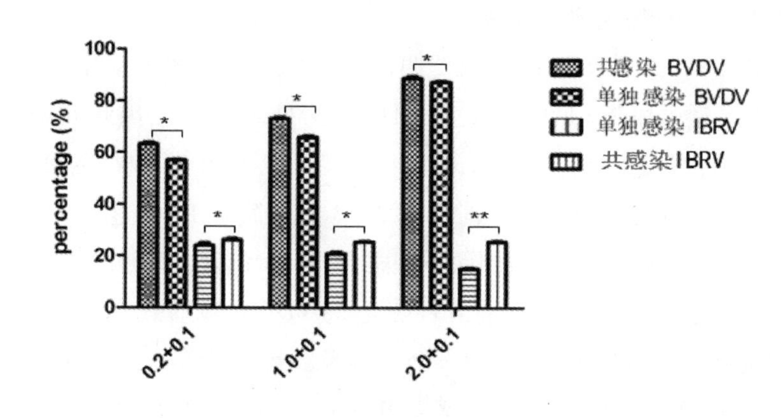

图 4 - 13　MDBK 细胞感染率

从数据中看出,共同感染与单独感染组中 BVDV 对细胞的感染率随着 BVDV 感染复数的增加而增加,共同感染组与单独感染 BVDV 组比较细胞感染差异显著。共同感染组与单独感染 IBRV 组比较细胞感染差异显著,当 2.0 MOI BVDV 感染时 IBRV 的感染率与单独感染 IBRV 组比较差异极显著。

(2)BVDV 与 IBRV 共感染 MDBK 细胞对细胞凋亡的影响

① 细胞活性检测结果。

MDBK 细胞分别接入 0.2 MOI、1.0 MOI、2.0 MOI 的 BVDV,在 MDBK 细胞发生 50% CPE 时分别接入 0.1 MOI IBRV。组内平行重复 4 孔,组间重复实验 3 次。共同作用 24 h 后加入 CCK - 8,分别在加入 CCK - 8 后 1 h、2 h、3 h 后测定 450nm 处 OD 值,根据细胞活力公式计算细胞活性。重复性实验细胞活性差异系数均小于 2%,说明实验结果准确,平行实验组间差异较小,实验结果真实可靠。MDBK 细胞活性随着 BVDV 病毒感染量的增多而降低。两个病毒同时存在时,细胞活性在 BVDV 0.1 MOI、1.0 MOI、2.0 MOI 时平均值分别分 62%、52.83%、42.9%。单独感染 BVDV 组细胞活性在 BVDV 0.2 MOI、1.0

MOI、2.0 MOI 时平均值分别 64.4%、55.7%、44.7%。共同感染组细胞活性值与单独感染组细胞活性值比较差异显著。IBRV 单独感染 MDBK 细胞作为对照组，在 24 h 时检测细胞活性值为 92.3%，数值接近 100%，这说明 0.1MOI 的 IBRV 此时对细胞活性还没有造成太大伤害。感染 MDBK 细胞 48 h、72 h、96 h 时检测细胞活性平均值分别为 89.2%、81.5%、72.5%，数值变化与病毒病变规律一致，即随着病毒病变时间的累积，细胞活性不断降低。观察前三组纵向数据，发现细胞活性明显下降，横向共感染组与单独感染组细胞活性差异也显著。这说明 BVDV 和 IBRV 同时感染与 BVDV 单独感染比起来，同时感染对 MDBK 细胞造成的影响较大。

② TUNEL 法检测细胞凋亡结果。

细胞凋亡检测，选择 TUNEL 法，细胞凋亡时断裂的 DNA 的 3′-羟基(3′-OH)荧光素-12-脱氧三磷酸尿苷（FITC-12-dUTP)结合显绿色荧光，因此 IBRV 选择了蓝色荧光染料。BVDV 病变时间为 3~7 d，分别在 BVDV 感染 MDBK 细胞的第 72 h、第 96 h、第 120 h 进行凋亡检测。IBRV 病变时间为 2~3 d，分别在 IBRV 感染 MDBK 细胞的第 48 h、60 h、72 h 进行凋亡检测。显微镜下观察到 BVDV 的红色特异性荧光，IBRV 的蓝色特异性荧光，以及凋亡细胞的绿色特异性荧光。BVDV 单独感染 MDBK 细胞后，细胞凋亡随着病毒复制的增多逐渐增多，由于第 5 d 病毒已到复制晚期，因此荧光图上第 120 h 的凋亡数少于第 72 h、第 96 h。IBRV 感染 MDBK 细胞后的细胞凋亡也随着病毒复制时间的累积也呈减少趋势。

BVDV 与 IBRV 的共同感染检测中，IBRV 的蓝色染料不够理想，因此检测时只检测了两个病毒共同感染后的细胞核与凋亡细胞。两个病毒共同感染 MDBK 细胞后，细胞的凋亡随着病毒量的增多而加剧，与单独感染 BVDV 组比较，共同感染的凋亡更严重。当 2.0 MOI BVDV 存在时，观察到凋亡荧光少之又少，这可能是此时 BVDV 感染复数过大导致的细胞病变严重，多数细胞已经溃破脱落，被固定下来的细胞中存在少量的凋亡，而单独感染 BVDV 的对照组细胞凋亡就存在较多，结果说明先感染高感染复数的 BVDV 导致了细胞病变的加剧。

③ 流式细胞仪检测细胞凋亡率结果。

上机检测细胞的凋亡情况，细胞凋亡率见图 4-14。结果发现，单独感染病毒的细胞凋亡严重，且随着 BVDV 病毒量的增加，细胞凋亡趋势也相对增加。

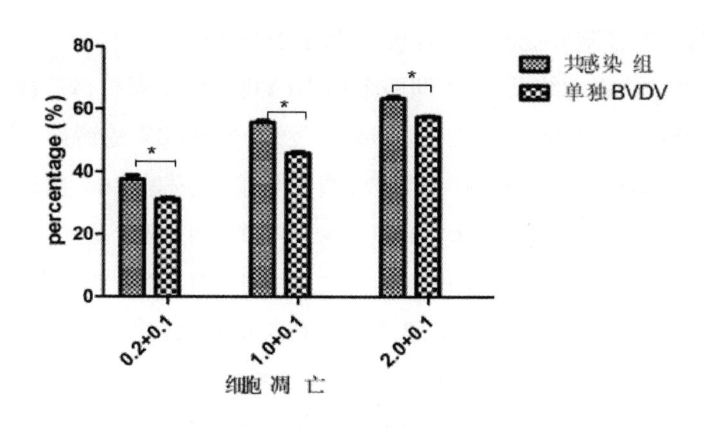

图4-14　MDBK细胞凋亡率

4. 讨论

BVDV与IBRV均为牛的免疫抑制性病毒,都存在持续感染现象,均可造成机体免疫力低下或者无应答。实际生产中,两种或者两种以上病毒的共同感染已经普遍存在,BVDV与IBRV同样存在共感染中。有报道牛病毒性腹泻病毒与多杀性巴氏杆菌存在共同感染,与BVDV同属的CSFV(猪瘟病毒),在感CSFV后伴随着其他病原体的感染,如PRRSV(蓝耳病病毒)、JEV(日本乙型脑炎病毒)、PPV(细小病毒)、BVDV。防控BVDV与IBRV的流行与传播主要是通过接种疫苗,但常规的二联疫苗只能通过病毒各自在MDBK细胞上的增殖来实现,因此,探索两个病毒之间的复制关系将会为在同一种细胞上增殖两个病毒,开发二联疫苗提供理论依据。

本试验选择了制备BVDV与IBRV疫苗时常用的MDBK细胞进行感染实验。间接免疫荧光实验、实时荧光定量实验、流式细胞检测实验来检测BVDV与IBRV在MDBK细胞上的复制情况。目前阶段,荧光定量PCR的检测技术主要有两种,SYBR GreenI染料法和TaqMan探针法。本试验中检测IBRV复制(拷贝数)的TaqMan-MGB探针法已前期建立。选择的探针类型为新型的MGB探针,它的3端采用了非荧光性的淬灭基团,荧光报告基团与淬灭基团间的距离接近,因此它不会发射荧光背景,所以淬灭效果更好。BVDV的复制(拷贝数)检测采用的是SYBR染料法,因为SYBR能够与所有DNA发生反应,因此实验中要尽可能避免所有加样试剂的污染。

BVDV的病变时间要比IBRV的病变时间长,在前期的预实验中先感染IBRV后感染BVDV后发现细胞严重脱落,细胞核几乎已经不存在,因此选择先感染BVDV后感染IBRV来探索两个病毒之间的关系。BVDV感染复数分别0.2 MOI、1.0 MOI、2.0 MOI,IBRV感染复数为0.1MOI。间接免疫荧光实验结果表明,两个病毒可以共同感染MDBK

细胞，感染病毒后的细胞病变程度随着病毒量的增呈严重趋势，这与 Risalde M A 等人体内公共同感染两个病毒的结果一致，即两个病毒的共同感染对机体造成了更大的影响。此外观察共同感染图片与实时荧光定量结果还发现，当 BVDV 的病毒感染量为 IBRV 的 2 倍与 10 倍时，IBRV 的病毒复制（拷贝数）情况与单独感染 IBRV 组比差异显著，其中 BVDV 的病毒感染量为 IBRV 的 20 倍时，IBRV 的荧光强度极度减弱且病毒复制量降低极显著。此外，分析实时荧光定量 PCR 结果与流式细胞仪检测细胞感染率结果时均表明，共同感染组中的 BVDV 的复制与感染均要高于单独 BVDV 的感染组。同时还发现 BVDV 的感染对 IBRV 的复制与感染均造成了影响。

病毒感染细胞会造成细胞病变与凋亡，细胞活性降低，检测细胞凋亡的方法有很多种，本实验采用了 CCK－8 法检测 BVDV 与 IBRV 共同感染 MDBK 细胞后的细胞活性，运用 TUNEL 技术以及流式细胞技术进行了细胞凋亡的检测。进行细胞活性检测时，说明书要求检测时间最好控制在 4h 以内，于是分别在加入 CCK－8 后的 1h、2h、3h 进行了 OD 值检测。计算活性值发现，3 个检测时间段数值稳定，变化不明显，说明 CCK－8 试剂盒可以稳定检测细胞活性。除此之外水溶性的 CCK－8 试剂要优于脂溶性的 MTT 试剂，减少了加样步骤中的加样不均并节省了时间。从细胞活性结果看出，在两个病毒共同感染后，细胞活性下降，虽然共同感染组与 BVDV 单独感染组的细胞活性数值较为接近，但总体趋势表现为共同感染组细胞活性值低于单独感染组细胞活性值即差异显著，这与周建伟等人体外共同感染 CSFV 与 PCV2 结果一致，即两个病毒的共同感染加剧了细胞活性的降低。本试验中 MDBK 细胞的活性随着 BVDV 病毒量的增多而逐渐降低。

TUNEL 试剂盒中的 TdT 与断裂的 DNA 3′－OH 结合后，在荧光显微镜下呈现绿色特异性荧光，因此在证明了 BVDV 与 IBRV 在 MDBK 细胞上的共同感染的基础上，检测病毒共同感染引起的凋亡时，只检测了细胞的凋亡与细胞核，与平行情况下的 BVDV 单独感染 MDBK 细胞组进行比较。结果发现两个病毒共同感染后的细胞凋亡要明显多于 BVDV 单独感染后细胞凋亡，且在先感染 2.0 MOI BVDV 的情况下细胞凋亡程度最为明显。此时病毒复制的量较大，造成的细胞病变也更快速，进而导致细胞破碎脱落，由于间接免疫荧光实验中多次的洗涤与固定已将破碎细胞洗去，因此在先感染 2.0 MOI BVDV 的细胞凋亡检测图中，观察到的细胞核与凋亡细胞都很少，这与之前的实时荧光定量 PCR 结果一致。

检测细胞凋亡率时使用的试剂盒为 Annexin－V－FITC Apoptosis Analysis Kit，此试剂盒为凋亡细胞与细胞核的双染，凋亡细胞被染为绿色，细胞核被染为红色。分别检测了 BVDV 与 IBRV 共同感染后的细胞凋亡率以及单独感染 BVDV 后的细胞凋亡率。结果显示感染了病毒后的细胞凋亡明显高于对照组的正常细胞凋亡，共同感染 BVDV 与 IBRV

的细胞凋亡率要高于单独感染 BVDV 后的细胞凋亡率，这说明两个病毒的共同感染对细胞造成的破坏程度要大于病毒单独感染对细胞的破坏，这与 Molina V 与 J Risalde M A 研究的体内共同感染 BVDV 与 BHV－1 后引起更严重组织损伤与免疫细胞严重凋亡的结果类似。

5. 结论

我们的研究表明，感染 BVDV 的 MDBK 细胞再次感染 IBRV 时，两个病毒均可在细胞中进行复制，但高感染复数的 BVDV 会加剧 MDBK 细胞的病变，进而影响 IBRV 的复制。此外，MDBK 感染 BVDV 后再感染 IBRV，MDBK 细胞活性明显降低，BVDV 与 IBRV 共同感染对细胞造成的损伤大于病毒单独感染，细胞凋亡情况显著增加。

参考文献

[1] Lujan L A, Melchior E A, Rosasco S L, et al. PSI－33 evaluation of calf performance when cows grazing native rangeland are vaccinated for bovine viral diarrhea virus and infectious bovine rhinotracheitis using either a modified live or killed vaccine[J]. Journal of Animal Science, 2020, 98: 410.

[2] 阮文强，张丹丹，覃思楠，等. 牛病毒性腹泻病毒 1 型灭活疫苗的制备及其免疫效果评价[J]. 中国兽医科学，2019，49(06)：730－737.

[3] 赵静虎，刘宇，王华欣，等. 黑龙江省部分地区进口荷斯坦奶牛病毒性腹泻血清流行病学调查[J]. 黑龙江畜牧兽医，2018，2：83－85.

[4] Ran X H, Chen X H. Ma L L, et al. A systematic review and meta－analysis of the epidemiology of bovine viral diarrhea virus (BVDV) infection in dairy cattle in China[J]. Acta Tropica, 2018, 2(190): 296－303.

[5] Fibriansah G, Kostyuchenko V A, Lee J, et al. Structural changes in Dengue virus when exposed to a temperature of 37°C[J]. Journal of Virology, 2013, 87, 7585－7592.

[6] 王建华，宋哲，刘洋，等. 牛病毒性腹泻病毒 $E^{rns}_{84-170aa}$蛋白的可溶性表达及抗体间接 ELISA 检测方法的建立[J]. 中国兽医科学，2020，50(10)：1229－1235.

[7] Mingliang D, Sukun J, Wentao F, et al. Prevalence study and genetic typing of bovine viral diarrhea virus (BVDV) in four bovine species in China[J]. Plos One, 2015, 10(4): e0121718.

[8] Beer M, Wolf G, Kaaded O R. Phylogenetic analysis of the 5′－untranslated region of German BVDV type II isolates[J]. Journal of Veterinary Medicine B Infectious Diseases

and Veterinary Public Health, 2010, 49(1): 43 –47.

[9]Ostachuk, Agustin. Bovine viral diarrhea virus structural protein E2 as a complement regulatory protein[J]. Archives of Virology, 2016, 161(7): 1769 –1782.

[10]曾范利, 张云, 张梦, 等. 牛病毒性腹泻病毒 E2 基因优化表达重组卡介苗的免疫试验[J]. 中国兽医科学, 2014, 44(02): 176 –181.

[11]Gennip H G P, Miedema G K W, Moormann R J M, et al. Functionality of chimeric E2 glycoproteins of BVDV and CSFV in virus replication[J]. Virology: Research and Treatment, 2008, 1: 29 –40.

[12]Liang D, Sainz I F, Ansari I H, et al. The envelope glycoprotein E2 is a determinant of cell culture tropism in ruminant pestiviruses[J]. Journal of General Virology, 2003, 84(5): 1269 –1274.

[13]Villalba M, Redericksen F, Otth C, et al. Transcriptomic analysis of responses to cytopathic bovine viral diarrhea virus –1 (BVDV –1) infection in MDBK cells[J]. Molecular Immunology, 2016, 71: 192 –202.

[14]陈文龙, 张阳阳, 张生英, 等. 牛病毒性腹泻病毒 E2 蛋白的克隆,表达及多克隆抗体制备[J]. 吉林大学学报(理学版), 2020, 58(3): 711 –717.

[15]陈为宏, 周玉龙, 尹辉, 等. 牛病毒性腹泻病毒 E0 和 E2 蛋白的融合表达及纯化[J]. 中国生物制品学杂志, 2014, 27(10): 1268 –1271.

[16]Strobl F, Ghorbanpour S M, Palmberger D, et al. Evaluation of screening platforms for virus –like particle production with the baculovirus expression vector system in insect cells[J]. Scientific Reports, 2020, 10(1): 1065.

[17]高欲燃, 朱远茂, 康健, 等. 牛病毒性腹泻病毒 E2 蛋白的多克隆抗体制备及鉴定[J]. 中国预防兽医学报, 2011, 33(3): 227 –231.

[18]范晴, 谢芝勋, 谢志勤, 等. 牛病毒性腹泻病毒 E2 结构蛋白的原核表达、纯化及鉴定[J]. 基因组学与应用生物学, 2014, 33(2): 234 –238.

[19]Zhou B, Ke L, Yan J, et al. Multiple linear B –cell epitopes of classical swine fever virus glycoprotein E2 expressed in E. coli as multiple epitope vaccine induces a protective immune response[J]. Virology Journal, 2011, 8(1): 378.

[20]胡华军, 邵健忠, 许正平. α 辅肌动蛋白的结构和功能[J]. 中国生物化学与分子生物学报, 2005, 21(1): 1 –7.

[21]王秋娜, 曹诚, 周冰, 等. 冠状病毒核衣壳蛋白与延伸因子 –1α 的相互作用[J]. 生物技术通讯, 2007, 18(3): 363 –367.

[22]Ivaska J, Pallari H M, Nevo J, et al. Novel functions of vimentin in cell adhesion, migration, and signaling[J]. Experimental Cell Research, 2007, 313(10): 2050 - 2062.

[23]Chen W, Gao N, Wang J L, et al. Vimentin is required fordengue virus serotype 2 infection but microtubules are not necessary for this process[J]. Archives Virology, 2008, 153(9): 1777 - 1781.

[24]Gabriko M. The in silico characterization of neutral alpha - glucosidase C (GANC) and its evolution from GANAB[J]. Gene, 2019, 726: 144192.

[25]Miller M S, Hertel L. Onset of human cytomegalovirus replication in fibroblasts requires the presence of an intact vimentin cytoskeleton[J]. Journal of virology, 2009, 83(14): 15 - 28.

[26]Bhattacharya B, Noad R J, Roy P. Interaction between Bluetongue virus outer capsid protein VP2 and vimentin is necessary for virus egress[J]. Virology journal, 2007, 4(7): 13.

[27]Guo M, Ehrlicher A J, Mahammad S, et al. The role of vimentin intermediate filaments in cortical and cytoplasmic mechanics[J]. Biophysical journal, 2013, 105(7): 62 - 68.

[28]Gao Y, Sztul E. A novel interaction of the Golgi complex with the vimentin intermediate filament cytoskeleton[J]. The Journal of cell biology, 2001,152(5): 877 - 894.

[29]Gladue D P, O'Donnell V, Baker - Branstetter R, et al. Foot - and - mouth disease virus modulates cellular vimentin for virus survival[J]. Journal of virology, 2013, 87(12): 794 - 803.

[30]Kanlaya R, Pattanakitsakul S N, Sinchaikul S, et al. Vimentin interacts with heterogeneous nuclear ribonucleoproteins and dengue nonstructural protein 1 and is important for viral replication and release[J]. Molecular bioSystems, 2010, 6(5): 795 - 806.

[31]Goldman R D, Cleland M M, Murthy S N, et al. Inroads into the structure and function of intermediate filament networks[J]. Journal of structural biology, 2012, 177(1): 14 - 23.

[32]Darweesh M F, Rajput M K S, Braun L J, et al. BVDV N^{pro} protein mediates the BVDV induced immunosuppression through interaction with cellular S100A9 protein[J]. Microbial pathogenesis, 2018,121(34): 1 - 9.

[33]Jarosinski K W. Dual Infection and Superinfection Inhibition of Epithelial Skin Cells by Two Alphaherpesviruses Co - Occur in the Natural Host[J]. Plos One, 2012, 7(5):

1896 - 1903.

[34] Risalde M A, Molina V, Sónchez - Cordón P J, et al. Comparison of pathologic changes and viral antigen distribution in tissues of calves with and without pre - existing bovine viral diarrhea virus infection following challenge with bovine Herpesvirus - 1 [J]. American Journal of Veterinary Research, 2013, 74(4): 598 - 610.

[35] 史利军，孙宇，尹惠琼，等. 牛病毒性腹泻病病毒荧光定量 PCR 检测体系的建立与评价[J]. 中国兽医学报，2009，29(12)：1544 - 1546.

[36] Huang Y L, Pang V F, Lin C M, et al. Porcine circovirus type 2 (PCV2) infection decreases the efficacy of an attenuated classical swine fever virus (CSFV) vaccine[J]. Veterinary Research, 2011, 42(4): 115 - 115.

[37] Ho Po - ki, Hawkins Christine J. Mammalian initiator apoptotic caspases[J]. Febs Journal, 2005, 272(21): 5436 - 5453.

第五章　临床症状

牛病毒性腹泻病毒(BVDV)感染引起的临床症状复杂多样,对于兽医工作者临床诊断一直是一个极大的挑战。BVDV 对任何年龄牛均易感,可造成牛多个系统的临床疾病,主要引起消化道疾病、呼吸道疾病、生殖系统疾病、免疫系统紊乱及免疫抑制等。BVDV 的感染严重地影响牛的生产能力,降低产奶量和日增重等。BVDV 感染引起的临床疾病是一个综合性的症候群,不同的感染和不同牛群的临床疾病可互为因果,形成其独特的特征。一般来说,短暂性感染(TI)可分为五类:急性、严重急性、出血性感染、牛呼吸道疾病和仅免疫抑制。除了这五种综合征,BVDV 还可以在持续性感染(PI)动物中引起慢性疾病和黏膜病。急性 TI 对于 BVDV 在动物群(家养和野生)中的传播和维持至关重要。这些 TI 动物造成了高达 93% PI 小牛出生的所有宫内感染。因此,大多数 PI 动物都来自 TI 动物,但 TI 感染的病毒来源是 PI 动物。

一、亚临床感染

亚临床感染也叫无症状感染者。据估测,在免疫机能健全、血清阴性牛中,70% ~ 90% 的 BVDV 感染不表现出临床症状,即处于亚临床感染状态。此时 BVDV 感染动物的特征主要是温和型发烧、白细胞减少症和血清抗体(包括中和抗体)阳性;BVDV 一般在上呼吸道和邻近的淋巴组织中复制、增殖;在奶牛中,亚临床感染导致产奶量降低。血清流行病学调查结果显示大多数未接种过疫苗的牛却在血清中存在高滴度的中和抗体,主要归因于 BVDV 引起的亚临床感染。然而怀孕母牛发生 BVDV 亚临床疾病并不代表其胎牛具有感染 BVDV 的严重危险。

二、急性 BVDV 感染

急性 BVDV 感染通常是指 BVDV 对非持续性感染、免疫机能健全牛的感染及其引起的临床疾病。这一疾病通常发生在 6 ~ 24 月龄的血清阴性牛。但有些人认为,这一疾病也可发生在血清阳性牛。但是,这些牛感染的 BVDV 毒株应与最初导致血清阳转的毒株抗原性相异。临床症状包括不同程度的高热、厌食、沉郁、白细胞减少、眼和鼻腔分泌物增加、口腔糜烂和溃疡、口腔脓泡和出血、腹泻以及哺乳期产奶量降低，在乳房与皮肤交接处及乳头上常见皮肤溃烂（见附图5－1～5－8）。发病牛有呼吸困难症状，可能与肺炎无直接相关性，而是由发热或其他非肺炎因素引起。

新生犊牛的急性BVDV感染可能会导致肠炎和肺炎症状。通常认为这与犊牛获得被动免疫不足有关。然而，从母牛获得足够被动免疫力的犊牛，仍然有可能发生BVDV的急性临床疾病，其主要是由于造成急性感染的BVDV毒株与产生被动免疫抗体的毒株是抗原性不一致的不同毒株。最后，由于被动免疫的不足和BVDV感染引起的免疫抑制，可以导致犊牛受到其他细菌或病毒的继发感染，引起各器官系统的疾病，如牛呼吸道综合征（BRDC）。

急性BVDV感染常导致消化系统和呼吸系统的表皮损伤。在舌、食道、肠道、支气管、上皮表面和淋巴结巨噬细胞、胸腺、派伊尔氏结、扁桃体以及脾脏可检测到BVDV。BVDV首先感染扁桃体和呼吸道组织，然后感染其他上皮表面和淋巴组织，淋巴组织的单核巨噬细胞是BVDV的靶组织。急性病毒性腹泻（BVD）的潜伏期一般在5～7 d。病毒血症可持续15 d，临床症状的持续期依赖于病毒血症的持续期、感染病毒的毒力、再次感染的出现以及感染组织的正常再生能力等。通常情况下，上皮表面组织损伤的修复需1～2周，胃肠道表面黏膜的修复需3～5 d。试验研究表明，当感染强毒力BVDV毒株时，恢复时间延长，因为强毒力毒株在组织中分布更广，被清除的速度较慢。在无二次细菌感染的情况下，临床症状的消失与感染组织的正常再生能力有关。急性BVDV感染牛，如无二次感染发生，通常容易康复且没有并发症出现。康复的时间与病毒血症持续时间和损伤的严重程度有关。一般情况下，感染牛在临床症状开始出现后的2～4周内可康复。经历二次感染的牛，依据二次感染的严重程度，恢复期往往延长。然而自然条件下，BVDV感染不论为急性型还是亚临床型均有一个排毒阶段。这些一过性感染（TI）牛在牛群中对易感牛来说是该病的传染源。

三、严重急性BVDV感染

20世纪90年代初期，在美国东北部和加拿大的众多牛群中出现了非典型但却更为严重的BVDV感染形式，称为超急性感染。这种超急性感染过程的显著特征表现为高发病率和高死亡率，各种年龄牛均有发生。在魁北克省暴发的超急性感染过程中，牛群中大约25%的犊牛死亡。在安大略省，所有年龄的牛群中都有发生高热、肺炎和突然死亡的病例。临床疾病的严重程度在各牛群间有差异，一些牛群出现10%～20%的死亡率，很多怀孕母牛发生流产。感染病牛剖检可见消化道溃疡、淤血、出血等病变，类似黏膜病。从这些发病病例中分离病毒，对分离病毒进行核苷酸测序分析，并与经典的BVDV

参考毒株进行比较，研究其特性（Ridpath 等，1994），与经典 BVDV 毒株（即 BVDV－1 型）相比，新的 BVDV 病毒群被定义为 BVDV－2 型。但是，并不是所有的 BVDV－2 型感染都会引起严重的临床疾病，一些 BVDV－1 型分离毒株也能导致严重的临床疾病。

四、出血性 BVDV 感染

血小板减少症和出血性综合征是严重急性 BVDV 感染的一种形式，于 1987 年首次由 Perdrize 等报道。病牛临床症状明显，感染牛通常表现为血小板严重减少、黏膜表面淤血、发生鼻流血并有脓性鼻液流出、出血性腹泻、注射部位或外伤部出血、高热、白细胞减少和死亡。更重要的是在暴发期间，不同动物间临床症状有所不同，只有少数牛发展成为暴发性出血性综合征，其他动物可能只是表现为明显的白细胞减少、血小板减少，而没有明显的出血性症状。因此，严重急性 BVDV 暴发期间，牧场主、饲养人员以及兽医人员经常会观察到多种临床表现。

需要注意的是，所有发生出血性综合征的牛都经历了严重急性 BVDV 感染，但所有发生严重急性 BVDV 感染的牛并不一定都必然出现出血性综合征。血小板减少症和出血性综合征的病理生理机制目前仍然不是很清楚。BVDV 病毒抗原与血小板和巨核细胞的表面紧密结合，因此，感染牛除血小板减少之外，血小板的功能也发生了改变。Rebhum 等（1989）在回顾 1977－1987 年纽约州立兽医学院所接收的病例时，发现急性 BVDV 感染的成年牛有 10% 出现血小板减少症，而且从这些动物中只分离到 NCP 型 BVDV。用强毒力 NCP 型 BVDV 试验感染犊牛可引起严重血小板减少、出血和死亡。且迄今为止，人们发现出血性综合征多由 BVDV2 型感染引起。

五、繁殖障碍

BVDV 感染怀孕早期（＜40 d）母牛，可导致胚胎和胎牛死亡率提高。BVDV 感染怀孕 40～125d 母牛，可引起死胎、流产、木乃伊胎、产出持续性感染的犊牛以及胎儿轻度畸形，据估计，BVDV 引起 6%～10% 的牛发生 BVDV 感染性流产。

怀孕中期（125～180d）胎牛感染，主要导致先天性畸形，试验感染 BVDV 的胎牛出现先天性畸形的概率可达 100%。怀孕后期胎牛感染，通常不会导致流产，但仍有流产的可能性。

一般免疫牛群出现的流产情况较少，但在非免疫牛群，流产病例明显增加。此外，BVDV 急性、严重临床疾病的暴发与 BVDV－2 毒株有关，有研究显示 BVDV－2 毒株也导致较高的流产率。

BVDV 感染怀孕牛的主要形式是先天性感染，引起严重的胎牛先天性缺陷。妊娠期

45～125d 的胎牛对 BVDV 高度易感。这一阶段是胎牛神经系统和免疫系统器官发育及形成的最终阶段,BVDV 感染可抑制细胞的生长和分化,或直接造成细胞退化。这一时期的感染造成胎牛畸形的风险极高,可导致中枢神经系统缺陷(小脑发育不全、脑积水、肌张力降低)、眼部缺陷(视网膜萎缩和发育异常、白内障、眼过小)、胸腺萎缩、智力发育缓慢、肺发育不全、秃头症、少毛症、短额症、关节弯曲和其他的骨骼畸形。

绵羊可以通过黏膜病病毒实验感染,但仅在妊娠绵羊被感染而病毒通过胎盘及胎儿时才会发病。妊娠 12～18 d 之内的绵羊感染该病毒,可能导致胎儿死亡、流产、早产。

六、持续性感染(PI)

持续性感染(persistent infection,PI)是 BVDV 感染动物的一种临床类型,也是 BVDV 在自然环境中维持存在的形式。持续性感染牛在牛群中所占比例较低。据估计,每 100 头或 1000 头初生牛中有一头为 PI 牛。持续性感染是由胎牛在妊娠 90～120d 时感染了非致细胞病变型 BVDV 毒株引起。这一时期胎牛自身免疫机能还未发育完全,其免疫系统对感染的 BVDV 毒株无免疫应答能力,从而产生免疫耐受。虽然免疫耐受的胎牛出现持续的病毒血症和持续性感染,但其 BVDV 抗体却为阴性。由于持续性感染是通过母畜垂直传播的,因而持续性感染母牛所生的犊牛也呈持续性感染,而且可终生带毒、排毒。持续性感染种公牛精液中的 BVDV 也可造成易感牛和受精母牛感染,但持续性感染很少由该种公牛交配引起。持续性感染母牛所产生的犊牛,有些表现早产、死产、先天性缺陷、发育不良、嗜睡和哺乳困难,有些表现对疾病的抵抗力消失而导致死亡,但多数持续性感染动物外观健康。持续性感染动物是极易被忽视的重要病毒贮主,在传播 BVDV 感染中具有重要的作用,健康牛群在引进持续性感染牛后往往会出现繁殖障碍和发病率增加。

七、黏膜病

黏膜病(Mucosal disease,MD)是 BVDV 感染引起的一种最严重的临床类型,一般呈散在发生,牛群中的感染率低于 5%。在暴发时,通常有众多的同龄牛感染,这主要是因为最初的感染发生在相同妊娠阶段的胎牛。在这样的流行过程中,牛群的感染率可高达 25%。黏膜病的潜伏期一般为 7～14 d。牛发生黏膜病主要由于 BVDV 持续性感染牛再次感染同源致细胞病变型 BVDV(已经感染的非致细胞病变型毒株突变成致细胞病变型毒株)或接种同源 BVDV 致细胞病变型疫苗株所致。

急性黏膜病:急性黏膜病病牛临床症状持续期为 3～10 d,最终导致动物死亡。其主要表现为发病突然、高热、食欲减退、心动过速、呼吸急促、产奶量降低、大量水样腹泻。

腹泻通常以出现黏膜排泄、纤维蛋白样物质、血便和恶臭为特征。其他症状与急性 BVDV 感染相似，但症状更加明显，并可在发病几天后死亡。舌部、上颚和齿龈可能会出现腐蚀和溃烂。口腔乳突可能会僵硬和出血。在趾间处、冠状带、乳头、阴道和阴茎处可能出现明显的上皮溃烂。其他的临床症状主要包括眼鼻分泌物、角膜水肿、流涎、反刍收缩减少和胃胀气。趾间处和冠状带发炎可能表现为跛行，可能造成病牛出现蹄叶炎。临床病理学研究显示，感染牛的嗜中性粒细胞减少，并发生血小板减少症。病牛如发生细菌的继发感染，临床症状将可能发展成肺炎、乳房炎和子宫炎。患急性黏膜病的牛发生死亡的概率可达 100%。然而，少数急性期后存活的病牛，演变成慢性黏膜病。对急性黏膜病死亡牛进行剖检，可见大量的坏死性溃疡和整个胃肠道的腐烂（包括食道、瘤胃、皱胃、十二指肠、空肠、回肠、盲肠和结肠）。在鼻孔和上呼吸道黏膜可见溃疡症状。小肠派伊尔氏结（淋巴集结）常见坏死和出血症状。典型的肠内容物多呈水样，并有恶臭气味。虽然出血性综合征和黏膜病临床症状相似，但出血性综合征的病牛经合理治疗后，可以康复。发生急性黏膜病的病牛，即使给予了合理治疗，也很难免于死亡。

慢性黏膜病：患急性黏膜病的一小部分未死的牛发展成为慢性黏膜病，这些牛表现为持续性排稀松粪便或间断性腹泻。其他的症状包括极度消瘦、轻微到中度的厌食、慢性周期性胃气胀、趾间处的溃烂和无法治愈的腐蚀性损伤。病牛也可见眼和鼻分泌物，可能出现秃头症和头、颈周围的真菌性角化区。由于慢性蹄叶炎和不正常的蹄掌变化，病牛可能会表现出跛行症状。临床病理学主要表现为贫血、嗜中性粒细胞减少和血小板减少。慢性黏膜病的病牛很少能够存活 18 个月，通常因衰弱和消瘦而导致死亡。慢性黏膜病与慢性持续性感染牛不同，因为后者从出生时已经感染。

八、免疫抑制

免疫抑制是 BVDV 急性感染的一种表现形式，急性感染 BVDV 的牛因其淋巴组织遭到破坏而发生免疫抑制。最近有研究应用高毒力或低毒力的 BVDV－2 型毒株试验感染犊牛，然后对这些毒株造成的各个组织的病理损伤及病毒在组织器官的分布进行了检测。结果显示，感染任一毒株的牛均可见到广泛的淋巴组织的缺损，病毒抗原的分布和淋巴组织损伤之间存在很强的相关性。感染高毒力 BVDV 毒株时，在所有检测到病毒抗原的部位均可发现淋巴细胞的凋亡和数量减少。感染低毒力病毒株时，发生严重的淋巴组织缺损，这时病毒抗原马上被清除出淋巴组织，损伤病灶得以迅速恢复。值得注意的是，病毒抗原不存在于损伤的非淋巴组织（肺脏、肝脏、肾脏、胰腺、睾丸或心脏）中。这就表明，组织损伤的形成不只由病毒的繁殖造成，在很大程度上与牛对病毒感染的反应有关。BVDV 弱毒疫苗接种也可引起暂时的免疫抑制。

BVDV 引起的免疫抑制可使感染牛更容易被其他致病原二次感染，或加剧共感染病原的致病力。有研究证实，BVDV 感染对溶血性曼氏杆菌、牛疱疹病毒 1 型（BoHV-1）或牛呼吸道合胞体病毒（BRSV）的同时感染有协同作用。BVDV 感染也促进沙门氏菌、大肠杆菌、昏睡嗜血菌、牛疱疹性口炎病毒、轮状病毒或冠状病毒的共感染。营养不良，如硒缺乏使牛更易感染急性 BVDV，并易与细菌发生共感染。二次感染影响到 BVDV 相关的临床症状的持续时间和严重程度，尤其是急性、一过性感染。

九、牛呼吸道疾病

BVDV 是牛呼吸道综合征的主要病毒性病原之一。BVDV 能够感染牛的呼吸道，不同毒株对肺脏的致病性有所差异（Potgieter 等，1985）。研究表明，BVDV 的感染主要减低了牛的呼吸道防御机能，这种负面影响可能是通过免疫抑制发生的。已经证实 BVDV 和溶血性曼氏杆菌、牛疱疹病毒 1 型、牛呼吸道合胞体病毒和牛支原体常常发生协同感染，增强发病的严重程度。牛呼吸道综合征病牛初期常呈精神沉郁、食欲减退、体温升高至 40.0～41.7℃、流泪、鼻孔有浆液性分泌物，进而呼吸困难、喘或者干咳，鼻孔有脓性分泌物、常沾灰尘等污秽，眼眶水肿、眼屎增多、眼睫毛黏连，严重时步态僵硬，耳朵下垂，张口呼吸，外形瘦弱和偶发腹泻。初始症状持续 3～5 d，继而 48～72 h 内发展成肺炎并最终导致死亡。如未发生死亡而转归为慢性，则需 1～2 个月才能逐渐康复。

参考文献：

[1] Ran X, Chen X, Ma L, et al. A systematic review and meta-analysis of the epidemiology of bovine viral diarrhea virus (BVDV) infection in dairy cattle in China[J]. Acta Trop, 2019, 190: 296-303.

[2] Mahony T J, McCarthy F M, Gravel J L, et al. Genetic analysis of bovine viral diarrhoea viruses from Australia[J]. Vet Microbiol, 2005, 106(1-2): 1-6.

[3] Gao S, Luo J, Du J, et al. Serological and molecular evidence for natural infection of Bactrian camels with multiple subgenotypes of bovine viral diarrhea virus in Western China [J]. Veterinary microbiology, 2013, 163(1-2): 172-176.

[4] Chase C C, Elmowalid G, Yousif A A. The immune response to bovine viral diarrhea virus: Aconstantly changing picture[J]. Vet Clin North Am Food Anim Pract, 2004, 20: 95-114.

[5] Evermann J F, Ridpath J F. Clinical and epidemiologic observations of bovine viral diar-

rhea virus in the northwestern United States[J]. Vet Microbiol, 2002, 89: 129 - 139.

[6]Givens M D, Heath A M, Brock K V, et al. Detection of bovine viral diarrhea virus in semen obtained after inoculation of seronegative postpubertal bulls[J]. Am J Vet Res, 2003, 64: 428 - 434.

[7]Kafi M, McGowan M R, Kirkland P D. In vitro maturation and fertilization of bovine oocysts and in vitro culture of presumptive zygotes in the presence of bovine pestivirus. Anim Reprod Sci, 2002, 71: 169 - 179.

[8]Liebler - Tenorio E M, Ridpath J F, Neill J D. Distribution of viral antigen and development of lesions after experimental infection with highly virulent bovine viral diarrhea virus type 2 in calves[J]. Am J Vet Res, 2002, 63: 1575 - 1584.

[9]Liebler - Tenorio E M, Ridpath J F, Neill J D. Distribution of viral antigen and development of lesions after experimental infection of calves with a BVDV 2 strain of low virulence[J]. J Vet Diagn Invest, 2003, 15: 221 - 232.

[10]Munoz - Zanzi C A, Hietala S K, Thurmond M C, et al. Quantification, risk factors, and health impact of natural congenital infection with bovine viral diarrhea virus in dairy calves[J]. Am J Vet Res, 2003, 64: 358 - 365.

[11]Niskanen R, Lindberg A. Transmission of bovine viral diarrhea virus by unhygienic vaccination procedures, ambient air, and from contaminated pens[J]. Vet J, 2003, 165: 125 - 130.

[12]Ridpath J F, Fulton R W, Kirkland P D, et al. Prevalence and antigenic differences observed between bovine viral diarrhea virus subgenotypes isolated from cattle in Australia and feedlots in the southwestern United States[J]. J Vet Diagn Invest,2010, 22: 184 - 191.

[13]Ridpath J F, Neill J D, Frey M, et al. Phylogenetic, antigenic and clinical characterization of type 2 BVDV from North America[J]. Vet Microbiol, 2000, 77: 145 - 155.

[14]Shahriar F M, Clark E G, Janzen E, et al. Coinfection with bovine viral diarrhea virus and Mycoplasma bovis in feedlot cattle with chronic pneumonia[J]. Can Vet J, 2002, 43: 863 - 868.

[15]Vilcek S, Paton D J, Durkovic B, et al. Bovine viral diarrhoea virus genotype 1 can be separated into at least eleven genetic groups[J]. Arch Virol, 2001, 146: 99 - 115.

[16]Xue W, Mattick D, Smith L, et al. Fetal Protection against bovine viral diarrhea virus types 1 and 2 after vaccination with a modified - live virus vaccine[J]. Can J Vet Res, 2009, 73: 292 - 297.

第六章　病理学

牛病毒性腹泻—黏膜病的主要病理变化在消化道和淋巴组织。鼻镜、鼻孔黏膜、齿龈、上腭、舌面两侧及颊部黏膜有糜烂及浅溃疡。严重病例在咽喉头黏膜有溃疡及弥散性坏死。特征性损害是食道黏膜糜烂,呈大小不等形状与直线排列。瘤胃黏膜偶见出血和糜烂,第四胃炎性水肿和糜烂。肠壁因水肿增厚,肠淋巴结肿大,小肠急性卡他性炎症,空肠、回肠较为严重,盲肠、结肠、直肠有卡他性、出血性、溃疡性以及坏死性等不同程度的炎症。蹄部的损害是在趾间皮肤及全蹄冠有急性糜烂性炎症以致发展为溃疡及坏死。本团队整理了 BVDV HJ－1 株感染牛的病理形态学特征。

一、病理学诊断

发生黏膜病后,从口腔到肛门的整个消化道黏膜可见到充血、出血、糜烂或溃疡等。食道黏膜发生病变的几率较高。特征性病变是食道黏膜有大小和形状不等的直线排列的糜烂。内脏器官出血,见附图 6－1～6－14。

二、组织学诊断

病死牛的肠道,黏膜水肿,黏膜上皮细胞变性坏死,脱落。肠壁各层均有散在淋巴细胞、中性粒细胞浸润。食道固有膜疏松水肿,有淋巴细胞、中性粒细胞浸润。肝脏淤血,肝脏细胞肿胀,肝血窦内有散在淋巴细胞、中性粒细胞浸润。淋巴结疏松水肿,有坏死。脾脏间质水肿,淋巴组织坏死。肺泡上皮细胞有变性坏死脱落,肺泡内充满水肿液,细支气管上皮细胞有坏死脱落。心肌纤维有变性坏死,心脏间质疏松水肿,炎细胞浸润。肾小球肿胀,肾小管上皮细胞颗粒变性,间质有炎细胞浸润。用 BVDV 特异性抗体进行免疫组织化学检查,发现皮肤的表皮和毛囊生发中心有弥漫性或散在染色斑点,而急性感染牛仅在表皮处有散在的染色斑点。另外,也可用病毒筛查法检测表皮和毛囊生发中心的病毒。具体结果见附图 6－15～6－22。

三、病毒分布情况

肠黏膜上皮有大量的阳性细胞，腺上皮细胞和脱落的腺上皮细胞阳性，毛细血管内皮细胞阳性表达。肝细胞大量的阳性细胞表达，小叶间胆管阳性表达，小静脉内皮细胞阳性表达。淋巴结内大量阳性细胞，表现在淋巴细胞和网状细胞。脾脏有大量阳性表达，表现在淋巴细胞和网状细胞。肺脏细支气管黏膜上皮细胞表达阳性，肺泡上皮细胞表达阳性。心脏血管内有大量的阳性细胞。具体结果见附图6－19～6－22。

参考文献

[1]崔治中. 动物疫病诊断与防控彩色图谱[M]. 北京：中国农业出版社，2013.
[2]朴范泽，王春仁，夏成，等. 兽医全攻略——牛病[M]. 北京：中国农业出版社，2009.
[3]朴范泽，侯喜林，夏成. 牛病类症鉴别彩色图谱[M]. 北京：中国农业出版社，2008.

第七章 免疫学

一、BVDV 诱导的免疫反应和免疫功能障碍

BVDV 感染不同的细胞类型影响免疫系统和先天性免疫信号通路。BVDV 引起的免疫抑制作用包括免疫细胞组成的变化、白细胞免疫表型的改变以及免疫细胞功能的一些缺陷，导致其他病原体继发感染的疾病严重程度增加。BVDV 影响骨髓和淋巴细胞的功能。BVDV 可在发育的胎儿中建立持续感染，并具有抑制 I 型干扰素产生的能力。与健康动物的中性粒细胞相比，PI 动物的中性粒细胞的功能分析显示吞噬能力降低，活性氧(ROS)产生减少。BVDV 感染的牛巨噬细胞触发 IL-1β 激活的半胱天冬酶 1 依赖性途径，并且该激活增加了病毒复制。BVDV 还显示出对几种适应性免疫细胞功能的抑制作用。最近的体外感染模型研究报告了 BVDV 对牛外周血单核细胞(PBMC)的免疫抑制能力。虽然 CP 型 BVDV 感染早期(第 7 d)导致了中和抗体水平和白细胞数量的下降，但感染 NCP 型 BVDV 会诱导免疫反应向 Th1 反应极化，产生更多 IgG2 同种型抗体。2006 年 Hilton 等报道 BVDV N^{pro}蛋白通过与 IRF3 作用，促使 IRF3 降解，抑制 I 型干扰素的产生。2014 年 Peterhans 等报道，NCP 型 BVDV 与宿主细胞的相互作用不仅可以诱导免疫耐受，破坏适应性免疫，还能破坏先天性免疫。此外，E^{rns}在未感染的细胞中也扮演着酶活性诱饵受体的作用，能够阻止细胞外和内体病毒 RNA 诱导的 IFN 合成。2018 年 Darweesh 等研究表明，NCP 型 BVDV2a 1373 毒株基因组编码的 N^{pro}蛋白与细胞内 S100A9 蛋白相互作用导致免疫抑制。2021 年 Yue 等研究发现 CP 型 BVDV NADL 株基因组中 NS4B 蛋白通过与 MDA5 结构域中的 2CARD 区域相互作用来逃避宿主的免疫防御，进而抑制 I 型干扰素的产生。此外，TLR7 或 IRF7 信号通路在 BVDV 逃避宿主先天性免疫应答中起着重要作用。

持续感染和免疫衰竭是 BVDV 感染的两个主要后果。BVDV 自然感染后的保护性免疫特征在于激活病毒特异性体液和细胞免疫反应。CD4+T 细胞主要靶向 NS3 和 E2 蛋白，是针对病毒的保护性免疫反应的关键参与者。CD4+T 细胞的耗竭与更高的血液病毒载量、延长的病毒血症和鼻腔途径的病毒分泌有关。B 细胞激活后，从感染的第 14 d

开始可检测到中和抗体。最有效的中和抗体主要针对 BVDV 表面的 E2 蛋白,而对 E^{rns}特异的抗体具有较低的中和活性。此外,虽然一些抗体可靶向 E1,但 BVDV 的主要结构蛋白(C 蛋白)不会诱导 B 细胞活化和抗体产生。另外,非结构蛋白 NS2－3 也可诱导强烈的抗体反应。研究表明,NCP 型 BVDV 可诱导体液免疫,而 CP 型 BVDV 更倾向于诱导细胞免疫。

二、BVDV 免疫逃避策略

(一)BVDV 非结构蛋白 NS4B 抑制 I 型干扰素产生的分子机制研究

1. 背景

牛病毒性腹泻病毒(Bovine viral diarrhea virus,BVDV)属于单股正链 RNA 病毒,BVDV 是黄病毒科、瘟病毒属的成员,主要引起牛的腹泻、发热、白细胞减少、口腔及消化道黏膜糜烂和坏死、怀孕母牛流产或产畸型胎儿等为特征的一种接触性传染病。BVDV 急性病毒感染可引起免疫抑制,母牛在妊娠期 30－120 d 感染 NCP 型 BVDV 可引起犊牛持续性感染和免疫耐受。BVDV 已经呈现出世界性分布状况,各国养牛业中均有报道 BVDV 的发生,并且给养牛业造成了巨大的经济损失。

在先天性免疫反应中 I 型干扰素是天然免疫应答中的一个重要的抗病毒效应分子,并参与机体免疫调控和诱导的抗病毒效应。BVDV 的通过多种策略来抑制 I 型干扰素产生,从而逃避机体的免疫防御。研究表明,BVDV 基因组编码的非结构蛋白 N^{pro}和结构蛋白 E^{rns}(E0)能够抑制 I 型干扰素的产生和宿主先天性免疫应答。此外,非结构蛋白 NS4B 在病毒复制复合物中起到关键支架作用,但是,关于其在抑制宿主抗病毒反应中的作用知之甚少。

本研究拟对 BVDV NADL 毒株基因组中的非结构蛋白 NS4B 在 RIG－I 样受体(RIG－I like receptors,RLRs)介导的 I 型干扰素应答中是否具有抑制作用及其作用机制进行研究,旨在进一步了解 BVDV 逃避宿主先天性免疫系统的作用机制,为深入探索 BVDV 致病的分子机理提供依据。

2. 方法

首先,本研究构建了 pCDNA3.0－HA－NS4B 真核表达质粒。通过 PCR 扩增 NS4B 基因,胶回收和酶切后对目的基因及表达载体进行连接,经过转化和双酶切鉴定后,将鉴定正确的重组质粒 pCDNA3.0－HA－NS4B 转染至 HEK－293T 和 MDBK 细胞中。应用 Western Blot 验证 NS4B 的表达。通过双荧光素酶报告基因、实时荧光定量 PCR 和 ELISA 方法验证 NS4B 对 I 型干扰素的影响。

然后,对 RLRs 通路中下游信号分子 IRF3 的磷酸化进行了检测。通过双荧光素梅报告基因检测了 NS4B 与 RLRs 信号通路中的关键信号分子对 IFN－β 启动子的激活作用。在过表达 NS4B 后通过实时荧光定量 PCR 检测各信号分子的转录水平。通过免疫共沉淀试验验证 NS4B 与 MDA5 的相互作用。应用激光共聚焦检测 NS4B 与 MDA5 是否存在共定位现象,从而明确 BVDV NS4B 通过何种机制抑制 RLRs 介导的 I 型干扰素应答。

最后,构建 MDA5 三个不同结构域的真核表达载体质粒,通过 Western Blot 验证目的条带大小,通过免疫共沉淀试验研究 BVDV NS4B 与 MDA5 中 2CARD 结构域的相互作用,采用激光共聚焦检测 NS4B 与 MDA5－2CARD 是否存在共定位,从而明确 BVDV NS4B 与 MDA5 中哪个结构域存在相互作用,

3. 结果

(1)重组质粒 pCDNA3.0－HA－NS4B 的鉴定

用 *Xho* I 及 *BamH* I 限制性内切酶对重组质粒 pCDNA3.0－HA－NS4B 进行双酶切,酶切 3 h 后随后经 1% 琼脂糖凝胶电泳后可见在 5400 bp 处为载体片段和 1041 bp 处为目的基因 NS4B 片段,并且测序结果经 NCBI 数据库 blast 比对后与所设计引物 NS4B 全长原序列一致。

(2)Western Blot 验证 pCDNA3.0－HA－NS4B 表达结果

为验证构建的 pCDNA3.0－HA－NS4B 质粒能否成功表达,将质粒分别转染到 HEK－293T 和 MDBK 细胞中,转染 24 h 后收取样品,用 RIPA 裂解蛋白,使用鼠源 HA 标签抗体和鼠源 β－actin 内参抗体,通过 Western Blot 检测结果发现 NS4B 在 39 kDa 处左右出现与目的蛋白大小相符合的条带。

(3)BVDV NS4B 抑制 SeV 诱导的 IFN－β 启动子活性

将双荧光素酶报告基因质粒 pRL－TK 0.05 μg、pCDNA3.0－HA(Vector)0.5 μg、pCDNA3.0－HA－NS4B(0.125 μg,0.25 μg,0.5 μg),人源 IFN－β－Luc 0.2 μg 分别进行共转染至 HEK－293T 细胞中,MDBK 细胞由于电转方式对细胞损伤较大,因此需增加细胞量和质粒转染剂量,每孔转染 pRL－TK 0.1 μg、pCDNA3.0－HA 3 μg、pCDNA3.0－HA－NS4B(2 μg,2.5 μg,3 μg),牛源 IFN－β－Luc 0.4 μg 分别进行共转染至 MDBK 细胞中,转染 24 h 后加入 SeV 进行刺激 12 h 后收样检测双荧光素酶活性,结果显示 HEK－293T 和 MDBK 细胞中 NS4B 组与对照组(Vector)相比,NS4B 显著抑制 SeV 诱导的 IFN－β 启动子活性,并呈剂量依赖性(图 7－1,$p<0.05$ 标注为“*”;$p<0.01$ 标注为“**”;$p<0.001$ 标注为“***”),表明 NS4B 具有抑制 I 型 IFN 产生的特性。

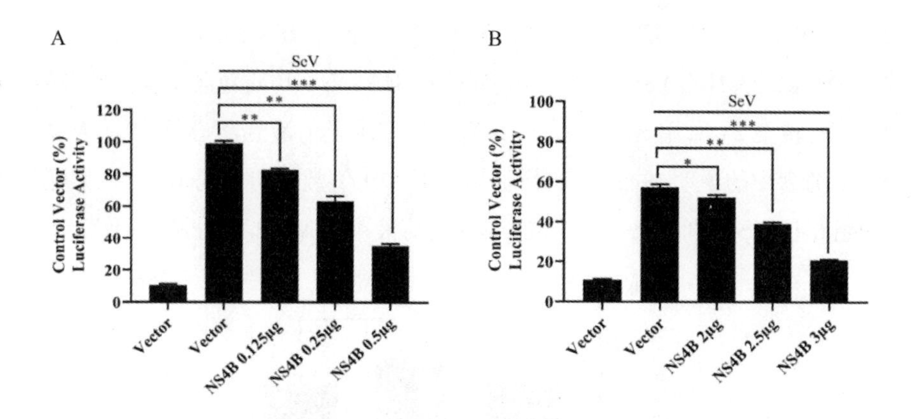

图 7-1 BVDV NS4B 蛋白抑制 SeV 诱导的 IFN-β 启动子激活

A:HEK-293T 细胞;B:MDBK 细胞

(4)BVDV NS4B 蛋白抑制 SeV 诱导的 IFN-β 表达

将 pCDNA3.0-HA 空载体(Vector)和 pCDNA3.0-HA-NS4B 质粒各 1 μg 剂量转染至 HEK-293T 细胞中,而 MDBK 细胞采用电转方式,将 pCDNA3.0-HA 空载体和 pCDNA3.0-HA-NS4B 质粒各 3 μg 剂量转染至 MDBK 细胞中,同时用 HA 空载体作为对照组,转染 24 h 后加入 SeV 刺激 12 h 后收取样品进行细胞 RNA 提取,反转录 RNA 定量 1 μg,反转成 cDNA 后应用 Q-PCR 引物人源 IFN-β 和牛源 IFN-β 进行荧光定量 PCR。通过荧光定量 PCR 检测 NS4B 对 HEK-293T 和 MDBK 细胞的 IFN-β mRNA 水平,结果发现与 Vector 对照组相比,NS4B 蛋白在两种细胞上都能够显著抑制 IFN-β 的转录水平(见图 7-2)。本研究表明 BVDV NS4B 蛋白通过抑制干扰素的产生,逃逸了宿主的先天性免疫应答。

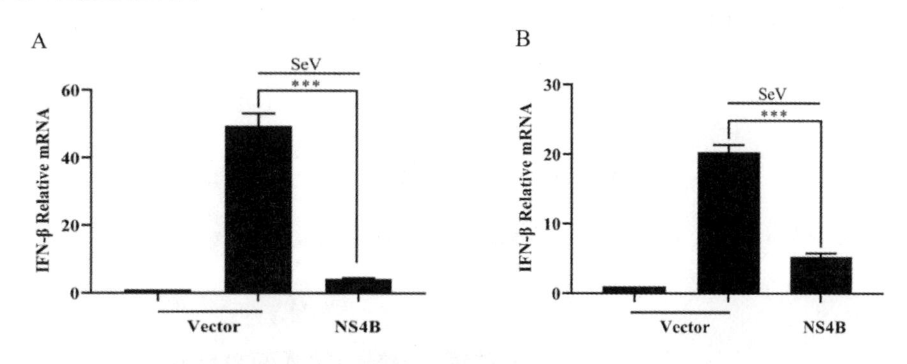

图 7-2 BVDV NS4B 蛋白抑制 SeV 诱导的 IFN-β 的表达

A. HEK-293T 细胞;B. MDBK 细胞

(5)BVDV NS4B 蛋白抑制 SeV 诱导的细胞上清液中 IFN－β 的分泌

将 pCDNA3.0－HA(Vector)和 pCDNA3.0－HA－NS4B 质粒各 1 μg 分别转染HEK－293T 细胞中,转染 24 h,用 SeV 刺激 12 h 后收取细胞上清液到离心管中,参照人源 IFN－β ELISA 试剂盒中的说明书操作步骤,随后测其 OD 值数据进行分析后发现与空载体加 SeV 刺激组相比 NS4B 抑制 SeV 诱导的细胞上清液中 IFN－β 的分泌(见图 7－3)。

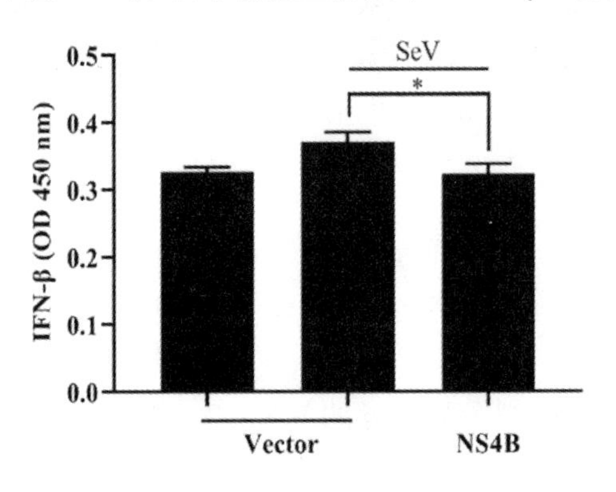

图 7－3　BVDV NS4B 蛋白抑制 SeV 诱导的细胞上清液中 IFN－β 的表达

(6)BVDV NS4B 抑制 IRF3 的磷酸化

将 HEK－293T 细胞接种于 12 孔板中,分别转染 pCDNA3.0－HA－NS4B 质粒和空载体对照质粒,转染 24 h 后用 SeV 刺激 8 h,随后用 RIPA 裂解细胞(含有磷酸酶抑制剂和蛋白酶抑制剂),收取细胞蛋白样品后进行 SDS－PAGE 凝胶电泳。并用兔源 P－IRF3 和 IRF3 抗体、HA 标签抗体和 β－actin 内参抗体进行免疫印迹分析。结果显示:转染空载体和加入 SeV 刺激后 IRF3 磷酸化水平明显上升,而转染 pCDNA3.0－HA－NS4B 和加入 SeV 刺激后 IRF3 的磷酸化水平明显下降(见图 7－4)。

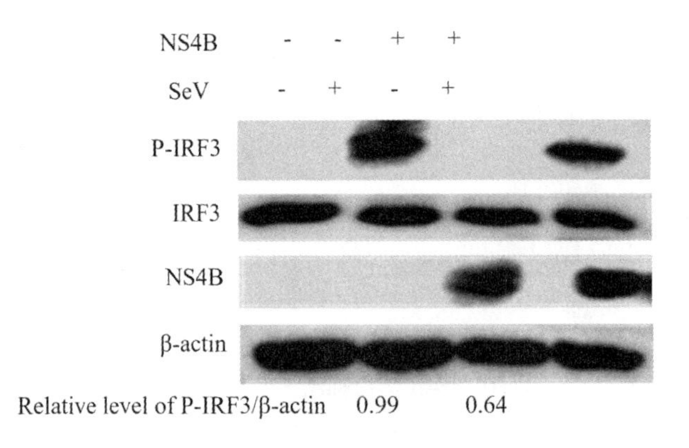

图 7－4　BVDV NS4B 蛋白抑制 IRF3 的磷酸化

(7)BVDV NS4B 作用靶点位于 MDA5 及其上游

在 RLRs 信号传导过程中,SeV 被视为 RLRs 信号通路介导 IFN－β 产生的一种强诱导剂。先前的结果已经显示 NS4B 蛋白抑制 SeV 诱导的 IFN－β 活性,并且 NS4B 降低了 IRF3 的磷酸化水平。因此,BVDV NS4B 可能靶向作用到 RLRs 信号通路中的单个或多个信号分子,从而阻断该通路传导。为了确定具体的作用靶点,将 pCDNA3.0－HA、pCDNA3.0－HA－NS4B、IFN－β－Luc、内参 pRL－TK 以及 RLRs 通路中关键信号分子过表达质粒(RIG－I、MDA5、MAVS、TBK1、IKKε、IRF3)分别共转染至 HEK－293T 细胞当中,转染 28 h 测定双荧光素酶活性,结果显示,除 NS4B 与 MAVS 共转染能够显著激活 IFN－β 启动子活性外(见图 7－5),其余各组能够抑制 IFN－β 启动子活性,但 NS4B 与 IRF3 共转染对 IFN－β 启动子活性差异并不明显,并且从激活效率来看 NS4B 与 MDA5 共转染后与对照组相比能够显著抑制 IFN－β 启动子的激活,结果表明 NS4B 作用靶点位于 MDA5 及其上游水平。

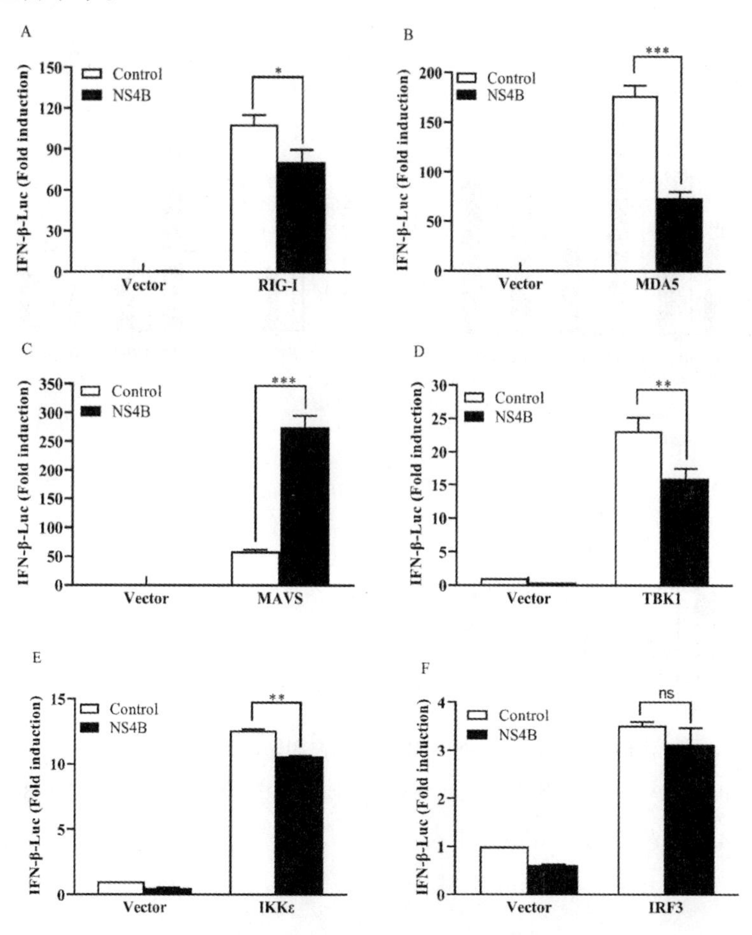

图 7－5　NS4B 蛋白调控 RLR 信号通路分子诱导的 IFN－β 产生

(8)BVDV NS4B 抑制内源性 MDA5 的表达

为探究 BVDV NS4B 蛋白是否能降低细胞内源性 MDA5 的表达。我们将 pCDNA3.0－HA(Vector)1 μg 和 pCDNA3.0－HA－NS4B 1 μg 质粒转染到 HEK－293T 细胞中,分别在转染后的 12 h 和 24 h 提取细胞 RNA,而 MDBK 细胞采用电击方式进行转染,由于电击转染对细胞有损伤,因此转染 24 h 后在收样提取细胞 RNA,随后进行反转录后应用人源 RIG－I、MDA5、MAVS、TBK1、IKKε 和 IRF3 基因引物,以及牛源 RIG－I、MDA5、MAVS、TBK1 和 IRF3 基因的特异性引物进行荧光定量 PCR 检测各信号分子 mRNA 水平。结果显示,BVDV NS4B 在 HEK－293T 细胞转染 12 h 和 24 h 两个时间段均能够抑制 MDA5 基因相对 mRNA 水平(见图 7－6),但不抑制 MAVS 的表达,并且 24 h MAVS 的 mRNA 水平显著升高,这一结果与双荧光素酶报告基因结果相符合,都是 MDA5 呈现抑制而 MAVS 呈现激活状态。在 MDBK 细胞中,BVDV NS4B 在电击转染 24 h 也显著抑制 MDA5 的 mRNA 水平,并且 MAVS 也呈现激活状态。

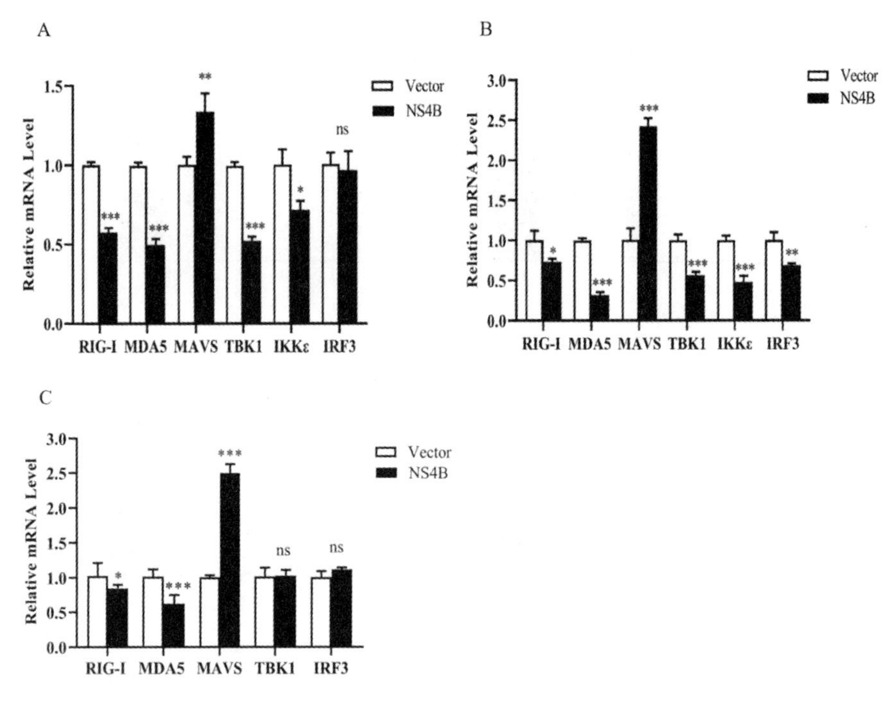

图 7－6　BVDV NS4B 抑制内源性 MDA5 的 mRNA 水平

A. NS4B(HEK－293T 细胞,12 h);B. NS4B(HEK－293T 细胞,24 h);C. NS4B(MDBK 细胞,24 h)抑制 MDA5 mRNA 水平

(9)BVDV NS4B 与外源性 MDA5 相互作用

通过荧光定量 PCR 和双荧素酶报告基因检测发现 BVDV NS4B 蛋白显著降低 MDA5 的 mRNA 转录水平和荧光素酶 IFN－β 启动子的激活,为更进一步揭示出 NS4B 蛋白的作用机制,选择免疫共沉淀试验来验证 NS4B 蛋白是否与 RLRs 信号通路中相关的主要信号分子发生相互作用。将 HA 空载体或 HA－NS4B 质粒与 Flag－RIG－I、MDA5、MAVS、TBK1、IKKε、IRF3 重组质粒共转染到 60 mm 平皿的 HEK－293T 细胞中,转染 24 h 后,收取细胞沉淀,用 CO－IP 裂解液裂解蛋白,随后进行免疫共沉淀试验,使用抗 HA 的单克隆抗体进行 Western Blot 分析,结果显示,质粒在细胞内过表达后,BVDV NS4B 蛋白能够与 RLRs 信号通路中的 MDA5 分子发生相互作用,但 NS4B 蛋白不与 RIG－I、MAVS、TBK1、IKKε 和 IRF3 发生相互作用(见图 7－7A、7－7B、7－7C)。随后我们又进行反向免疫共沉淀,使用 Flag 抗体检测 HA,我们发现 MDA5 与 NS4B 也能够相互作用(图 7－7D)。

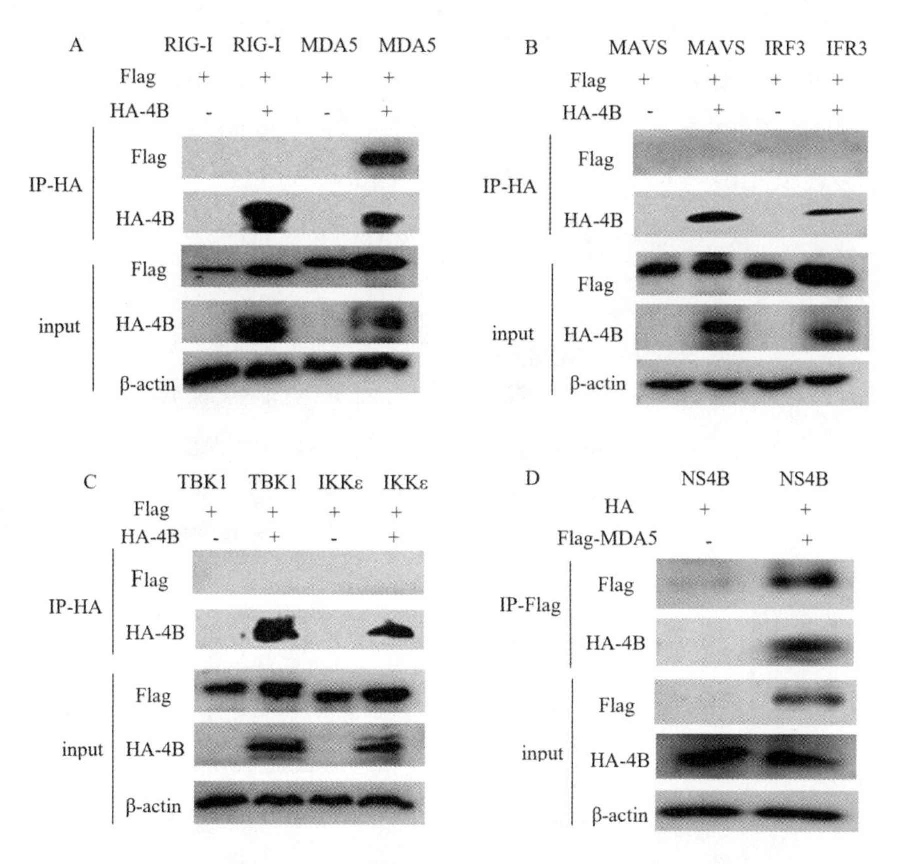

图 7－7 NS4B 与 MDA5 存在相互作用

(10)BVDV NS4B 与外源性 MDA5 共定位

我们通过激光共聚焦试验进一步验证了 BVDV NS4B 与 MDA5 是否存在共定位。将

pCDNA3.0 – HA – NS4B 质粒 1 μg 和 p3 × Flag – cmv – 7.1 – MDA5 质粒 1 μg 共转染到 HEK – 293T 细胞当中，转染 24 h 后进行激光共聚焦，使用 HA 鼠源和 Flag 兔源一抗，CoraLite 488 – conjugated Goat Anti – Mouse IgG（H + L）和 CoraLite 594 – conjugated Goat Anti – Rabbit IgG（H + L）荧光二抗，经 DAPI 染细胞核（蓝色）后通过共聚焦显微镜观察，发现 HA – NS4B（绿色）与 Flag – MDA5（红色）存在共定位现象，并定位于细胞质中。

（11）BVDV NS4B 与外源性 MDA5 – 2CARD 相互作用

前期试验研究结果显示 NS4B 能与 RLRs 信号通路中的 MDA5 相互作用，由于 MDA5 主要包括 2CARD、HEL 以及 CTD 三个主要结构域，因此为了进一步探究 NS4B 蛋白与 MDA5 哪个结构域（功能域）存在相互作用，我们选择免疫共沉淀的方法来进行验证。将 HA 空载体或 HA – NS4B 分别与 2CARD、HEL 以及 CTD 重组质粒共转染到 60 mm 平皿的 293T 细胞中，转染 24 h 后收取蛋白样品，用 CO – IP 裂解液裂解，随后进行免疫共沉淀试验，使用抗 HA 的单克隆抗体进行 Western Blot 分析，结果显示：当 IP 使用 HA 抗体检测 Flag 时，NS4B 与 MDA5 结构域中的 2CARD 存在相互作用，而 NS4B 与 HEL 和 CTD 没有相互作用（图 7 – 8B 和 7 – 8C）。随后我们又进行反向免疫共沉淀，使用 Flag 抗体检测 HA，我们发现 2CARD 与 NS4B 也能够相互作用（图 7 – 8D）。

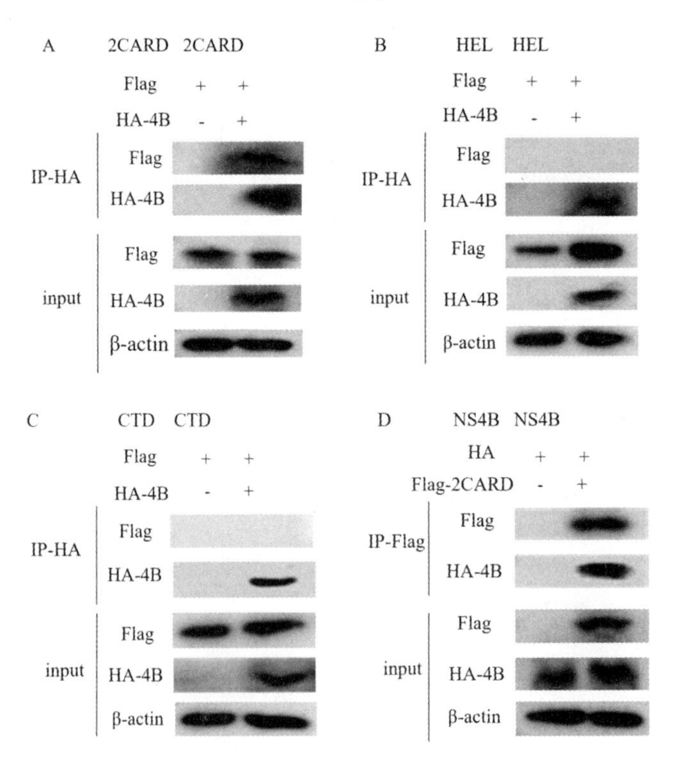

图 7 – 8　NS4B 与 MDA5 – 2CARD 存在相互作用

(12)BVDV NS4B 与外源性 MDA5 -2CARD 共定位

为进一步验证 BVDV NS4B 与 MDA5 -2CARD 是否存在共定位现象,我们对其进行激光共聚焦试验检测,将 pCDNA3.0 - HA - NS4B 质粒 1 μg 和 p3 × Flag - cmv -7.1 - MDA5 -2CARD 质粒 1 μg 共转染到 HEK -293T 细胞当中,转染 24 h 后进行激光共聚焦,使用 HA 鼠源和 Flag 兔源一抗,CoraLite 488 - conjugated Goat Anti - Mouse IgG (H + L) 和 CoraLite 594 - conjugated Goat Anti - Rabbit IgG (H + L) 荧光二抗,经 DAPI 染细胞核(蓝色)后通过共聚焦显微镜观察,发现 HA - NS4B(绿色)与 Flag - MDA5 -2CARD(红色)存在共定位现象,并定位于细胞质中(见附图 7 -9)。

3.讨论

BVDV 在感染机体后经过不断的自我组装和复制能够抑制干扰素的产生,从而逃避宿主机体的天然免疫防御。这种抑制作用是通过多个环节来实现的,目前相关的研究报道还未能完全阐明其免疫抑制机理。BVDV 是黄病毒科瘟病毒属的成员,其基因组编码的非结构蛋白 NS4B 在病毒的复制过程中起到关键作用,NS4B 不仅有 RNA 结合活性还具有 NTP 酶活性,能够诱导膜复制,参与病毒感染细胞膜的重排过程。此外,黄病毒科中丙型肝炎病毒(HCV)、登革热病毒(DENV)以及猪瘟病毒(CSFV)的 NS4B 均能够抑制 I 型干扰素的产生。Kang 等人研究发现,猫泛白细胞减少症病毒的 NS2 蛋白可以呈剂量依赖性抑制 IFN - β 启动子的激活,并且 NS2 也显著抑制 IFN - β 的 mRNA 水平。牟宏芳等研究了口蹄疫病毒(FMDV)VP0 蛋白对 I 型干扰素表达的影响,双荧光素酶报告基因检测发现 VP0 蛋白抑制 SeV 诱导 IFN - β 启动子的活化,并呈现剂量依赖性抑制 IFN - β启动子。此外,VP0 也能明显抑制 SeV 诱导的 IFN - β 的 mRNA 水平。Fang 等研究了 PDCoV 基因组非结构蛋白 NS7A 抑制 I 型干扰素的分子机制。结果表明,在 HEK - 293T 细胞和猪肾上皮细胞(LLC - PK1)中 NS7A 显著抑制 SeV 诱导的 IFN - β 启动子激活,并呈剂量依赖性应答。此外 NS7A 随着剂量的逐步增大,IFN - β 的 mRNA 水平也显著降低。由此,我们推测 BVDV NS4B 也可能抑制 I 型干扰素的产生。本研究选择 BVDV NS4B 为研究对象,构建真核表达载体 pCDNA3.0 - HA - NS4B 质粒,将其转染到 HEK - 293T 细胞中, Western Blot 检测发现在 39 kDa 处出现目的条带。随后用 SeV 进行刺激来检测双荧光素酶报告基因 IFN - β 启动子的激活状况,结果发现随着 NS4B 转染剂量的增加,IFN - β 的启动子激活明显被抑制,此外,通过荧光定量 mRNA 检测发现 BVDV NS4B 能够显著抑制IFN - β的转录水平。ELISA 检测发现 NS4B 能够抑制 SeV 诱导的细胞上清液中 IFN - β 的分泌。

先天性免疫是机体抵抗外来病原感染的第一道防线。逃避先天性免疫防御是病毒为了在宿主细胞中得以生存和复制所采用的一种方式策略。拮抗干扰素的产生是突破宿主第一道防线的有效途径。由于机体免疫系统不能迅速采取行动,从而失去在感染早期来控制病毒复制的机会。我们之前的研究表明 BVDV 非结构蛋白中的 N^{pro}可以通过干扰 I 型 IFN 信号来逃逸宿主免疫的能力。本研究发现 BVDV NS4B 可以通过调控 RLRs 信号,逃逸宿主的免疫系统,进而抑制 I 型 IFN 的产生。值得注意的是,这种抑制作用是 NS4B 与 RLRs 信号通路中 MDA5 信号分子相互作用来实现的。由此可见,MDA5 是 BVDV NS4B 减弱宿主抗病毒应答的靶点。在 RLRs 信号传导过程中,MDA5 在 RNA 病毒感染过程中触发先天抗病毒反应起着关键作用,MDA5 的激活会导致 I 型干扰素和细胞促炎因子的转录诱导。本研究发现单独转染 MDA5 可明显激活 IFN－β 启动子的活性。相似的,Lazaret 等也报道了,MDA5 可刺激 IFN－β 启动子的基础活性,过表达 MDA5 可增强细胞内双链 RNA 对 IFN－β 的激活作用。此外,MDA5 还能同时激活 NF－κB 和 IRF3,这表明 MDA5 在这些转录因子对双链 RNA 的上游激活中起着关键作用。

近年来,随着病毒不断的自我进化,已经形成许多机制和策略来逃逸 RIG－I 和 MDA5 信号。一些病毒的非结构蛋白可通过与 MDA5 的结合,来抑制 IFN－β 启动子的激活,从而参与先天性免疫逃逸。口蹄疫病毒的 3A 蛋白可抑制 RIG－I、MDA5 和 VISA 的表达,被鉴定为病毒触发 IFN－β 信号通路的负调节因子。猪流行性腹泻病毒(PEDV) NSP16 可以下调 RIG－I 和 MDA5 介导的 IFN－β 和 ISRE 的活性。戊型肝炎病毒(HEV) 的非结构蛋白甲基转移酶 Met 能够强烈抑制 MDA5 介导的 I 型干扰素反应的激活。基孔肯雅病毒(CHIKV)NSP2 蛋白可以剂量依赖的方式强烈抑制 MDA5 介导的 NF－κB 通路激活,进而抑制了 IFN－I 的产生。我们的研究也发现,共转染 MDA5 与 NS4B,可明显抑制 IFN－β 启动子的激活。并且同为黄病毒科的 ZIKV,其 NS2A 和 NS4A 也通过 MDA5/RIG－I 信号分子来显著下调 IFN－β 的启动子活性。此外,口蹄疫病毒(FMDV)2B 蛋白能够显著抑制 IRF3 的磷酸化水平,并且 2B 和 3B 在转染后 12 h 可抑制内源性 MDA5 的 mRNA 水平。脑心肌炎病毒(EMCV)2C 蛋白在感染后 12 h 和 24 h 也能抑制内源性 MDA5 的 mRNA 水平。韩玉梅等研究发现,ECMV 感染 HEK293 细胞 12 h 后 MDA5 的 mRNA 水平与对照组相比显著上升,但感染后 24 h MDA5 mRNA 水平与对照组相比显著降低,同时 VP1 蛋白的表达显著上调。结果表明 EMCV 感染 24 h 后 I 型 IFN 信号通路相关因子 mRNA 表达的下降可能与 VP1 蛋白的表达有关。此外,单独转染 VP1 后显著抑制 HEK293 细胞 MDA5 的 mRNA 水平,表明 ECMV VP1 可抑制 I 型 IFN 信号通路的活化。陈思等报道了猫传染性腹膜炎病毒(FIPV)DF2 株感染能显著抑制 SeV 诱导的 IRF3 的磷酸化,并且 NSP5 蛋白对 NEMO 的切割阻断了 NEMO 对 TANK 的招募,抑制了 IRF3 的磷酸化,从而拮抗了 RLR 介导的 I 型干扰素信号通路的激活。同样的,本研究发现 BVDV NS4B 也能显著抑制 IRF3 的磷酸化水平,同时 NS4B 在转染 HEK－293T 细胞 12 h

和 24 h 后均能抑制内源性 MDA5 的 mRNA 水平。

研究表明,病毒的相关蛋白可通过与 MDA5 相互作用,来拮抗 I 型干扰素的产生。脑心肌炎病毒(EMCV)2C 蛋白能与 RLRs 信号通路中 MDA5 信号分子相互作用,抑制 IFN-β的产生,并且 EMCV 的 VP2 蛋白也能够下调 RLRs 信号通路关键蛋白(如 MDA5、MAVS、TBK1 和 IRF3)的表达。此外,VP2 可与 MDA5 和 MAVS 存在相互作用和共定位,从而抑制 IFN-β 产生和 RLRs 信号通路活化。新城疫病毒(NDV)V 蛋白的不同氨基酸残基能与 MDA5 结合,抑制宿主细胞 IFN-β 产生。肠道病毒 71 型(EV71)编码的 RdRP 蛋白,又称 3D 蛋白,其与 MDA5 的 caspase 激活和募集结构域(CARD)相互作用,抑制 MDA5 介导的 IFN-β 启动子的活性和基因表达中发挥的作用。柯萨奇病毒的 A16、A6 以及肠道病毒 D68 编码的 3C 蛋白也可与 MDA5 相互作用,下调 MDA5 启动的抗病毒信号。FMDV 2B 蛋白可与 RIG-I 和 MDA5 相互作用,并且 3C 蛋白与 MDA5 蛋白之间存在直接相互作用,这对 FMDV 逃避先天免疫反应至关重要。值得注意的是,与 BVDV 同属黄病毒科的西尼罗病毒(WNV),其 NS1 蛋白也可与 RIG-I 和 MDA5 相互作用,导致 RIG-I和 MDA5 降解,进而抑制干扰素的产生。同样的,本研究发现,BVDV NS4B 也可与 MDA5 相互作用,从而调控 BVDV 对 IFN-β 的抑制作用。

MDA5 是先天性免疫中的一个重要蛋白质,其结构域跟 RIG-I 结构域存在相似性,主要由 N-末端的两个 caspase 募集结构域(CARD)、中间的 DExD/H 解旋酶结构域(HEL)和 C-末端阻遏结构域(CTD)组成。之前的研究表明,RIG-I 的 CTD 区域是活跃的,而 MDA5 的 CTD 区域是不活跃的,上调 MDA5 的 CTD 结构域可以抑制病毒诱导的干扰素。MDA5 中的 CARD 域是效应器结构域,其作用是起始下游的信号传递。CARD-CARD 之间相互作用能够导致信号传导的起始。在 MDA5 中负责与下游接头蛋白相结合的 CARD 结构域对于信号通路传导是非常重要的,过表达 CARD 能持续性的激活下游信号通路,诱导转录因子的活化,导致 I 型干扰素的表达。研究表明,肠道病毒 71 型(EV71)编码的 3D 蛋白和鼠诺如病毒(MHV)复制酶 NS7 蛋白均能与 MDA5 结构域中的 2CARD 相互作用,抑制 MDA5 介导的 IFN-β 启动子的活性。相似的,本研究发现 BVDV NS4B 也与 MDA5 结构域中的 2CARD 相互作用,抑制 I 型干扰素产生。此外,方谱县等报道,PDCoV NS6 蛋白可与 MDA5 结构域中的 HEL 和 CTD 相互作用,但并不与 2CARD 相互作用。然而,在本研究中我们发现,BVDV NS4B 不能与 HEL 和 CTD 两个结构域相互作用,这表明不同病毒的蛋白作用 MDA5 结构域的机制也各不相同。另外,研究表明,与 RIG-I 的 CARD 结构域相比,MDA5 CARD 结构域与 MAVS 的直接关联性弱得多,但其足以活化 MAVS,并通过 RIG-I 加强 MAVS 的激活。而本研究中从荧光素酶活性和 mRNA 水平方面 MAVS 都呈现激活状态,这似乎跟 CARD 结构域有一定关系。

4. 结论

本研究在成功构建了 pCDNA3.0－HA－NS4B 及 RLRs 信号通路关键信号分子的真核表达质粒的基础上，通过免疫印记分析、双荧光素酶报告基因检测、qRT－PCR、ELISA、免疫共沉淀及激光共聚焦等技术研究发现，CP 型 NADL 株 NS4B 可显著抑制 SeV 诱导的 IFN－β 启动子的激活和 IFN－β mRNA 转录水平。NS4B 通过 RLRs 介导的信号通路抑制干扰素的产生。

此外，NS4B 可显著降低 IRF3 的磷酸化和内源性 MDA5 的转录水平，抑制 MDA5 诱导的 IFN－β 启动子的激活，并且 NS4B 可与 MDA5 结构域中的 2CARD 相互作用和共定位。本研究为探索 BVDV 逃避宿主先天性免疫系统的作用机制和 BVDV 致病的分子机理提供了依据。

（二）BVDV 诱导的自噬抵抗细胞凋亡和 IFN－I 表达的机制

BVDV 的致病机理比较复杂，PI 与 BVDV 逃避先天性免疫反应有关，但具体机制尚不完全清楚。自噬是进化上古老的通路，在机体多种基本的生理过程中起重要作用，包括免疫、存活、分化和维持机体内稳态等。自噬调节常被用于治疗和预防重要的病毒性疾病。然而，目前对于 BVDV 与自噬之间的相互作用仍然不清楚。因此，我们评价了不同生物型 BVDV 对自噬的影响，以及细胞自噬对病毒增殖、细胞存活、细胞凋亡和 I 型干扰素（IFN－Ⅰ）的影响，为探讨 BVDV 引起 PI 发生机制和黏膜病防治具有重要意义。

1. MDBK 细胞自噬评价系统的构建

1）背景

细胞自噬（Autophagy）是普遍存在于真核细胞中的细胞生物学行为，是一种与凋亡、坏死并列的细胞死亡机制之一，其主要作用是清除或降解细胞内受损伤的细胞结构、衰老的细胞器及不再需要的生物大分子等，同时也为细胞器的构建或细胞结构的再循环提供原料。微管相关蛋白轻链 3（LC3/Atg8）是一种长寿命蛋白，前体 LC3 经过 Atg4 蛋白酶裂解 C 端转化成为 LC3－I，其被磷脂酰乙醇胺（PE）脂化成 LC3－II。LC3－II 定位在自噬体膜上，伴随着自噬体的形成整个过程，是最稳定的自噬体检测标识物之一。目前已证实细胞内超表达 GFP－LC3 并不影响细胞本身的自噬性。随着自噬体的累积细胞内绿色荧光点（GFP－LC3）状聚集数量增加，因此，可以通过激光共聚焦显微镜观测内源性的 LC3 或者 GFP－LC3 的定位，可以直观的判定细胞自噬水平的方法。目前，研究比较多的是人源或者鼠源荧光标记的 GFP－LC3，尚无可用牛源 GFP－LC3，因此，本研究为进行 BVDV 在 MDBK 细胞内自噬研究，特此建立稳定表达 GFP－LC3 的 MDBK 细胞系。

本实验通过 PCR 方法扩增 MDBK 细胞 LC3B 基因，插入 pEGFP－C1 载体构建真核表达质粒 pEGFP－C1－LC3B，经电转化至 MDBK 细胞，使绿色荧光蛋白 GFP 与 LC3 的融合蛋白，并使用 G418 筛选得到稳定表达 GFP－LC3 的 MDBK 细胞系。Beclin1/Atg6 是第一种哺乳动物自噬相关蛋白，可以和 Vps34（III 型 PI3K）形成复合体。Vps34 生产出磷脂酰基醇 3－磷酸，能招募其他的自噬相关蛋白形成自噬泡发起自噬。抑制 Beclin1 的表达能够有效抑制自噬发生，近年 Beclin1 基因沉默已广泛被用于自噬抑制研究。因此，为研究 BVDV 诱导自噬的功能，本研究通过 RNA 干扰技术敲除 Beclin1 基因，构建自噬缺陷型 MDBK 细胞系，通过 RNA 干扰技术构建自噬缺陷型 shBCN1－MDBK 稳定表达细胞系。从而为进一步研究 BVDV 对 MDBK 细胞自噬影响、自噬潮的研究等提供一种简洁而有效的检测平台，为 BVDV 致病机理研究奠定了基础。

1）方法

根据已报道的野牛 LC3B 序列（GenBank Accession No. BC102891），应用 primer 5.0 软件设计 1 对特异性引物，用于扩增 LC3B ORF，在上游和下游分别引入限制性内切酶位点 *Xho*I 和 *Bam*HI，见表 7－1。通过基因工程方法构建 pEGFP－C1－LC3B 重组质粒。通过电转化致 MDBK 细胞并建立稳定表达细胞系。

表 7－1　本研究所用引物序列

Name		Sequence 5′－3′	Length	Reference
BVDV	324	ATGCCC（T/A）TAGTAGGACTAGCA	288 bp	（YAMAMOTO T et al.，2008）
	326	TCAACTCCATGTGCCATGTAC		
LC3B	F	CCGCTCGAGATGCCGTCCGAGAAAACCTTCAAAC	378 bp	GenBank No BC102891
	R	GGATCCTTACACAGATAATTTCATTCCAAAAGTCTC		

2）结果

（1）EGFP－LC3B－MDBK 稳定细胞系构建

由于牛源 LC3B 基因与人或者鼠源的 LC3B 基因同源性差别较大，经软件分析预测在 83%～89%，为获得能够在牛源细胞中表达的 LC3B 蛋白，本研究以 MDBK 细胞基因组为模板通过 PCR 扩增 LC3B ORF 序列约 378bp 的目的基因片段。

（2）pMD18－T－LC3B 质粒双酶切鉴定结果

为确定 PCR 扩增到的目的基因是否正确及为构建真核表达质粒，将目的基因插入 pMD18－T 载体进行克隆测序。设计引物时在上下游引物引入的限制性内切酶 *Bam*HI 和 *Xho*I 位点，因此，制备的克隆质粒用 *Bam*HI 和 *Xho*I 进行双酶切鉴定，结果鉴定阳性质粒酶切约 378bp 的目的基因片段。

（3）pEGFP－C1－LC3B 质粒双酶切鉴定结果

将测序正确定 pMD18－T－LC3B 质粒用 BamHI 和 XhoI 双酶切获得一定量的目的基因，经 T4 连接酶连接到 pEGFP－C1 载体，构建 pEGFP－C1－LC3B 质粒。用 *Bam*HI 和 *Xho*I 双酶切鉴定构建的真核表达质粒含有约 378bp 目的基因。

（4）LC3B 测序鉴定结果

将酶切鉴定正确的重组 pMD18－T－LC3B 质粒进行测序鉴定，测序结果经 DNAStar 软件 MegAlien ClustalW 程序进行一致性比较，结果发现本实验扩增的 MDBK－LC3B 基因与水牛的 LC3B ORF（GenBank 登录号 NM001001169.1）基因最高可达 100%，说明 PCR 扩增到的目的基因正确。与人源 LC3B ORF 序列一致性在 89.2%～89.4%，与鼠源 LC3B ORF 序列一致性较低在 83.3%～83.6%。具体结果见图 7－10。

Percent Identity

Divergence	1	2	3	4	5	6	7	8	9	10	11		
1		99.7	100.0	99.5	84.9	86.0	84.9	88.9	89.4	89.4	89.4	1	AK290956_Homo sapiens
2	0.3		99.7	99.2	84.7	85.7	84.7	88.6	89.2	89.2	89.2	2	BC067797_Homo sapiens
3	0.0	0.3		99.5	84.9	86.0	84.9	88.9	89.4	89.4	89.4	3	NM_022818_Homo sapiens
4	0.5	0.8	0.5		84.4	85.4	84.4	88.4	88.9	88.9	88.9	4	NM_001085481_Homo sapiens
5	17.0	17.4	17.0	17.7		95.2	100.0	82.8	83.3	83.3	83.3	5	BC068180_Mus musculus
6	15.8	16.1	15.8	16.4	4.9		95.2	83.1	83.6	83.6	83.6	6	NM_022867_Rattus norvegicus
7	17.0	17.4	17.0	17.7	0.0	4.9		82.8	83.3	83.3	83.3	7	NM026160_Mus musculus
8	11.9	12.2	11.9	12.5	19.8	19.5	19.8		99.5	99.5	99.5	8	XR_083118_Bos taurus
9	11.5	11.9	11.5	12.2	19.3	19.0	19.3	0.3		100.0	100.0	9	NM001001169.1_Bos taurus
10	11.5	11.9	11.5	12.2	19.3	19.0	19.3	0.3	0.0		100.0	10	BC102891_Bos taurus
11	11.5	11.9	11.5	12.2	19.3	19.0	19.3	0.3	0.0	0.0		11	MDBK-LC3B
	1	2	3	4	5	6	7	8	9	10	11		

图 7－10　MDBK 细胞 LC3B 基因同源性比较

（5）MDBK－LC3B 序列系统进化分析结果

将获得的 MDBK－LC3B 序列与代表性的牛源、人源和鼠源 LC3B 序列通过 MEGA7 软件 NJ 法构建进化树分析基因进化关系，结果牛源、人源和鼠源 LC3B 基因序列分别处于不同的进化分枝，与实际动物来源相符，见图 7－11。

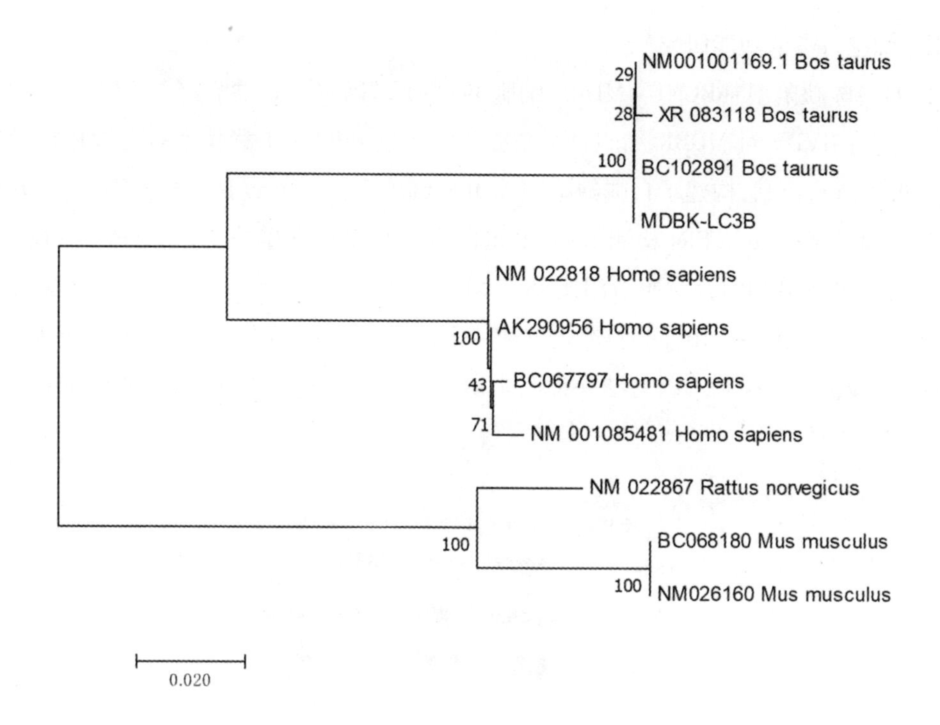

图 7-11 LC3B 基因系统进化树

(6)pEGFP-C1-LC3B 在 MDBK 细胞内融合表达鉴定

pEGFP-C1-LC3B 质粒经电转化至 MDBK 细胞后通过 G418 筛选获得单克隆稳定表达细胞系后,通过荧光显微镜检查可见 MDBK 细胞具有较强的绿色荧光,说明 EGFP-LC3B 蛋白在 MDBK 细胞内明显地融合表达。

(7)重组 EGFP-LC3B 蛋白在 MDBK 细胞内参与细胞自噬功能鉴定

通过饥饿诱导自噬方法处理构建的 EGFP-LC3-MDBK 稳定细胞系,通过激光共聚焦显微镜观察自噬体形成情况,可见经 EBSS 处理的 EGFP-LC3-MDBK 细胞能够在细胞浆内产生大量的绿色荧光点状聚集,此为自噬体。而没有 EBSS 处理的 EGFP-LC3-MDBK 细胞和 EGFP-MDBK 细胞,以及经 EBSS 处理的 EGFP-MDBK 细胞均未见到明显的自噬体形成,可见融合表达的 EGFP-LC3B 能够参与自噬体的形成,可以作为自噬体检测的荧光标识。

(8)饥饿诱导 EGFP-LC3B-MDBK 细胞自噬的 Western-Blot 鉴定

为进一步验证重组的 EGFP-LC3B-MDBK 细胞具有较好的细胞自噬功能,本研究通过 EBSS 诱导 EGFP-LC3B-MDBK 细胞发生自噬,通过 Western-Blot 进行检测,结果 EBSS 处理的 EGFP-LC3B-MDBK 细胞和 EGFP-MDBK 细胞的 LC3B-Ⅱ转化率显著高于未处理组细胞($p<0.05$),说明 EGFP-LC3B-MDBK 细胞的自噬功能未受到影响,

可用于细胞自噬的功能研究。

(9)自噬缺陷型 shBCN1 – MDBK 细胞 Beclin1 基因沉默效果鉴定

为进行 BVDV 对 MDBK 细胞自噬功能研究通过 shRNA 干扰技术对关键自噬发起基因 Beclin1 进行沉默,构建了自噬缺陷型 MDBK 细胞系,用 EBSS 诱导 shBCN1 – MDBK 细胞自噬,通过 Western – Blot 检测 Beclin1 蛋白表达变化和自噬的变化,见图 7 – 12A。结果发现在 EBSS 处理组合对照组相比 shBCN1 – MDBK 细胞 Beclin1 蛋白表达明显被抑制($p < 0.001$),见图 7 – 12B;同时导致 LC3B – Ⅱ转化率显著下降,见图 7 – 12C,说明 EBSS 诱导的自噬被显著抑制。以上结果证明本研构建的自噬缺陷型 MDBK 细胞可用于自噬相关研究。

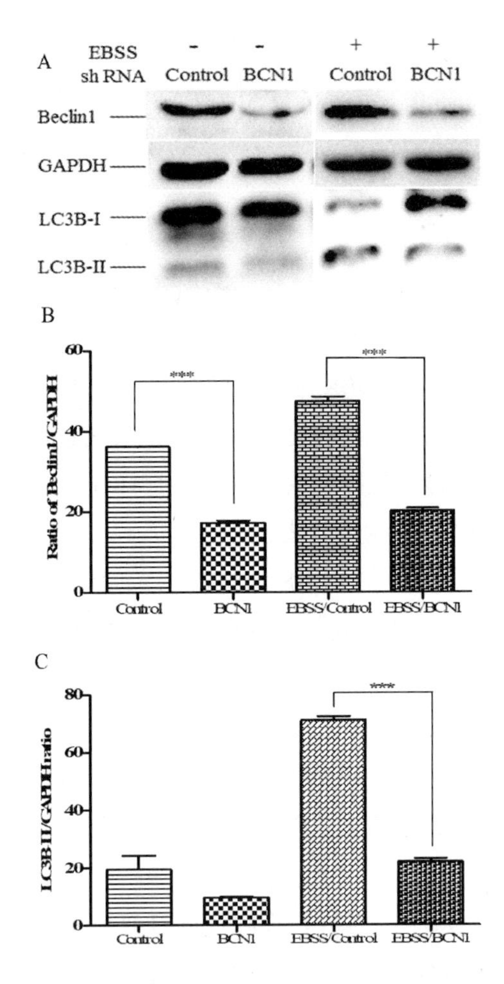

图 7 – 12 shBCN1 – MDBK 细胞自噬活性分析

A. Western – Blot 分析;B. Beclin1 与 GAPDH 免疫印迹灰度分析;C. LC3B – Ⅱ与 GAPDH 免疫印迹灰度分析

3)讨论

细胞自噬是一种高度动态的多步骤协调作用的过程。在不同的生理或者实验环境下监测细胞自噬状态方法没有绝对的标准,由于在某些实验中不适合、有疑问的或者在特殊细胞、组织或者器官上不起作用。自噬体的积聚可以通过透射电镜(TEM)、荧光显微镜观察 GFP - LC3 点或者通过 Weatsen - Blot 检测脂化 LC3(LC3 - Ⅱ),从而可以反应自噬诱导、自噬体转化情况、自噬潮动态等。另外,通过药物或者 RNA 干扰等技术,对自噬过程进行人为干预调控也是研究细胞自噬的重要手段。

微管相关蛋白轻链 3(LC3/Atg8)是一种长寿命蛋白,前体 LC3 经过 Atg4 蛋白酶裂解 C 端转化成为 LC3B - I,其被脂化成 LC3B - II。LC3B - II 定位在自噬体膜上,伴随着自噬体的形成整个过程,是最稳定的自噬体检测标识物之一。目前通过荧光显微镜检测 EGFP - LC3B 点状聚集(自噬体)已成为自噬检测必不了少的手段。目前,牛源的 LC3B 自噬检测荧光蛋白尚无报道,根据 GenBank 中牛、人和鼠源 LC3B 基因序列同源性比对结果发现,牛其他 2 种来源的 LC3B 序列同源性差异较大,为保证在 MDBK 细胞中能够检测到 EGFP - LC3B,因此构建了牛源的 pEGFP - C1 - LC3B 质粒。有研究证实细胞内超表达 EGFP - LC3B 并不影响细胞本身的自噬性。因此,本研究最初打算采用瞬时表达 EGFP - LCB3 的方法检测自噬,但是经过多次尝使用 pEGFP - C1 - LC3B 质粒转染 MDBK 细胞均以失败告终,其中更换过多种转染试剂包括脂质体 2000、磷酸钙等,也尝试优化转染条件如转染时间、质粒浓度、细胞密度等。最终通过电转化获得成功,当时电转化对细胞损伤非常大,对细胞自噬会有较大影响,因此构建稳定表达 EGFP - LC3B 的MDBK细胞系克服以上困难。

另外,通过基因敲出方法把 Beclin 1(Atg6 同源基因)或者 Atg5 或者 Atg7 等基因敲除可以获得自噬缺陷型细胞,为自噬相关研究提供了有效手段,目前主要应用 RNA 干扰技术瞬时超表达的方式使自噬相关基因沉默。但是由于本研究使用的 MDBK 细胞不适合于使用转染试剂做瞬时转染,因此,本研究选择牛源 BCN1 shRNA 经电转化构建稳定的自噬缺陷型细系,经 Western - Blot 验证本实验是可行的。筛选药物嘌呤霉素的存在并没有影响 MDBK 细胞的自噬效应。从而为下一步在牛源细胞上进行自噬研究奠定了物质基础和技术平台。

4)结论

本研究成功构建了 EGFP - LC3B - MDBK 细胞系和自噬缺陷型细胞系 shBCN1 - MDBK 及对照 Control - shBCN1 - MDBK 细胞系,可用于自噬研究的评价。

2. BVDV 感染对细胞自噬的影响

1)背景

自噬是一条古老的进化通路,在细胞的多种生理过程中起重要作用,包括免疫、存活、分化和内稳态等。近来自噬和病毒之间的反应被广泛研究,包括自噬机制的免疫学功能,病毒生命周期和治病机理的分子机制等。特别发现自噬能够预防和治疗病毒引起的疾病。自噬是最早的自发的对抗微生物感染的防御机制之一。许多病毒诱导感染宿主细胞发生自噬。然而,自噬和病毒之间的反应极其复杂,依赖于病毒及宿主细胞类型不同差异较大。自噬机制起重要的抗病毒作用,在体外实验中抑制某些病毒的毒力。例如自噬对 Sindbis 病毒和单纯疱疹病毒 1 型有抗病毒活性。相反,丙肝病毒(HCV)、乙肝病毒和登革热病毒等进化出的增强自噬作用能抑制先天性免疫,增强病毒复制功能。

牛病毒性腹泻病毒(BVDV)是一种单股正链 RNA 病毒,属于黄病毒科瘟病毒属,具有两种生物型:致细胞病变性型(CP)和非致细胞病变型(NCP)。NCP 型 BVDV 程世界性分布,主要分离自持续感染牛(PI),对 NCP 型 BVDV 免疫耐受,而且能够从分泌物中排除大量的病毒粒子。在这些毒株中,BVDV 的 RNases E^{rns} 和 N^{pro} 蛋白能够抑制感染细胞合成干扰素 IFN,允许 BVDV 与宿主先天性免疫系统反应。相反,CP 型 BVDV 主要与黏膜病有关,其感染宿主细胞以证明能够产生典型的细胞凋亡性死亡。一些研究结果证明,CP 型 BVDV 通过裂解细胞基因组 DNA、激活凋亡蛋白、破坏线粒体膜释放细胞色素 c 到细胞浆,以及激活 dsRN 反应等途径诱导细胞凋亡。此外,近来研究表明,BVDV NADL 株(基因型为 1a 和生物型为 CP 型)能够诱导 MDBK 细胞发生自噬。然而,目前尚不清楚 BVDV 诱导的细胞自噬是否存在病毒生物型差别,而导致发生的疾病不同。本研究通过对 NCP 型 BVDV 和 CP 型 BVDV 感染 MDBK 细胞,研究其是否能够诱导自噬发生,为进一步研究细胞自噬在病毒生命周期中的作用奠定基础。

2)方法

通过细胞毒性试验和免疫印迹实验筛选自噬诱导剂/抑制剂使用浓度,验证 BVDV 感染时间、感染剂量对 MDBK 细胞自噬变化影响,最后应用上述最佳条件通过 Western - Blot 鉴定、激光共聚焦显微镜观察和透射电镜观察确定 BVDV 对 MDBK 细胞自噬的作用,进一步验证 BVDV 诱导 MDBK 细胞完整自噬潮。

3)结果

(1)自噬诱导剂/抑制剂有效工作浓度优化

不同浓度的 RAP、3 - MA 和 CQ 对 MDBK 细胞的毒性实验检测结果表明:RAP 浓度在 40 μmol/L 时细胞活力仅为 50%,随着 RAP 浓度降低细胞活力升高,当达到 20 μmol/L 时细胞活力达到 90%,小于 10 μmol/L 时 MDBK 细胞活力几乎不受影响。3 - MA 浓度在 10 μmol/L 时细胞活力仅为 45%,小于 2.5 mmol/L 时 MDBK 细胞活力几乎不受影响。CQ 对 MDBK 细胞的毒性比 3 - MA 强,浓度大于 0.63 mmol/L 时,细胞几乎全部死亡,随着药物浓度的下降,细胞活力迅速上升,当浓度小于 75 μmol/L 时 MDBK 细胞活力几乎不受影响。

选择对细胞活力没有影响的不同浓度 RAP、3－MA 和 CQ 作用 MDBK 细胞诱导或者阻断自噬，用 WB 检测自噬效果筛选最佳化学试剂使用浓度，结果表明：2.5 μmol/L RAP 能明显诱导 MDBK 细胞发生自噬（$p<0.05$）；0.5 mmol/L 3－MA 和 70 μmol/L CQ 能明显抑制 MDBK 细胞发生自噬（$p<0.05$）具体结果见图 7－13。

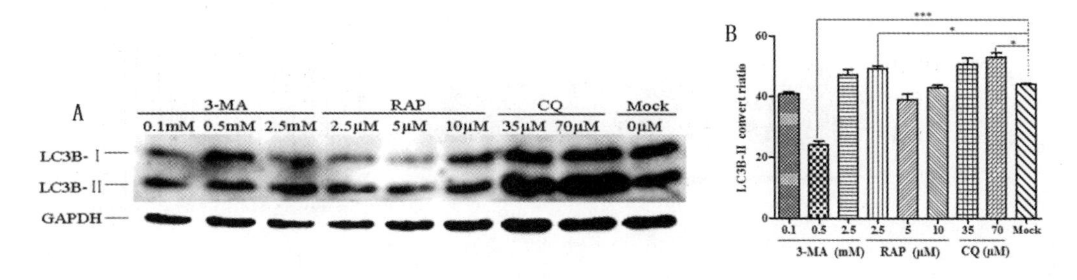

图 7－13　最佳自噬诱导剂/抑制剂浓度优化结果。

A. 自噬诱导剂/抑制剂 Western－Blot 检测结果；B. LC3B－Ⅱ转化率定量分析结果

（2）BVDV 感染对 MDBK 细胞自噬的影响

BVDV 感染 MDBK 细胞不同时间点自噬变化显增强，96 h 之后自噬活性开始下降，见图 7－14；NY－1 株在感染后 72 h 自噬活性明显增强，108 h 以后自噬活性显著下降，见图 7－15。

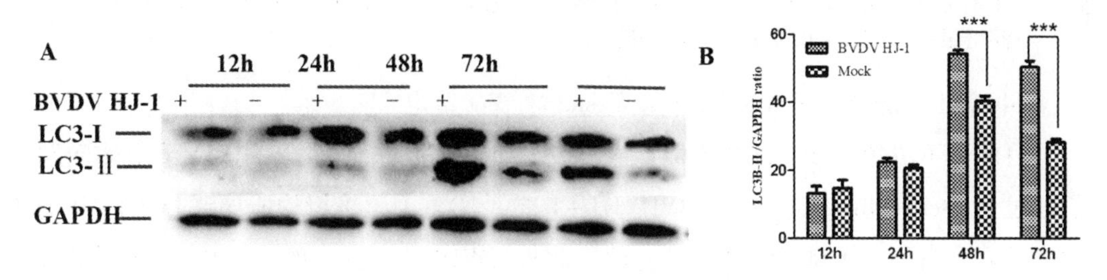

图 7－14　BVDV HJ－1 感染 MDBK 细胞诱导自噬随时间变化规律

A. Western－Blot；b. LC3B－Ⅱ转化率定量分析结果

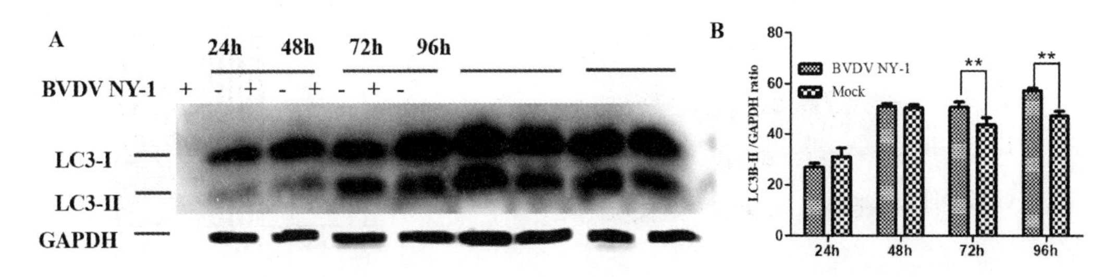

图 7－15　BVDV NY－1 感染 MDBK 细胞诱导自噬随时间变化规律

A. Western－Blot；B. LC3B－Ⅱ转化率定量分析结果

(3)不同感染剂量 BVDV 感染诱导 MDBK 细胞自噬变化影响

通过对不同浓度的 BVDV HJ－1 或者 NY－1 感染 MDBK 细胞以后,用 Western－Blot 检测 LC3B－Ⅱ,分析其转化率后发现,BVDV HJ－1 株 5 MOI 时 LC3B－Ⅱ转化率最高($p<0.01$),见图 16A 和 B;对于 BVDV NY－1 株 2.5 MOI 时 LC3B－Ⅱ转化率最高($p<0.01$),图 7－16C 和 7－16D。

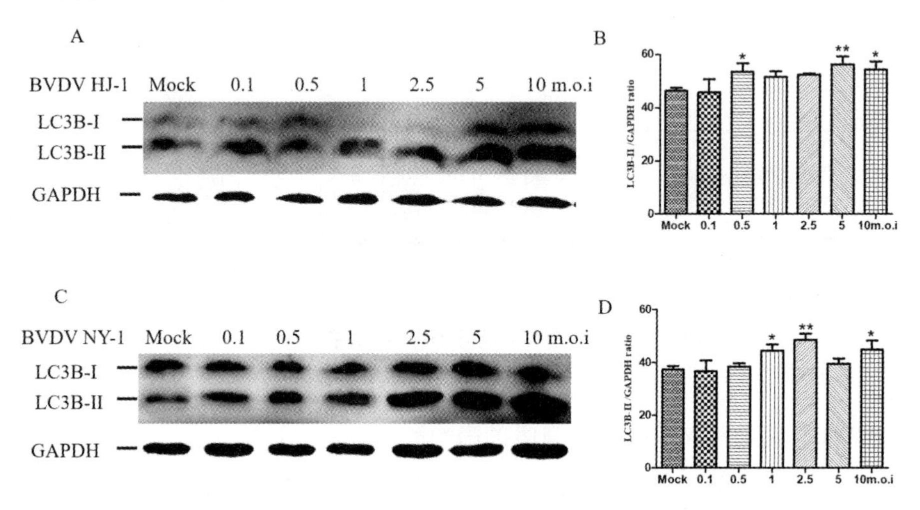

图 7－16 BVDV 诱导 MDBK 细胞自噬的最佳 MOI 确定

A. 不同浓度 BVDV HJ－1 感染 MDBK 细胞 LC3B Western－Blot 检测结果;B. LC3B－Ⅱ转化率定量分析结果。C. 不同浓度 BVDV NY－1 感染 MDBK 细胞 LC3B Western－Blot 检测结果;D. LC3B－Ⅱ转化率定量分析结果

(4)BVDV 诱导 MDBK 细胞自噬 Western－Blot 鉴定

目前尚不清楚 NCP 和 CP BVDV 感染宿主细胞能否诱导自噬,为了弄清上述问题我们通过 Western－Blot 实验证实,BVDVHJ－1 或者 NY－1 感染组均能导致 LC3B－II 的转化率显著升高($p<0.001$),见图 7－17。此外,BVDV E2 蛋白的多克隆抗体用于追踪 BVDV 感染的过程,发现 E2 蛋白的表达与 LC3B－II 的水平相对应。

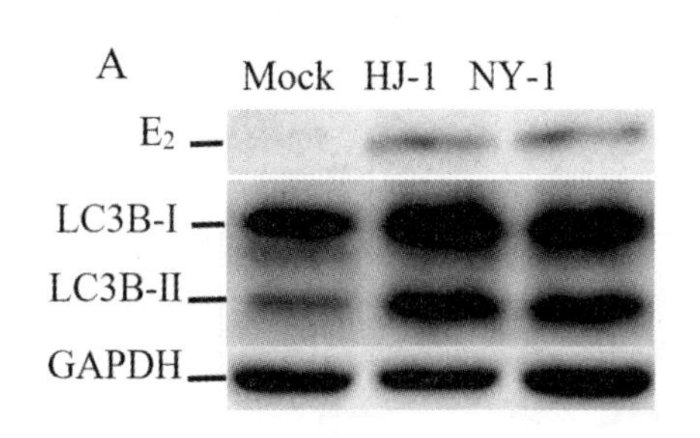

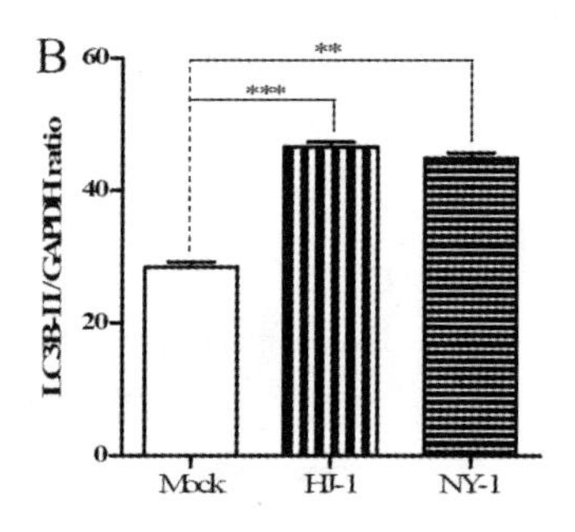

图 7－17 BVDV 诱导自噬 Western－Blot 鉴定结果

A. LC3B、E2 和 GAPDH 检测结果;B. LC3B－Ⅱ转化率定量分析结果

（5）BVDV 感染 GFP－LC3－MDBK 细胞共聚焦显微镜观察

为进一步证实 BVDV 感染能诱导自噬，通过共聚焦显微镜观察 GFP－LC3－MDBK 细胞中 GFP－LC3 荧光点状聚集。与对照细胞相比，RAP 处理或者 NCP 和 CP BVDV 感染的 GFP－LC3－MDBK 细胞内能够看到大量的绿色荧光点，大量的绿色荧光点成环状。定量分析结果表明 GFP－LC3 绿色荧光点在 RAP－或者 BVDV 感染细胞中 3 个荧光点以上的细胞达 70%～90%，而对照细胞自噬阳性细胞占 40% 左右。

（6）BVDV 感染 MDBK 细胞透射电镜检查结果

本研究应用透射电镜观察 BVDV 诱导的自噬体超微结构，分析自噬活性。自噬体是由双层膜结构包裹细胞浆成分或者细胞器形成的双层膜囊泡。结果发现 BVDV 感染的细胞和对照细胞相比，实验组自噬体结构的囊泡明显高于对照细胞（图 7－18）。在 BVDV 感染的细胞中可以看到早期阶段的自噬体结构图 7－18 ii、iv 和 vi 和晚期阶段的自噬体结构图 7－18 i、iii 和 v，结果表明 BVDV 诱导的自噬包含自噬泡形成的各个阶段，形成了完整的自噬潮。

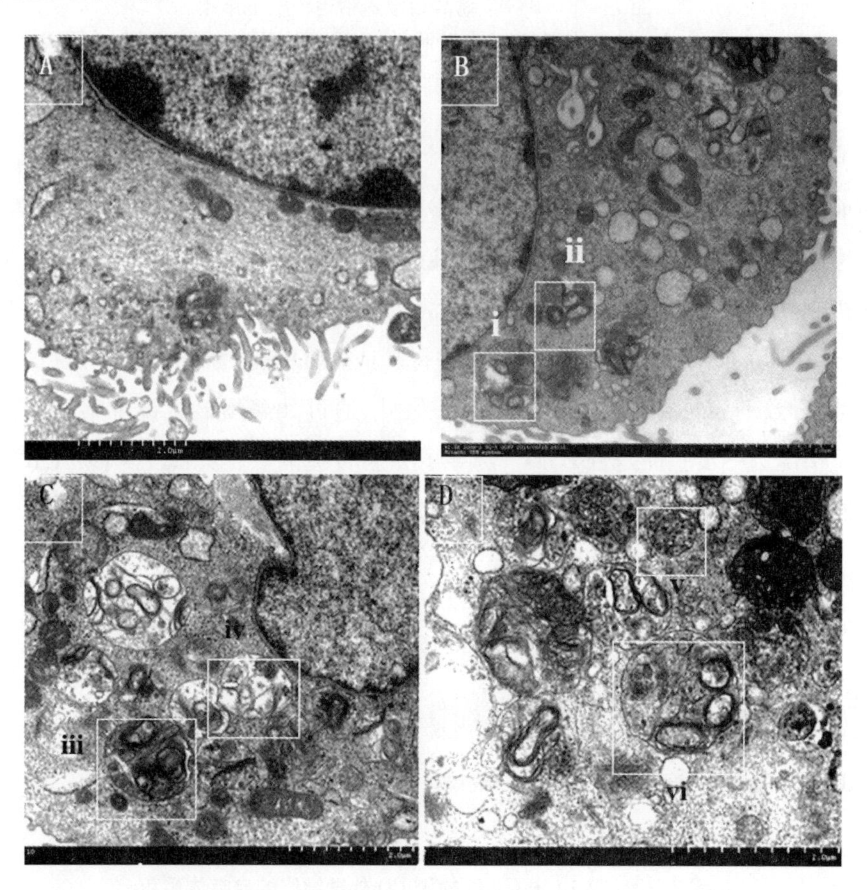

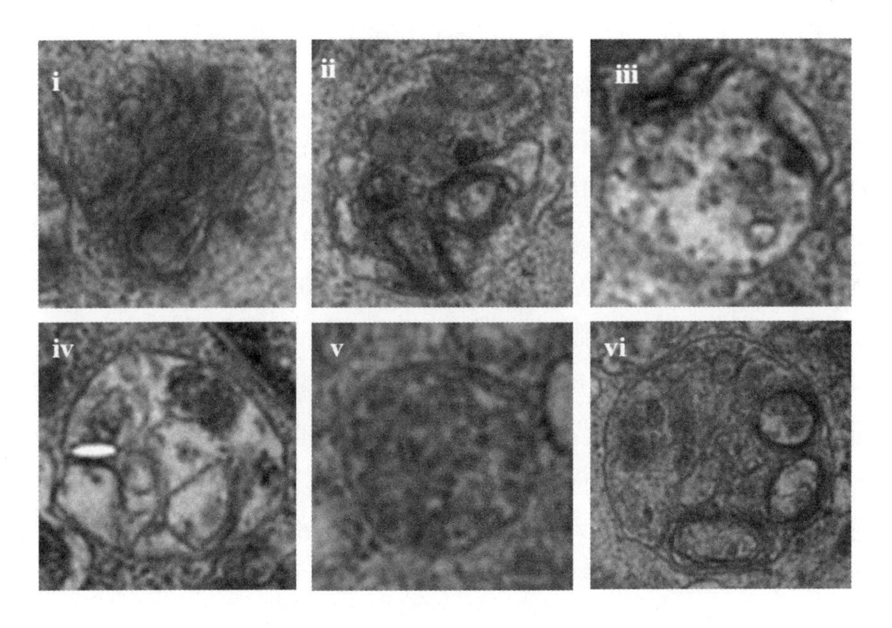

图 7－18　BVDV 诱导自噬透射电镜检查结果

A. 阴性对照组；B. RAP 处理的阳性对照组；C. BVDV NY－1 感染组；D. BVDV HJ－1感染组。i－vi. 分别是 B、C 和 D 高倍放大组

（7）BVDV 诱导 MDBK 细胞自噬潮的检测

前面实验结果表明 BVDV 能够诱导 MDBK 细胞发生自噬使自噬体增加，然而，自噬体形成增加或者自噬体降解减少都能导致 LC3B－II 累积增加。为了确定自噬蛋白增加的潜在机制，我们决定通过 Western Blot 检测用溶酶体蛋白抑制剂 CQ 处理的 MDBK 细胞感染 BVDV 后 LC3B－II 转化率的方法进行验证。CQ 能阻断 pH 值依赖性的溶酶体蛋白酶活性，导致不成熟的自噬溶酶体增加。另外，通过共聚焦显微镜观察溶酶体与自噬体共定位情况进一步验证是否 BVDV 诱导了完全自噬潮。正如图 7－19 所示，CQ 处理组与对照组相比 LC3B－II 明显上调（$p<0.05$），结果表明自噬增强。

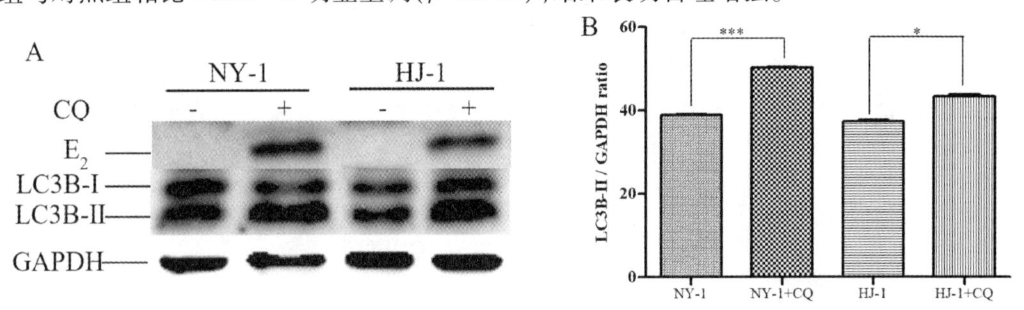

图 7－19　Western－Blot 检测 CQ 处理细胞的自噬体累积

A. LC3B 和 GAPDH 检测结果；B. LC3B－Ⅱ转化率定量分析结果

Lysotracker red 是一种红色荧光的溶酶体染料，可以作为溶酶体标识物，在自噬溶酶体成熟期间 Lysotracker red 与 GFP - LC3B 共定位。由附图 7 - 2 可知，绿色为自噬体，红色为溶酶体，黄色为 GFP - LC3B 荧光点与溶酶体共定位的结果，表明自噬体与溶酶体共定位发生降解。正如附图 7 - 2 结果表明的，在 BVDV 感染的 GFP - LC3 - MDBK 细胞中，Lysotracker red 与 GFP - LC3B 发生共定位，而对照组 GFP - LC3B 以分散形式存在，没有与 Lysotracker red 发生共定位，证实 NCP 和 CP 型 BVDV 诱导了完整的自噬潮。

4）讨论

细胞自噬是一种高度动态的多步骤协调作用的过程，像其他细胞通路一样能够被正或者负调控。在不同的生理或者实验环境下监测细胞自噬状态方法没有绝对的标准。自噬体的积聚可以通过透射电镜（TEM）、荧光显微镜观察 GFP - LC3 点或者通过 Western - Blot检测脂化 LC3，从而反应自噬诱导、自噬体转化情况及自噬潮动态等。另外，通过药物或者 RNA 干扰等技术，对自噬过程进行人为干预调控也是研究细胞自噬的重要手段。本研究通过 TEM 检查自噬体显微结构，Western - Blot 检测 LC3B - LC3B - II 转化率和激光共聚焦检测 GFP - LC3B 等的方法系统地对 CP 和 NCP 型 BVDV 感染 MDBK细胞对自噬的影响进行了研究，结果证实 CP 和 NCP BVDV 感染都能够诱导 MDBK 细胞发生自噬。我们提供的证据表明 BVDV NY - 1 或 HJ - 1 诱导 MDBK 细胞自噬水平上没有明显的差异，尽管 HJ - 1 自噬高峰期发生在 48 - 72 h，而 NY - 1 自噬高峰期发生在 72 ~ 96 h。

自噬是一个动态变化的过程，包括自噬体形成、向溶酶体传递底物以及在溶酶体内降解回收等环节，要阐述自噬变化，不应仅仅局限于自噬体这一中间结构，必须纵观整个自噬的过程，进行自噬潮分析。因此“自噬潮”分析更能反映自噬活性。自噬潮可以分为完全自噬和不完全自噬，完全自噬是自噬体的形成和自噬溶酶体的降解处于正平衡状态，不完全自噬是自噬溶酶体的降解受到抑制，导致自噬体累积。本研究通过应用溶酶体蛋白酶抑制剂氯喹抑制自噬体降解和激光共聚焦显微镜观察自噬与溶酶体共定位情况，结果证实 BVDV NY - 1 和 HJ - 1 均诱导 MDBK 细胞发生完整的自噬潮。

一些研究结果表明多种正链 RNA 病毒包括脊髓灰质炎病毒、冠状病毒、登革热病毒和丙肝病毒都能够诱导自噬增强病毒复制。BVDV NADL 感染及 E^{rns}和 E2 过表达能显著增强细胞自噬的活性，促进了 BVDV NADL 复制。CSFV 感染可诱导 ST 细胞自噬，并促进完整的自噬过程。可见自噬调控可被用于治疗和预防病毒引起的疾病。根据 BVDV 对细胞的作用被分成 NCP 和 CP 生物型。持续感染与 NCP BVDV 感染有关，而 CP BVDV 感染与黏膜病有关。本研究中 CP 和 NCP 型 BVDV 均可诱导自噬，自噬对持续性感染或者黏膜病的发生是否存在作用需要进一步研究，也为 BVDV 致病机制的研究提供了新思路。

5)小结

本研究通过透射电镜、激光共聚焦显微镜观察和 Western - Blot 证明 CP 和 NCP 型 BVDV 感染都能够诱导 MDBK 细胞发生自噬,而且能够诱导完全自噬潮。

3. 细胞自噬对 BVDV 复制的影响

1)背景

细胞自噬作为一种溶酶体依赖性的降解途径,同时也是一种机体的防御机制,在抗病毒感染的过程中发挥着重要作用。而病毒也不断进化出多种策略抵抗、逃逸、甚至利用细胞自噬促进自身的增殖。根据目前的研究进展,病毒与细胞自噬的相互作用大致可以归纳成以下四种情况:①细胞自噬抑制病毒增殖。②病毒抑制自噬体的形成。③病毒感染抑制自噬溶酶体的形成。④病毒利用细胞自噬促进自身的增殖。自噬和病毒之间的反应极其复杂,依赖于病毒及宿主细胞类型不同差异较大。自噬机制起重要的抗病毒作用,在体外实验中抑制某些病毒的毒力。例如自噬对 Sindbis 病毒和单纯疱疹病毒 1 型有抗病毒活性。相反,丙肝病毒(HCV)、乙肝病毒和登革热病毒等进化出的增强自噬作用能抑制先天性免疫,增强病毒复制功能。前文研究中已经证实 CP 和 NCP BVDV 均可诱导完全自噬,而且自噬水平上差异不大。但是,BVDV 诱导的自噬对病毒复制的作用尚不清楚,因此本文通过化学药物自噬诱导剂雷帕霉素(RAP)和自噬抑制剂 3 - 甲基腺嘌呤(3 - MA),以及 RNA 干扰技术对自噬关键基因 Beclin1 进行沉默的方法研究自噬对 CP 和 NCP 型 BVDV 复制的影响,为进一步研究其持续性感染的机制奠定基础。

2)方法

主要进行 BVDV 感染药物处理和自噬缺陷型 MDBK 细胞后对细胞自噬和病毒增殖的影响。

3)结果

(1)BVDV 感染药物处理的 MDBK 细胞自噬效果鉴定

为评价细胞自噬对 BVDV 复制的影响,用 RAP 诱导 MDBK 细胞自噬,用 3 - MA 阻断 MDBK 细胞自噬,同时用 BVDV 感染上述药物处理的细胞,首先评价 RAP 诱导或者 3 - MA 阻断 MDBK 细胞自噬效果。Western - Blot 结果表明 RAP 处理组与对照组相比明显增强了 LC3B - Ⅱ蛋白($p<0.01$)和 BVDV E2 蛋白的表达($p<0.05$)。而3 - MA处理组与对照组相比抑制了 LC3B - Ⅱ蛋白和 BVDV E2 蛋白的表达($p<0.05$),可见 RAP 明显诱导了 MDBK 细胞自噬,3 - MA 明显阻断了 MDBK 细胞自噬。

(2)BVDV 感染对自噬缺陷型 MDBK 细胞自噬的影响

为进一步评价细胞自噬对 BVDV 复制的影响,用 BVDV 感染 shRNA - MDBK 细胞和

Control - MDBK 细胞，在感染后 72 h 检测自噬的变化，结果表明感染 shRNA - MDBK 细胞组与 Control - MDBK 细胞相比，Beclin1 蛋白、LC3B - Ⅱ蛋白和 BVDV E2 蛋白明显受到抑制，见图 7 - 21。这表明 Beclin1 缺陷型 MDBK 细胞在 BVDV 感染过程中，能够使细胞自噬功能也受到明显抑制。

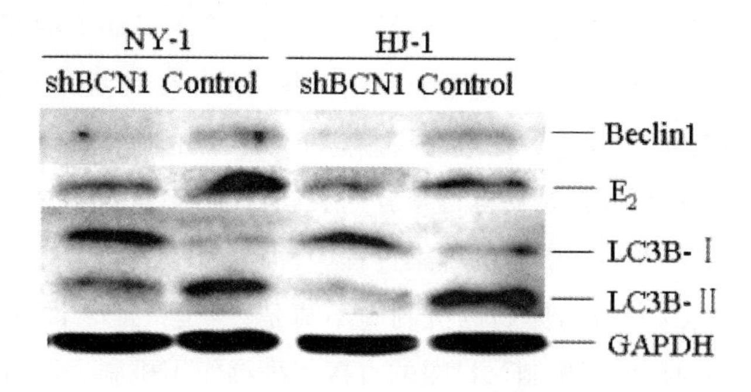

图 7 - 21　BVDV 感染对自噬缺陷型 MDBK 细胞自噬影响

(3)药物干扰自噬对 BVDV 复制影响

在 NY - 1 和 HJ - 1 感染的 RAP 处理的 MDBK 细胞中，病毒滴度分别是 $10^{6.67 \pm 0.14}$ 和 $10^{6.58 \pm 0.14}$ $TCID_{50}$/0. 1 mL，而在对照组细胞中病毒滴度分别是 $10^{5.33 \pm 0.38}$ 和 $10^{5.42 \pm 0.52}$ $TCID_{50}$/0. 1 mL。实验组比对照组病毒滴度分别高了 21. 5 和 14. 7($p < 0.05$)。同时，BVDV 的 RNA 定量结果表明 RAP 处理组与对照组相比，NY - 1 和 HJ - 1 的 RNA 水平分别升高了 2. 0 和 1. 6 倍。在 NY - 1 和 HJ - 1 感染的 3 - MA 处理的 MDBK 细胞中，病毒滴度分别是 $10^{4.28 \pm 0.3}$ 和 $10^{4.5 \pm 0.5}$ TCID50/0. 1 mL，实验组比对照组病毒滴度分别下降了 8. 3 和 11. 2 倍($p < 0.05$)。同时，BVDV 的 RNA 定量结果表明 3 - MA 处理组与对照组相比，NY - 1 和 HJ - 1 的 RNA 水平分别下降了 1. 5 和 6 倍($p < 0.05$)。以上结果表明在一定程度上 RAP 诱导自噬促进了 BVDV NY - 1 和 HJ - 1 的复制，3 - MA 阻断自噬抑制了 BVDV NY - 1 和 HJ - 1 复制。

(4)自噬相关基因沉默对 BVDV 复制影响

Beclin 1 是自噬体形成的重要信号分子，为进一步证实自噬促进 BVDV NY - 1 和 HJ - 1的复制，将 BVDV NY - 1 和 HJ - 1 感染自噬基因 Beclin 1 缺陷型 MDBK 细胞 shBCN1 - MDBK 和对照细胞，结果表明 BVDV NY - 1 和 HJ - 1 的病毒滴度在感染 shBCN1 - MDBK 细胞组分别是 $10^{4.19 \pm 0.14}$ 和 $10^{4.08 \pm 0.51}$ $TCID_{50}$/0. 1mL，在感染 control - MDBK 细胞组分别为 $10^{5.33 \pm 0.38}$ 和 $10^{5.44 \pm 0.27}$ TCID50/0. 1mL，自噬缺陷细胞组与对照组相比病毒滴度明显下降 13. 8 和 22. 9 倍($p < 0.05$)。同时，病毒 RNA 水平下降了 2. 1 和 9 倍($p < 0.05$)。

4）讨论

一些研究结果表明多种正链 RNA 病毒包括脊髓灰质炎病毒、冠状病毒、登革热病毒和丙肝病毒都能够诱导自噬增强病毒复制。数百万年以来，在病毒与他们的真核宿主共同进化过程中，自噬可能对病毒一直维持着选择压力。因此，不同的病毒发展出了不同的策略来避免或者抑制自噬调控的免疫激活。近来，来自各种病毒的证据表明自噬能在病毒生命周期的几乎所有阶段都能起重要作用。我们的工作表明 NCP 和 CP BVDV 诱导的自噬能够促进病毒复制，这也说明自噬机制对于 BVDV 的有效感染起重要作用。

自噬的促病毒作用可能是黄病毒科家族的共同特征，比如 HCV 病毒、登革热病毒和日本乙型脑炎病毒等。在这些病毒的感染过程中，抑制自噬减少了感染性的病毒粒子的产生。尽管他们利用的专门的促病毒机制尚不清楚，但是一般来说促病毒机制分为两种：直接作用机制和间接作用机制。自噬的直接促病毒作用机制表明自噬和病毒成分进行生理学反应使病毒获益。另外，某些病毒能诱导自噬进程通过修改细胞的生理学过程间接支持感染。

5）小结

本研究结果表明 BVDV 感染 MDBK 细胞诱导的完全自噬促进了病毒的复制，在 CP 和 NCP BVDV 之间无明显差别。

4. BVDV 与自噬互作机制研究

1）背景

病毒感染细胞后，一方面破坏了宿主细胞的正常功能，另一方面，病毒必须依赖宿主细胞才能存活，在其和宿主细胞的相互博弈中，病毒也进化出许多逃逸机体抗病毒反应的机制。细胞自噬和凋亡与机体的天然免疫紧密联系，他们具有识别、递呈病毒抗原、激活天然免疫反应、清除病毒的作用，另外，病毒也可利用对自噬和凋亡的调控逃逸机体的抗病毒作用，维持自身的存活和复制。自噬和先天性免疫受体信号在抗病毒先天性免疫中相互受益。在病原感染期间，伴随着其他先天性免疫反应的激活，自噬诱导出现在防御第一线。

病毒感染细胞的凋亡性死亡可以限制病毒复制和繁殖，而自噬可以通过阻止凋亡促进细胞存活进而促进了病毒存活。自噬在先天性免疫信号中的第一个作用是由 Lee 等所报道，不同病毒染宿主调控 IFN－I 合成的结果差异较大。众所周知，IFN－I 是先天性免疫中的重要抗病毒防御细胞因子，IFN－I 合成上调可以抑制病毒增殖，相反 IFN－I 合成下调导致免疫抑制。BVDV 建立持续性感染过程中抑制 IFN－I 合成是主要机制之一，而 BVDV 对 IFN－I 的调控机制尚不清楚，因此，本研究拟通过 MTS 检测细胞活力、流式细胞检测技术检测细胞凋亡、RT－qPCR 技术检测 IFN－I 主要信号分子等方法评价在自噬缺陷细胞中 BVDV 感染对细胞自噬、细胞凋亡与宿主细胞活力之间的内在联系。

2)方法

(1)引物设计

IFN－α 和 IFN－β 属于 I 型干扰素(IFN－Ⅰ),能够到所有的上皮细胞中表达,具有重要的抗病毒作用。Mx1 和 OAS1 蛋白分别是 IFN－α 和 IFN－β 调控的下游分子,与 IFN－α 和 IFN－β 的表达具有正相关性,因此本研究使用 Mx1 和 OAS1 基因的表达变化指示 IFN－Ⅰ的表达变化。因此,本研究选择 GAPDH 为内参基因,通过荧光定量 PCR 对 IFN－Ⅰ的表达进行相对定量。根据文献报道合成 GAPDH 、IFN－α、IFN－β、Mx1 和 OAS1 基因的荧光定量 PCR 检测引物,见表 7－2。从而评价 BVDV 诱导的自噬对宿主存活的影响,BVDV 感染自噬缺陷型 MDBK 细胞对细胞凋亡和 IFN－Ⅰ的影响。

表 7－2 本研究使用的引物序列

Name		Sequence 5′－3′	Length	Reference
GAPDH	F	ATGATTCCACCCACGGCAA	122 bp	(YAMANE D et al., 2008)
	R	ATCACCCCACTTGATGTTGGC		
Mx1	F	ATCTTTCAACACCTGACCGCG	88 bp	
	R	GGAGCACGAAGAACTGGATGAT		
OAS1	F	AGCCATCGACATCATCTGCAC	83 bp	
	R	CCACCCTTCACAACTTTGGAC		
IFNA1	F	GTGAGGAAATACTTCCACAGACTCACT	108 bp	VALARCHER J F et al.,2003)
	R	TGAGGAAGAGAAGGCTCTCATGA		
IFNB1	F	CCTGTGCCTGATTTCATCATGA	97 bp	
	R	GCAAGCTGTAGCTCCTGGAAAG		

3)结果

(1) BVDV 诱导的自噬对宿主存活的影响

为了评估细胞自噬在 BVDV 感染宿主细胞后对细胞存活的功能,用 MTS 检测 BVDV 感染对自噬缺陷细胞(shBCN1－MDBK)和对照细胞(control－MDBK)的活力影响情况(图7－22)。结果表明 BVDV HJ－1 感染后 48 h,2 种细胞活力都明显下降;感染后72 h,自噬缺陷细胞和对照细胞的细胞活力分别是 75.29% ±8.11% 和 55.84% ± 9.99%;与对照细胞相比,在病毒感染后 72 和 96h,自噬缺陷细胞的活力下降非常显著($p<0.05$)。然而 BVDV NY－1 感染对 2 种细胞活力下降不明显,具体表现在感染后 72h,自噬缺陷细胞和对照细胞的细胞活力分别是 92.99% ±4.42% 和 79.75% ±6.11%,且活力下降不存

在显著差异($p>0.05$);感染后 96 h 也表现类似趋势($p>0.05$)。因此,以上结果都表明 BVDV 感染诱导的细胞自噬直接促进细胞存活。

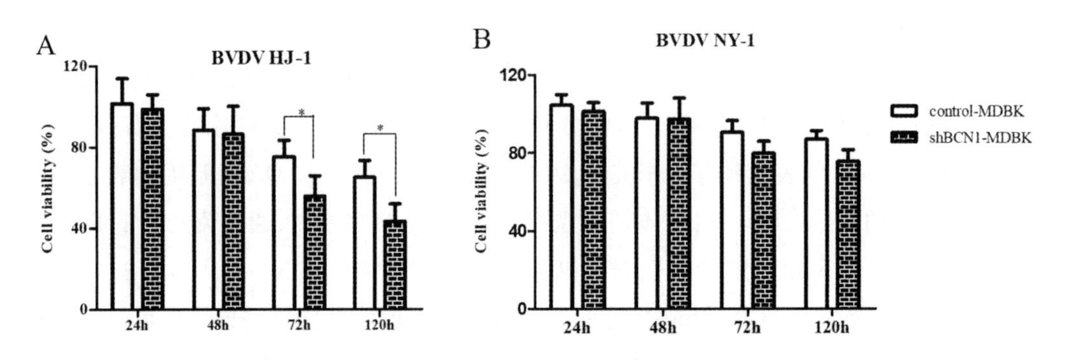

图 7-22 BVDV 感染自噬缺陷型细胞活力测定结果

A. BVDV HJ-1 感染组细胞活力分析结果;B. BVDV NY-1 感染组细胞活力分析结果

(2)BVDV 诱导的自噬对细胞凋亡的影响

前人研究结果表明 CP 型 BVDV 感染能诱导细胞凋亡,本研究中 BVDV 诱导的自噬促进了细胞存活,或许是自噬抑制细胞凋亡的结果。因此我们进一步用 Annexin V - FITC 凋亡检测试剂盒研究了 BVDV 诱导的细胞自噬对细胞凋亡的影响。图 7-23 显示了 BVDV HJ-1 和 NY-1 感染对自噬缺陷细胞(shBCN1-MDBK)和对照细胞(control-MDBK)的凋亡水平影响情况。感染 BVDV HJ-1 的自噬缺陷细胞的总凋亡细胞百分率在感染 48 h 后明显开始上升,在 96 h 的时候,自噬缺陷细胞的总凋亡细胞百分率是 30.77% ±1.19%,而对照细胞组是 11.11% ±5.3%(图 7-23A)。自噬缺陷细胞和对照细胞感染 BVDV HJ-1 后 72 h 和 96 h,自噬缺陷细胞的凋亡百分率明显高于对照细胞($p<0.01$),表明自噬抑制 CP BVDV 感染的宿主细胞的凋亡,对促进了宿主细胞的存活是非常重要的。然而,BVDV NY-1 感染自噬缺陷细胞和对照细胞后,细胞凋亡百分率没有显著差别($p>0.05$)(图 7-23B)。

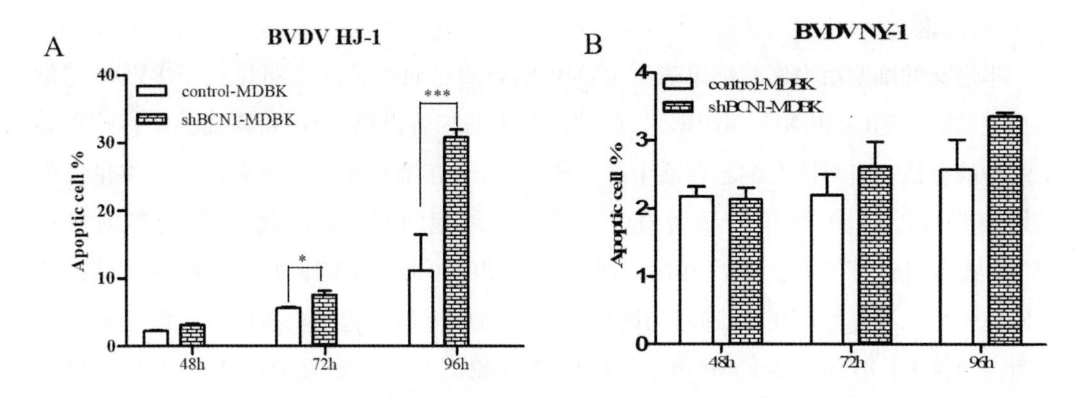

图 7－23 BVDV 感染自噬缺陷型细胞凋亡检测结果

A. BVDV HJ－1 感染后不同时间点细胞凋亡分析结果；B. BVDV NY－1 感染后不同时间点细胞凋亡分析结果

(3)BVDV 诱导的自噬对 IFN－Ⅰ信号 mRNA 水平的影响

本论文首先研究 CP 和 NCP 型 BVDV 感染对 MDBK 细胞中干扰素信号的影响。结果表明，CP 型 BVDV 上调了 IFN－β、OAS－1、IFN－α 和 Mx1 的 mRNA 表达，而 NCP 型 BVDV 下调这些基因的表达。因此，接下来研究是否 BVDV 感染过程中自噬关键蛋白(BCN1)沉默调控 IFN－I 信号通路。自噬缺陷细胞(shBCN1－MDBK)和对照细胞(control－MDBK)感染 CP 或 NCP 型 BVDV 72 h 后，通过 RT－qPCR 检测 IFN－β、OAS－1、IFN－α 和 Mx1 基因的表达变化，证实 BCN1 的敲除是否影响 IFN－I 信号通路。结果表明在 CP 或者 NCP BVDV 感染的自噬缺陷细胞中 IFN－β、OAS－1、IFN－α 和 Mx1 的 mRNA 水平被上调(图 7－24)。

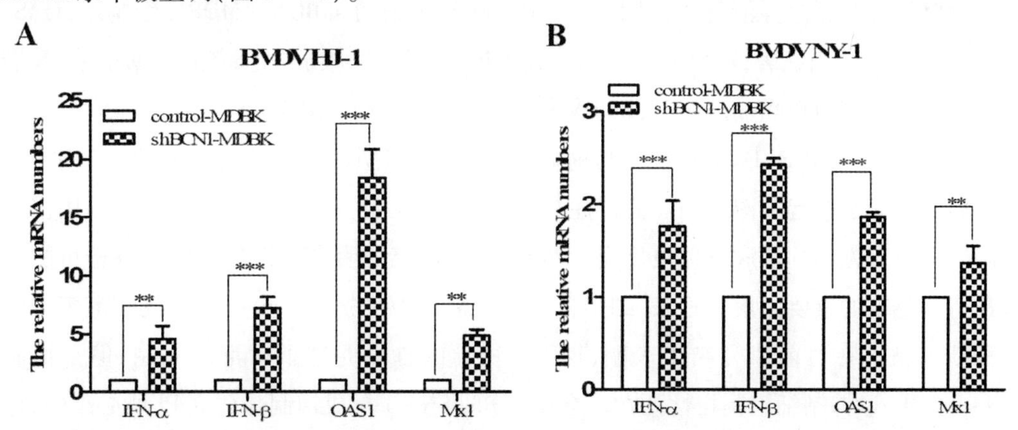

图 7－24 BVDV 感染上调了自噬缺陷型 MDBK 细胞Ⅰ型 IFN mRNA 水平

A. BVDV HJ－1 感染组 RT－qPCR 溶解曲线；B. BVDV NY－1 感染组 RT－qPCR 溶解曲线；C. BVDV HJ－1 感染组Ⅰ型 IFN mRNA 水平分析结果；D. BVDV NY－1 感染组Ⅰ型 IFN mRNA 水平分析结果

4)讨论

本论文的细胞活力实验结果表明 BVDV 感染的对照细胞活力明显高于 BVDV 感染的自噬缺陷细胞(shBCN1 - MDBK)。此结论与先前相关报道一致,自噬能够维持病毒感染细胞的存活。自噬除在细胞存活中起重要作用,且在细胞死亡中也起作用。本论文的结果表明,CP BVDV 感染明显增强了自噬缺陷细胞的凋亡。因此,细胞自噬对维持 BVDV 感染细胞的存活很重要,在病毒诱导应激期间可防止细胞凋亡。自噬可能涉及Ⅱ型细胞死亡和程序性坏死,也通过与凋亡相关蛋白反应与细胞凋亡有联系。细胞死亡相关蛋白包括 FADD、caspases、Nix 和 c - FLIP 能够轮流与自噬相关蛋白 Atg5、GABARAP、Beclin 1 和 Atg3 等反应,这些蛋白调控细胞自噬。抗凋亡蛋白 BCL2 和 BCL - xl 与 Beclin 1 反应抑制自噬。更进一步而言,BCL2 蛋白家族成员以调控自噬、凋亡和坏死而著名。在自噬蛋白缺陷细胞中,HCV 和 A 型流感病毒诱导细胞凋亡,结果表明自噬对宿主细胞存活有促进作用。

在本研究中发现,CP BVDV 感染 MDBK 细胞上调了 IFN - β、OAS - 1、IFN - α 和 Mx1 水平,而 NCP BVDV 感染下调了这些基因的表达。这一结果与以前的研究报道是一致的,CP BVDV 感染一些细胞诱导 IFN - I 合成,而 NCP BVDV 感染巨噬细胞和 MDBK 细胞表现出 IFN - I 合成抑制。然而,当 CP 和 NCP BVDV 感染 Beclin1 基因沉默的 MDBK 细胞时 IFN - I 诱导和信号被增强了。RIG - like 受体(RLR)诱导信号通路必须通过 IRF3,而在 NCP BVDV 感染的细胞中,通过 BVDV Npro 作用,IRF3 典型的被排除了。从以上结果来看,Npro 调控的 NCP BVDV 诱导的阻断 IFN 作用可能由于不恰当的操作自噬所绕过。IFN - α 和 IFN - β 上调可能是 IRF3 不依赖性的结果,例如可能涉及 PKR,尽管这些通路没有被完全弄清楚。特别是在 CP BVDV 感染的 shBCN - MDBK 细胞中,OAS1 的 mRNA 上调相当显著,这可能是一个直接到证据。因此,根据本研究的数据结果,我们打算进一步研究当自噬被破坏时,BVDV 的出现是否排除了 IRF3。

PI 是所有 NCP BVDV 的特征,与他们的毒力、基因型或者抗原特征无关,PI 动物是在本病流行病学中起关键作用。值得注意的是,已经证明一些病毒实际上可以利用多种机制颠覆所有方面的抗病毒免疫反应。然而,一些研究证明先天性免疫反应逃避可能是病毒持续感染的重要因素。近来,细胞自噬已经被认为是先天性免疫系统抗病毒感染的一种新方法。在目前研究结果表明,BVDV 诱导的自噬促进了病毒的复制,但是抑制 IFN - I合成,也抑制细胞凋亡性死亡。众所周知,IFN - I 合成抑制是建立 PI 所必须的,也在逃避先天性免疫反应中起重要作用。因此,BVDV 诱导的自噬也可能在动物 PI 的建立中起关键作用。

5)结论

CP 和 NCP BVDV 均能诱导 MDBK 发生自噬,而且产生完整的自噬潮;细胞自噬能够促进 CP 和 NCP BVDV 的复制,使感染的细胞活力升高,尤其 CP BVDV 比较显著;CP 和 NCP BVDV 使自噬缺陷型 MDBK 细胞凋亡增强,IFN－Ⅰ信号 mRNA 水平上调,细胞活力降低,说明 BVDV 诱导的自噬可以上调病毒增殖,促进细胞存活,逃避宿主天然免疫反应,在 BVDV 持续感染建立方面具有重要作用。

(三)BVDV 非结构蛋白 N^{pro} 通过负调控 ELF4 拮抗Ⅰ型干扰素表达的作用机制

1. 背景

BVDV 是黄病毒科、瘟病毒属的成员,主要引起病牛腹泻、繁殖障碍和严重的急慢性黏膜病等,其主要危害是形成持续性感染牛,引起牛的免疫抑制。目前相关研究尚不能完全解释其免疫抑制机理。I 型干扰素是机体建立抗病毒状态阻止病毒在宿主细胞内复制的关键因子。游富平等研究发现,E74 样 ETS 转录因子 4(E74 Like ETS Transcription Factor 4,ELF4)通过直接调节 I 型 IFNs 反应来抑制病毒的复制。我们推测 BVDV 感染牛后机体也可能通过 ELF4 介导的 I 型 IFNs 反应抑制病毒的复制。据报道,NCP 型 BVDV 感染巨噬细胞不产生 I 型干扰素,BVDV 非结构蛋白 N^{pro} 介导靶向 IRF3 的泛素化蛋白酶体降解,抑制了 I 型干扰素产生。我们推测 BVDV 感染后其 N^{pro} 蛋白可能通过降解 ELF4 拮抗其介导的 I 型 IFNs 反应。

本研究目的在于探究 BVDV 感染牛后机体是否可以通过 ELF4 介导的 I 型 IFNs 反应抑制病毒的复制,BVDV 感染后其 N^{pro} 是否拮抗 ELF4 进而拮抗其介导的 I 型 IFNs 反应。为深入了解机体感染 BVDV 后的抗病毒机制及免疫逃逸机制,建立有效的免疫防控措施提供了理论依据。

2. 研究方法

首先,通过过表达 BoELF4,研究其是否可以促进 HuIFNβ 和 BoIFNβ3 启动子的激活。利用 shRNA 敲低 MDBK 细胞内的 ELF4 基因表达,通过报告基因检测和 qRT－PCR 技术分析 BoIFNβ3 和 ISGl5 的表达水平。

随后,过表达 BoELF4 不同结构域缺失质粒,并加入病毒刺激,从而分析二聚体形成的关键结合位点,及其在促进 I 型干扰素产生过程中起关键作用。

然后,应用 BVDV 感染 MDBK 细胞、小鼠 iBMDM 细胞、小鼠腹腔巨噬细胞以及 $ELF4^{-/-}$ 小鼠模型,检测 BVDV 感染是否可以激活 HuIFNβ 和 BoIFNβ3 启动子活性。在 BVDV 感染 MDBK 后应用 qRT－PCR 方法检测不同时间点 ELF4 上下游转录因子转录水平的变化。从而分析 BVDV 感染过程中 BoELF4 对 I 型 IFN 表达的调控作用。

最后，构建 BVDV 的 N^{pro} 基因真核表达质粒 Pcmv7.1 – N^{pro}，将其转染 293T 及 MDBK 细胞，利用 qRT – PCR 和 Western Blot 检测 N^{pro} 是否通过蛋白酶体途径降解 ELF4，分析细胞内 IFNβ3 和 ISG15 的转录水平。

3. 结果

(1) BoELF4 对 HuIFN – β 启动子激活活性的影响

首先，转染 HuIFNβ – luc 质粒和 pRL – TK 内参质粒以及不同剂量 BoELF4 质粒到 293T 细胞，检测其荧光素酶报告基因活性。结果显示，转染 BoELF4 质粒组可激活 HuIFNβ – luc，且随着 BoELF4 剂量的增大 HuIFNβ – luc 激活活性越强，转染 BoELF4 不能激活 HuIFNα4 – luc 活性，具体结果见图 7 – 25。

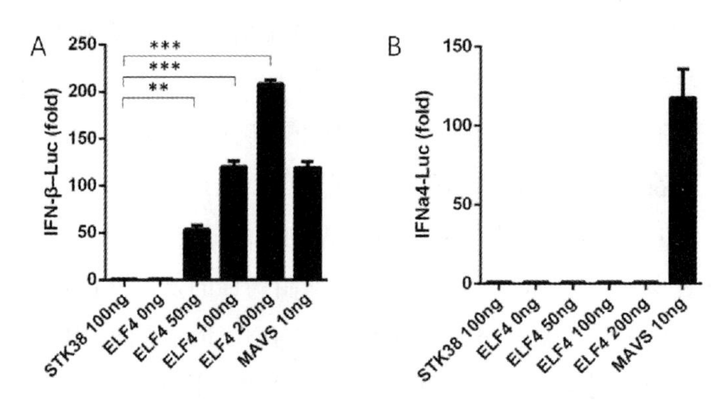

图 7 – 25　BoELF4 对 HuIFNβ – luc、HuIFNα4 – luc 激活活性的影响
A. BoELF4 对 HuIFNβ – luc 激活活性的影响；B. BoELF4 对 HuIFNα4 – luc 激活活性的影响

然后，转染 HuISRE – luc 质粒和 pRL – TK 内参质粒以及不同剂量 BoELF4 质粒到 293T 细胞，检测其荧光素酶报告基因活性。结果显示，转染 BoELF4 组可激活诱导产生 I 型 IFN 使 ISRE 干扰素激活反应元件激活，且其激活活性呈 BoELF4 剂量依赖性增强，具体结果见图 7 – 26。通过对可稳定表达 ISRE 荧光素酶报告基因的 2FTGH 细胞检测 I 型 IFN 的生物学活性，结果显示，BoELF4 可诱导产生 I 型 IFN 进而使 2FTGH – ISRE 细胞的 ISRE 荧光素酶活性激活，且其激活活性呈 BoELF4 剂量依赖性增强，具体结果见图 7 – 27。

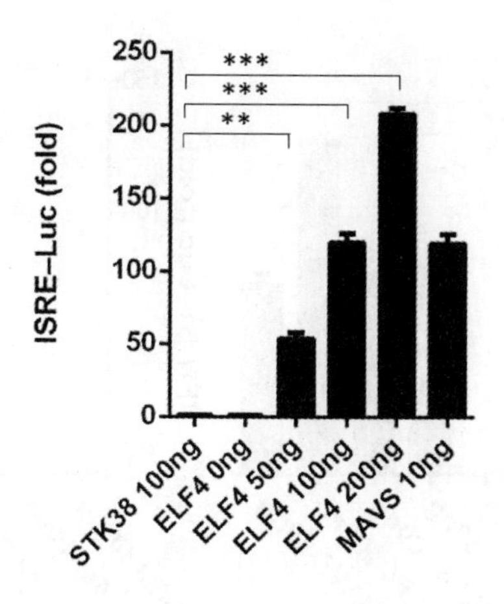

图 7－26　转染 BoELF4 对 HuISRE－luc 激活活性的影响

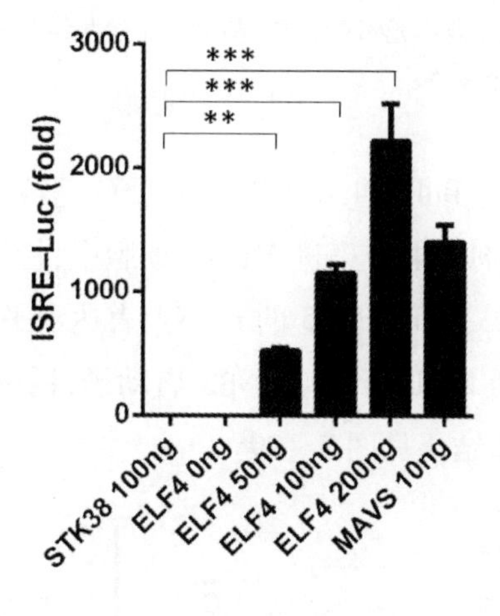

图 7－27　转染 BoELF4 后上清处理 2FTGH－ ISRE 激活活性的检测

（2）BoELF4 对 BoIFN－β3 启动子激活活性的影响

转染 BoIFN－β3－luc 质粒以及转染不同剂量 BoELF4 质粒的细胞，检测其荧光素酶报告基因活性。结果显示，转染 BoELF4 组可激活 BoIFN－β3，且 BoIFN－β3 激活活性呈 BoELF4 剂量依赖性增强，BoELF4 不能激活 BoIFN－β1 活性，具体结果见图 7－28。

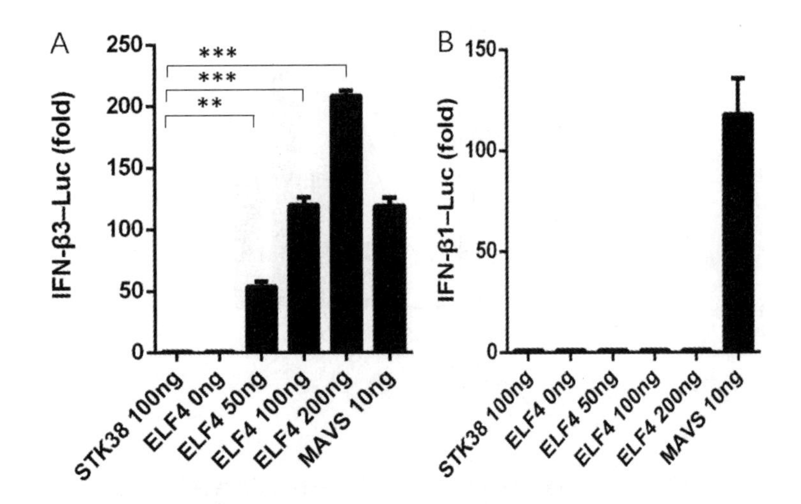

图 7－28　BoELF4 与 BoIFNβ3－luc、BoIFNβ1－luc 共转染萤光素酶报告基因活性检测结果

A. BoELF4 与 BoIFNβ3－luc 共转染萤光素酶报告基因活性检测结果；B. BoELF4 与 BoIFNβ1－luc 共转染萤光素酶报告基因活性检测结果

（3）MDBK 细胞中过表达 BoELF4 对 IFNβ3 及 ISG15 转录水平的影响

将 BoELF4 质粒以不同剂量电转染进 MDBK 细胞中，检测 BoIFNβ3 及 BoISG15 的转录水平。结果显示，BoIFNβ3 及 BoISG15 的 mRNA 表达水平随 BoELF4 转染剂量的增加而提高，表明 BoELF4 可激活 MDBK 细胞 IFNβ3 启动子，诱导产生 IFNβ3，进而转录翻译抗病毒活性蛋白 ISG15，具体结果见图 7－29。

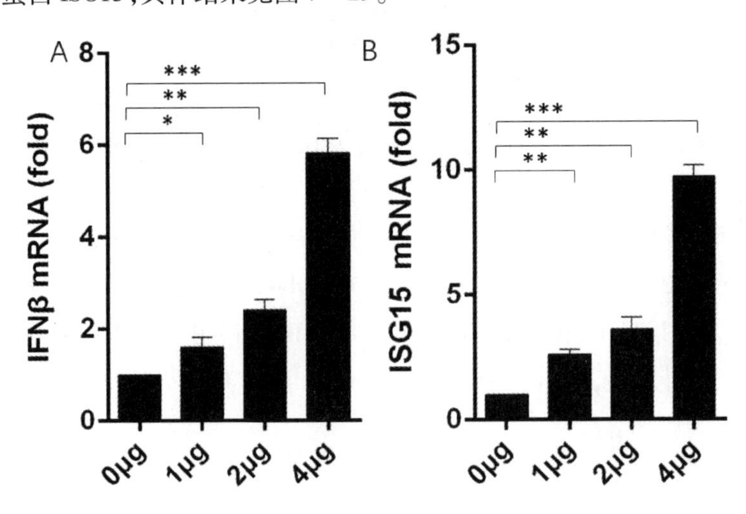

图 7－29　BoELF4 在 MDBK 细胞过表达 IFNβ3 和 ISG15 的转录水平的影响

A. BoELF4 在 MDBK 细胞过表达 IFNβ3 的转录水平的影响；B. BoELF4 在 MDBK 细胞过表达 ISG15 的转录水平的影响

(4)靶向 BoELF4 基因 shRNA 重组质粒对 BoELF4 及其下游分子表达的影响

将构建的 shRNA 质粒与 BoELF4 质粒以及 BoIFNβ3 - luc 质粒共转染 293T 细胞,检测其萤光素酶报告基因活性以及 BoELF4 质粒的蛋白表达。结果显示,转染 sh - 2 及 sh - 3组可抑制 BoELF4 对 BoIFNβ3 - luc 的激活及 BoELF4 质粒的表达,具体结果见图 7 - 30和图 7 - 31。

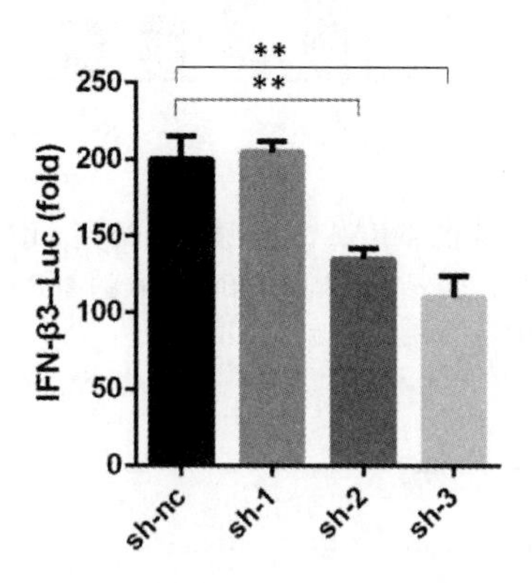

图 7 - 30　3 组 shRNA 对 BoELF4 质粒激活 BoIFNβ3 - luc 的影响

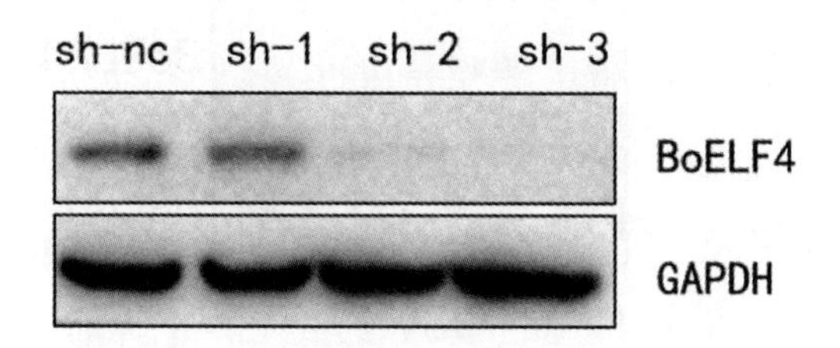

图 7 - 31　shRNA 对 BoELF4 质粒表达的影响

将构建的 shRNA 质粒电击转染至 MDBK 细胞,加入病毒 VSV 刺激,检测其 BoELF4、BoIFNβ3 及 BoISG15 的转录水平变化。结果显示,转入 shRNA 质粒后 sh - 2 和 sh - 3 号组 BoELF4 的 mRNA 表达被抑制,IFNβ3 以及 ISG15 的 mRNA 水平也减少,具体结果见图 7 - 32。sh - 2 和 sh - 3 号组抑制了 BoELF4 的 mRNA 表达,同时,BoELF4 蛋白表达也显著减少,具体结果见图 7 - 33。

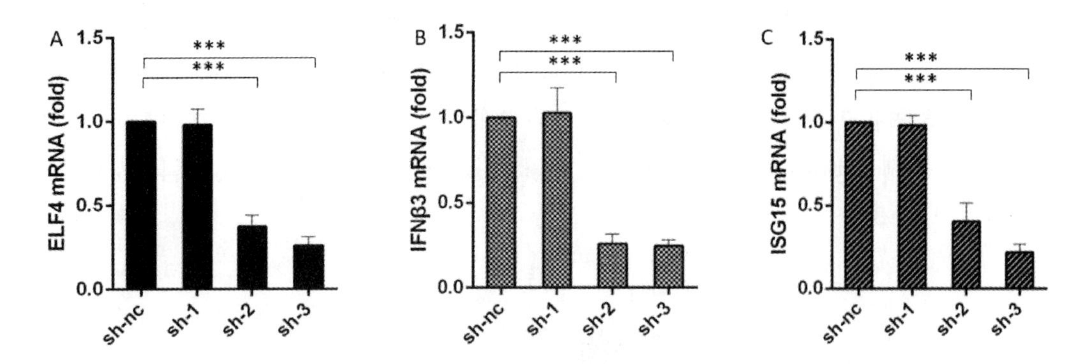

图 7－32　BoELF4 的 shRNA 对内源 IFN 相关 mRNA 转录的影响

A. BoELF4 的 shRNA 对 ELF4 mRNA 转录的影响；B. BoELF4 的 shRNA 对 IFNβ3 mRNA 转录的影响；C. BoELF4 的 shRNA 对 ISG15 mRNA 转录的影响

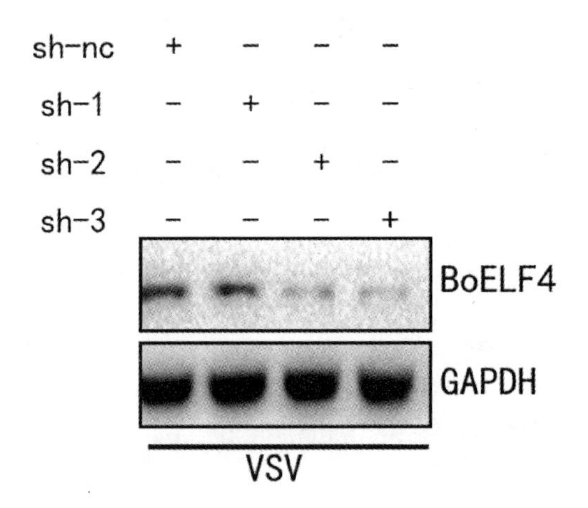

图 7－33　shRNA 对内源 BoELF4 表达的影响

(5)BoELF4 不同结构域缺失对其功能的影响

根据网站 http://elm.eu.org/及文献预测的 BoELF4 不同功能域，构建了相应缺失体质粒，检测其对 BoIFNβ3－luc 荧光素酶报告基因的激活活性。结果显示，BoELF4 的 NLS 结构域（核定位序列）和 ETS 结构域（ETS 家族高度保守的 DNA 结合结构域）在诱导产生 BoIFNβ3 的过程中起重要作用，具体结果见图 7－34。

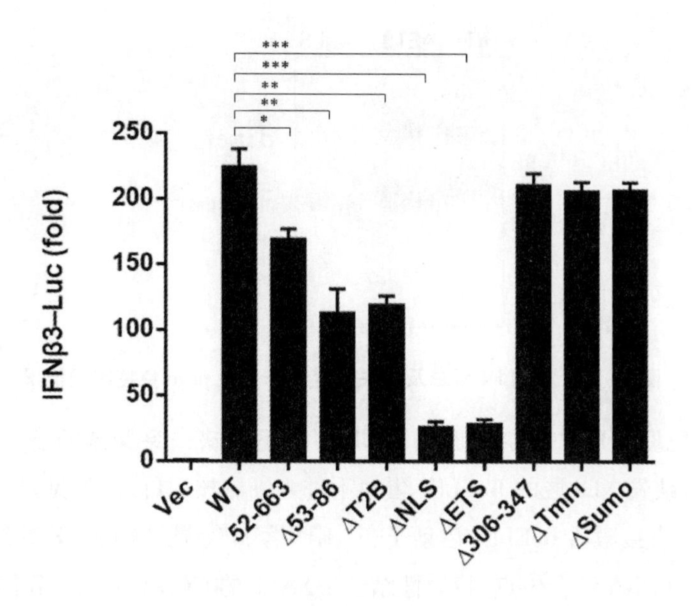

图 7－34　BoELF4 不同功能域对激活 BoIFNβ3 启动子活性的影响

(6)病毒刺激对 BoELF4 亚细胞定位的影响

用 VSV 刺激 293T 细胞后进行核质分离。在病毒刺激后 BoELF4 由细胞质向细胞核迁移且量增多,具体结果见图 7－35。Native－PAGE 免疫印记结果显示,BoELF4 可形成二聚体,缺失 NLS 区的 BoELF4 无法形成二聚体而入核发挥作用,具体结果见图 7－36。

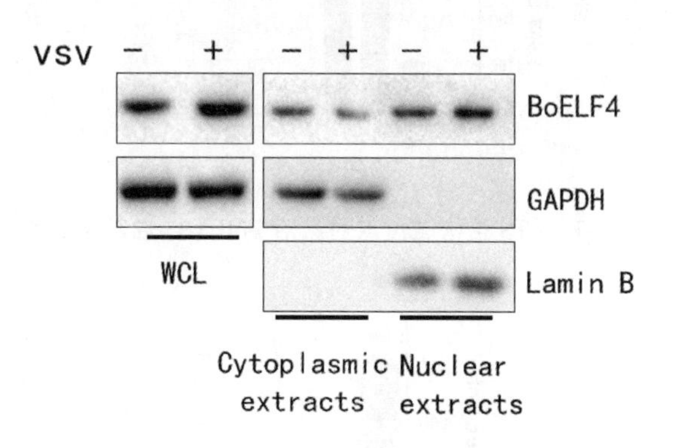

图 7－35　病毒刺激后 293T 核质分离结果

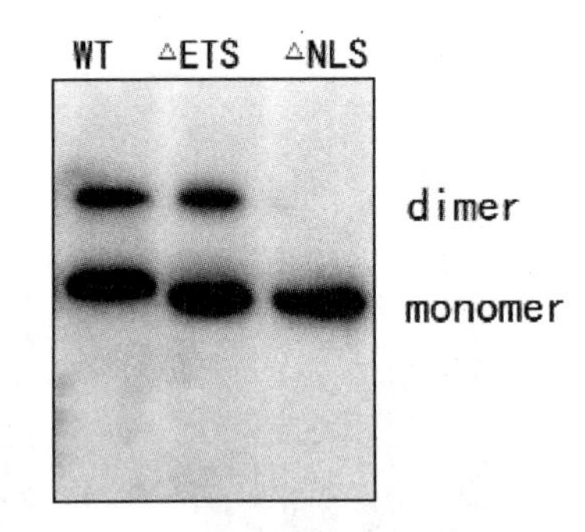

图7－36 BoELF4蛋白及缺失突变体非变性page免疫印记结果

通过间接免疫荧光对病毒刺激后BoELF4的不同缺失突变体的表达进行亚细胞定位。结果显示，缺失NLS区的BoELF4蛋白不进入细胞核，具体结果见附图7－3。

对BoELF4直接激活BoELF4启动子，其ETS家族特异结构域（ETS结构域）中的两个精氨酸位点为DNA结合位点，特异性结合DNA上的GGAA位点。我们将其精氨酸位点突变为丙氨酸。结果显示，ETS结构域的RR突变为AA后其激活IFNB3启动子活性消失。我们对BoIFNβ3启动子上的三个GGAA位点进行突变，具体结果见图7－37。此外，两个GGAA突变后BoELF4激活BoIFNβ3启动子的能力丧失，具体结果见图7－38。

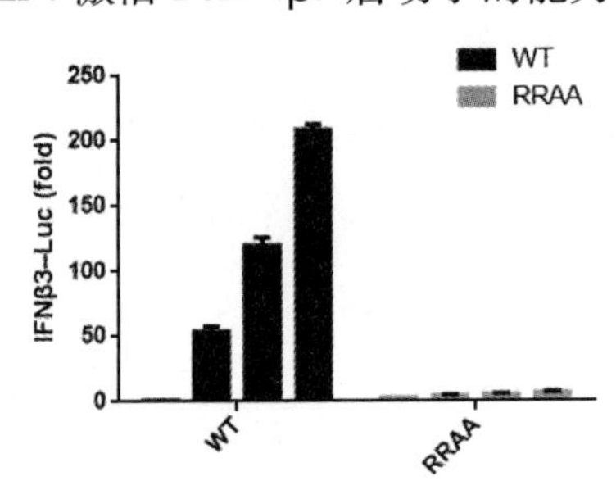

图7－37 ETS结构域位点对激活BoIFNβ3启动子的影响

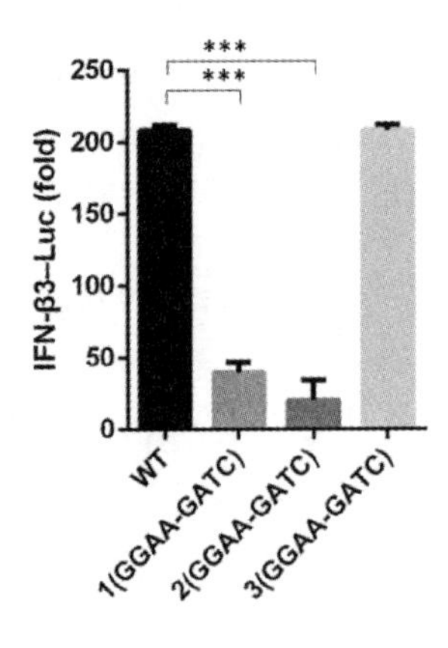

图7－38 BoELF4在BoIFNβ3启动子上的结合位点

(7)N^{pro}对 BoELF4 激活 BoIFNβ3 启动子的影响

将构建的两个 N^{pro}－CP、N^{pro}－NCP 质粒分别以不同剂量与 BoELF4 共转染 293T 细胞,检测 BoIFNβ3 启动子激活活性。结果显示,N^{pro}－CP 和 N^{pro}－NCP 均可呈剂量依赖性的阻断 BoELF4 激活 BoIFNβ3 启动子,具体结果见图 7－39。

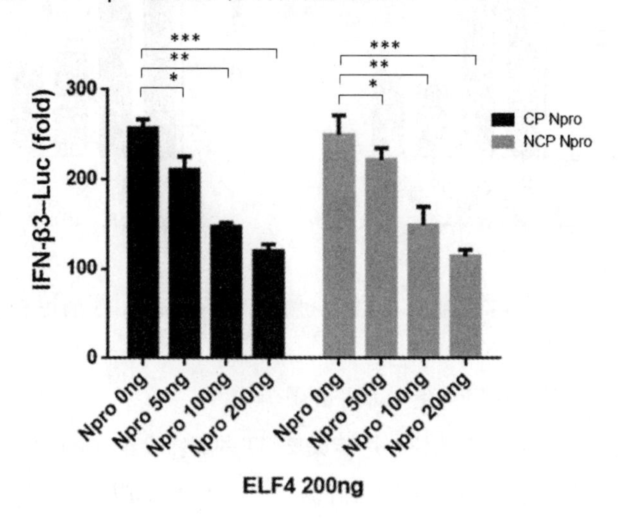

图 7－39　N^{pro}－CP、N^{pro}－NCP 对 BoELF4 激活 BoIFNβ3－luc 的影响

(8)N^{pro}对 BoELF4 诱导 I 型 IFN 产生的影响

分别转染等量 BoELF4 和 HuISRE－luc 质粒,以及转染不同剂量 N^{pro}质粒至 293T 细胞,检测其荧光素酶报告基因活性。结果显示,N^{pro}可呈剂量依赖性的抑制 BoELF4 诱导产生 I 型 IFN,ISRE 干扰素激活反应元件被激活,具体结果见图 7－40。

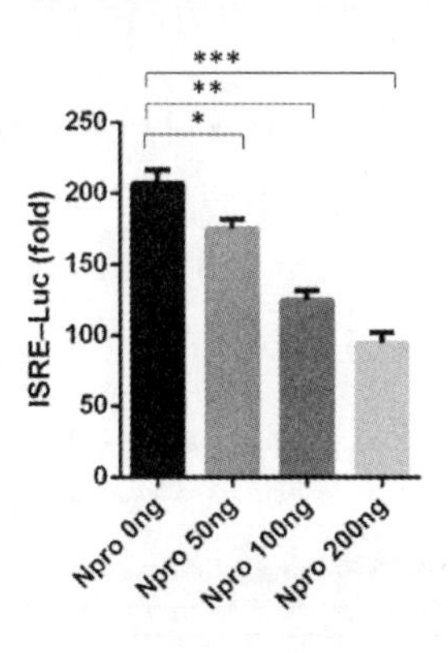

图 7－40　N^{pro}对 BoELF4 激活 HuISRE－luc 活性的影响

将等量 BoELF4 质粒和不同量 N^{pro}质粒电转染进 MDBK 细胞中,对 BoIFNβ3 及 BoISG15 的转录水平进行检测。结果显示,随着 N^{pro}转染量的剂量的减少,BoIFNβ3 及

BoISG15 的 mRNA 水平也减少,具体结果见图 7 - 41。

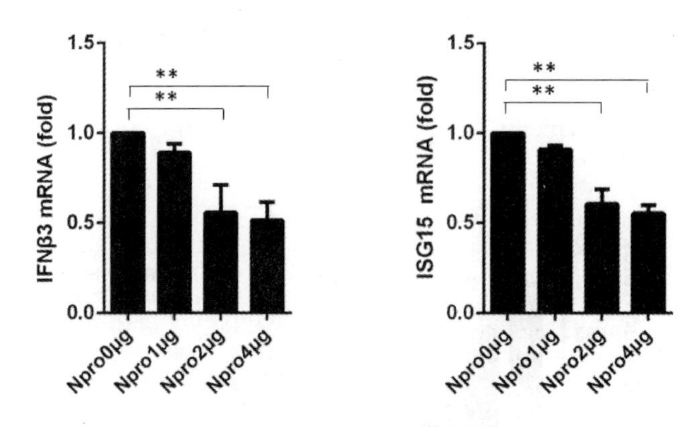

图 7 - 41　N^{pro}在 MDBK 细胞对 BoELF4 过表达 IFNβ3 和 ISG15 的转录水平的影响

(9)转染 N^{pro}质粒对 BoELF4 蛋白水平的影响

分别将 N^{pro}与 BoELF4 和 BoIRF3 共转染 293T 细胞,收细胞,选择 flag 标签抗体进行 Western Blot 实验。结果显示,N^{pro}蛋白可降解 BoIRF3 和 BoELF4,具体结果见图 7 - 42。

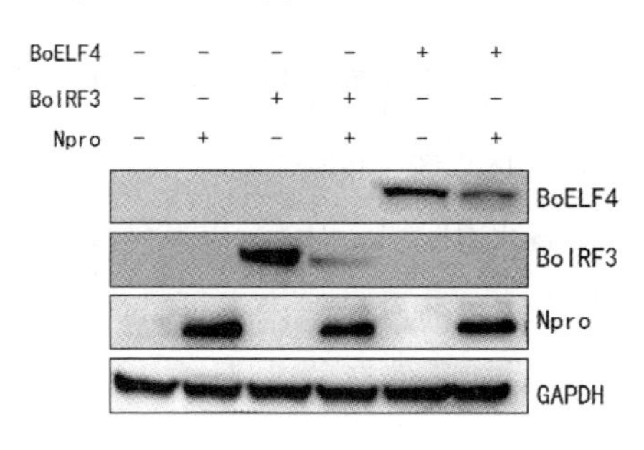

图 7 - 42　N^{pro}对 BoELF4 蛋白的影响

转染等量 BoELF4 及不同剂量 N^{pro}至 293T 细胞,收细胞进行 Western Blot 实验。结果显示,BoELF4 可被 N^{pro}蛋白降解,且呈 N^{pro}剂量依赖性减少,具体结果见图 7 - 43。

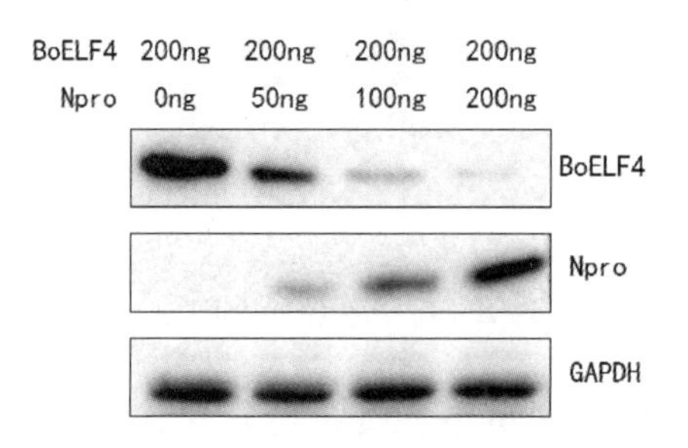

图 7 - 43　N^{pro}对 BoELF4 蛋白表达的影响

在 293T 细胞中转染 N^{pro} 质粒，然后加 HSV、SeV、VSV 病毒刺激，通过非变性 Page 免疫印记进行检测。结果显示，转染 N^{pro} 质粒对病毒刺激产生的 ELF4 单体及二聚体具有降解作用，具体结果见图 7－44。同样在 MDBK 转染 N^{pro} 质粒，然后加 BVDV－CP、BPIV、IBRV 病毒刺激后 N^{pro} 对病毒刺激产生的 BoELF4 单体及二聚体具有降解作用，具体结果见图 7－45。

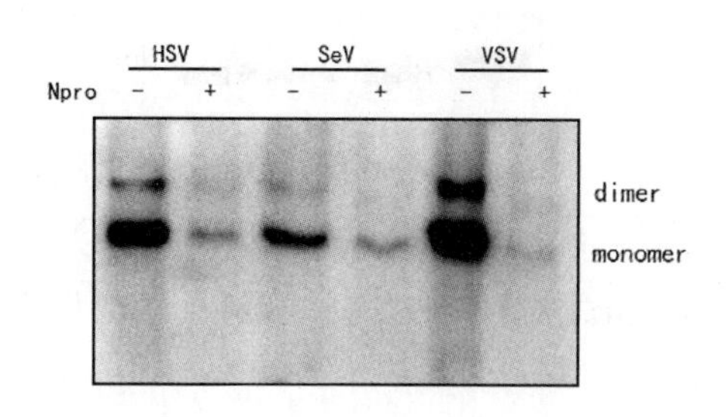

图 7－44 N^{pro} 对 HuELF4 单体及二聚体的影响

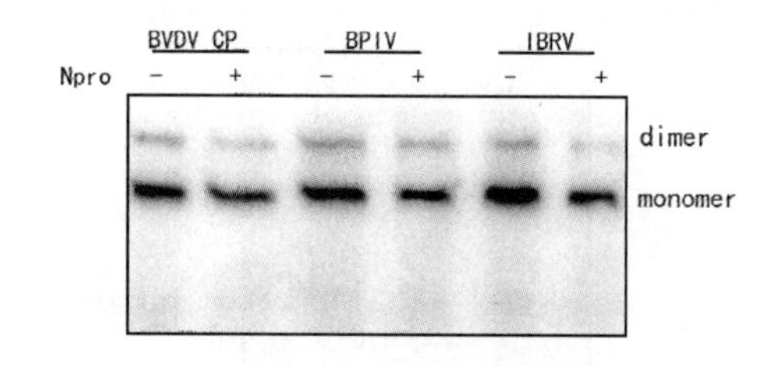

图 7－45 N^{pro} 对 BoELF4 单体及二聚体的影响

（10）蛋白酶体抑制剂对 N^{pro} 蛋白介导降解 BoELF4 蛋白的影响

在 293T 细胞中共转染 BoELF4 和 N^{pro}，分别用 10 mmol/L 溶酶体途径蛋白降解抑制剂以及 25 μM 泛素化途径蛋白降解抑制剂 MG132 来抑制 N^{pro} 的降解作用。加入 MG132 组 N^{pro} 的降解作用明显减弱，而加入 NH4CL 组 N^{pro} 的降解作用未被减弱。表明 N^{pro} 通过泛素化途径降解 BoELF4，具体结果见图 7－46。在 293T 转染 N^{pro} 质粒，然后 VSV 病毒刺激，一组添加 MG132，通过非变性 Page 免疫印记检测。结果显示，N^{pro} 对 ELF4 单体及二聚体具有降解作用可被 MG132 抑制，具体结果见图 7－47。

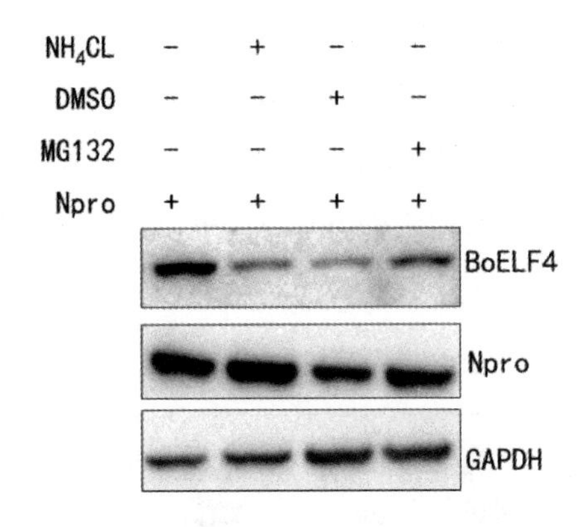

图 7－46　蛋白降解抑制剂对 N^{pro} 降解 BoELF4 作用的影响

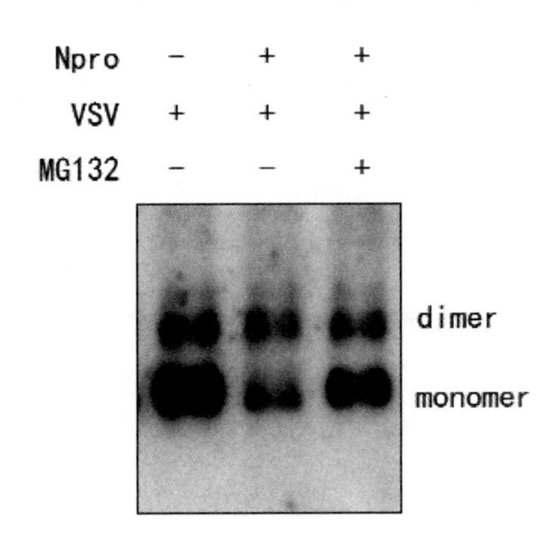

图 7－47　MG132 对 N^{pro} 降解 ELF4 单体及二聚体作用的影响

（11）锌指结构位点对 N^{pro} 蛋白降解 BoELF4 的影响

N^{pro} 的锌指结构位点在降解 IRF3 过程中具有重要作用，我们将 N^{pro} 锌指结构的几个位点进行突变，将 112 位氨基酸由 C 突变为 R，将 134 位氨基酸由 C 突变为 A，将 138 位氨基酸由 C 突变为 A，然后再与 BoELF4 共转染至 293T 细胞，我们发现突变后的 N^{pro} 不能降解 BoELF4。

（12）病毒刺激后 N^{pro} 蛋白及 BoELF4 蛋白的亚细胞定位

通过间接免疫荧光对加毒刺激后 BoELF4 以及 N^{pro} 进行亚细胞定位。结果显示，BoELF4 蛋白加毒刺激后入核，但 N^{pro} 仍分布在整个细胞内，并不向核内迁移，具体结果见附图 7－3。

4. 讨论

BVDV 是黄病毒科、瘟病毒属的成员，主要引起病牛腹泻、繁殖障碍和严重的急慢性黏膜病等，其最严重的危害是形成持续性感染牛并引起牛的免疫抑制，BVDV 在感染机体过程中能够抑制干扰素的生成逃避先天性免疫，来完成自身组装及复制，这种对干扰素生成的抑制可通过多种环节完成，目前相关研究尚不能完全解释其免疫抑制机理。

先天性免疫系统的有效抗病毒应答主要取决于 IFN 的细胞因子家族。干扰素可以诱导显著的抗病毒反应，其也在免疫调节和其他细胞功能如细胞生长中起到重要作用。其中 I 型 IFNs 是机体建立抗病毒状态阻止病毒在宿主细胞内复制的关键成分。2013 年 You 等人研究表明，人 ELF4 调节诱导 I 型干扰素产生，其在病毒感染后转录因子 ELF4 与 STING 交互并由 TBK1 激活导致 ELF4 核易位，与 IFN 启动子的结合诱导 I 型干扰素产生，其 NLS 以及 ETS 结构域分别发挥形成二聚体以及结合启动子的功能。ELF4 参与 TLR、RLR 和 dsDNA 受体的信号传导，对于 TLR3、TLR4、TLR7 和 TLR9 介导的 IFN - β 产生 ELF4 也发挥重要作用。该研究还指出 ELF4 不仅同时参与 TLR、RLR 和 dsDNA 受体介导的信号通路，而且能够激活 MyD88、TRIF、STING 和 MAVS。在此基础上，ELF4 被 TBKl 磷酸化，并转位到细胞核中。随后，ELF4 能够关键性地、显著提高 NF - KB、IRF3 和 IRF7 与不同 I 型 IFNs 启动子的结合效率。还有研究表明把猪 ELF4 在不同的猪细胞系中表达可显著诱导 IFN - β 产生。BoELF4 与 HuELF4 以及 PoELF4 具有很高的同源性，HuELF4 和 PoELF4 都可诱导产生 I 型干扰素，由此推测其具有相似的作用。在本实验中我们检测到 HuIFNβ 和 BoIFNβ3 启动子的激活，以及 ISRE 干扰素应答元件被产生的干扰素激活，表明其能够诱导 I 型干扰素的表达。过表达 BoELF4 可使 BoIFNβ3 和干扰素诱导产生的 BoISG15 转录水平随转染量的增多增高，呈剂量依赖性诱导产生 I 型干扰素，表明 ELF4 正调控 I 型干扰素产生，与 HuELF4 和 PoELF4 在 I 型干扰素信号通路中的作用一致。

2016 年 Yanling 等人在研究猪 ELF4 时采用 siRNA 敲低 ELF4 表达时，发现其 ELF4 的 mRNA 表达量被敲低，并且其 IFNβ 启动子的病毒及双链 DNA 和 RNA 的激活被拮抗。本实验构建的 BoELF4sh - 2 及 BoELF4sh - 3 可抑制 BoELF4 质粒的表达以及病毒刺激后 BoELF4 的表达，293T 细胞中 BoELF4 质粒转录表达明显被抑制，BoIFNβ3 启动子的激活被抑制，表明构建的这两个 shRNA 可发挥敲低作用。在 MDBK 细胞中转染 shRNA 质粒，由于不易转染采用电转染方法，其对 MDBK 细胞的转染效率比阳离子脂质体方法相对较高，但其敲低作用仍相对较弱，病毒刺激后可分析出 BoELF4 被敲低后 BoIFNβ3 和 BoISG15 转录水平降低，表明 BoELF4 的敲低影响病毒诱导 I 型干扰素的产生。此外，在本研究中过表达 BoELF4 不同结构域缺失质粒并加入病毒刺激，通过间接免疫荧光实验发现其 NLS 结构域是 ELF4 进入细胞核的关键结构域，并且通过非变性 PAGE 实验发现 NLS 结构域缺失后不能形成二聚体，结果可表明 BoELF4 在 I 干扰素通路激活后，通过其 NLS 结构域形成二聚体，进入细胞核发挥作用。我们得出的结果与已有的报道的人 ELF4 的 NLS 结构域可相互作用形成二聚体，并在被磷酸化后进入细胞核结合 IFNβ 启动子介导 I 型 IFN 产生的作用一致。

Ets 基因拥有高度保守的同源序列，所有家族成员都含有约 85 个氨基酸的 DNA 结合结构域，称为 Ets 结构域。Ets 蛋白结构域具有 GGAA/T 核心基序的特定嘌呤富集 DNA 序列，并转录调节许多病毒和细胞的基因。Ets 家族可以作为信号转导的上游和下游效应物，其活性直接受磷酸化作用，激活或者抑制相应靶基因。HuELF4 可特异性与 HuIFNβ 启动子上的 GGAA 的位点结合，HuELF4 可特异性与 HuIFNβ 启动子上的 GGAA 的位点结合，BoIFNβ3 与 HuIFNβ 的启动子在 0 到 126 位仅有一个核苷酸差异，BoELF4 均可激活这两个启动子；BoIFNβ3 与 BoIFNβ1 启动子在 GGAA 位点上并未有差异，但 BoELF4 却并不能激活 BoIFNβ1。对 BoIFNβ3 启动子的 GGAA 位点进行突变，我们发现其 -85 及 -61 两个位置的 GGAA 位点可被 BoELF4 激活，表明这两个位点为 BoELF4 结合位点。

2015 年，张辉等研究表明，PCV2 在 ELF4 蛋白过表达细胞系中的复制显著增强，以 siRNA 沉默细胞内源性 ELF4 蛋白表达，干扰病毒复制效率达 85% 以上，表明 PCV2 的复制被显著抑制。这与我们的结果 BoELF4 正调控 I 型干扰素产生，抑制病毒的增殖不相一致，在本研究中与正常的 MDBK 细胞相比，过表达 ELF4 后 BVDV 感染滴度降低，敲低 ELF4 后 BVDV 的滴度明显升高，BoELF4 在 BVDV 感染过程中可抑制病毒复制，但该作者研究表明 PCV2 的 Rep 蛋白是其基因组复制的主要复制酶，由此推测 ELF4 蛋白功能有可能是通过促进 PCV2 的 Rep 蛋白的转录作用来提高 PCV2 复制效率。这与我们得出的 BoELF4 抑制病毒复制的结果不一致。另外，2017 年刘莹等研究表明，在 BPIV3 感染 MDBK 细胞后，ELF4 在感染后 3 h 转录水平升高，随后恢复到感染前的转录水平。Shi 等研究了 PoELF4 对干扰素产生的调控作用，其使用伪狂犬病毒（PRV）和猪生殖和呼吸综合征病毒（PRRSV）分别作为 DNA 病毒和 RNA 病毒的模型，发现 PRV 和 PRRSV 的复制随着 poELF4 过表达而降低，并且随着 poELF4 的增强而增强，这些结果表明，poELF4 是重要的抗病毒宿主限制因子。在本研究中，BVDV 感染 MDBK 后应用 qPCR 方法检测发现不同时间 ELF4 上下游转录因子的转录水平均发生变化，并且随病毒量的增加，ELF4 的转录水平也增加。此外，BVDV、BPIV、IBRV 对小鼠 iBMDM 细胞以及小鼠腹腔巨噬细胞的刺激后，ELF4 敲除组 IFNβ 的 mRNA 表达水平明显低于对照组，以上结果表明在 BVDV 感染过程中 BoELF4 对 I 型 IFN 表达起到正调控作用。这与已报道的研究 ELF4

在病毒感染过程中介导产生 I 型 IFN 的作用一致。

Charleston 等研究表明，在 BVDV 感染初期 IFN 产量增多，随着感染时间的延长，BVDV 载量增多，同时干扰素分泌减弱。本研究发现，BVDV 感染 MDBK 细胞后，随时间的增长 BVDV 病毒开始逐代复制，BoELF4 与 CP 型和 NCP 型 BVDV 的病毒量增减趋势大致相同，病毒复制增殖时 ELF4 的 mRNA 量也随之增加，但 BoIFNβ3 在感染 12 ~ 18h 后开始降低，以上结果可能是由于具有免疫抑制作用的蛋白，如 N^{pro} 和 E0，产量逐渐增加，抑制了 BoIFNβ3 的产生。这表明，在感染早期病毒激活了宿主抗病毒信号，然而在感染后期病毒可能利用宿主细胞产生大量的自身蛋白，从而抑制 I 型 IFN 信号通路的激活。

Han 等证实，小鼠模型可用来研究 BVDV 感染，BVDV 感染后并不致死，但有精神低迷，食欲下降等临床表现，且在其脏器可见病理变化。此外，You 等研究表明，在小鼠模型中 ELF4 的缺失可下调干扰素分泌，导致小鼠对西尼罗河脑炎病毒易感性的增加。在本研究中 BVDV 感染小鼠后未见其死亡，但临床表现出精神沉郁，食欲减退。我们还发现 ELF4 敲除组的 IFNβ 以及 ISG15 变化趋势和对照组相同，但量有所减少，ELF4 是诱导产生 I 型干扰素通路中下游的转录因子，可直接激活 IFNβ 启动子的转录因子还有同被 TBK1 激活的 IRF3 以及被可被 MAVS 激活 NF－κB 和 AP－1，但 ELF4 并不是唯一的激活 I 型干扰素产生的转录因子。由此，我们推测其可能会被其他同功能转录因子代偿，以产生 I 型干扰素。

Chen 等研究表明，CP 型 BVDV 感染巨噬细胞后 IFNα/β 的 mRNA 表达量升高，且会产生 I 型干扰素，但在 NCP 型 BVDV 感染几乎检测不到 IFNα/β 的 mRNA 表达。其原因可能是由于 CP 型 BVDV 复制增殖速度较 NCP 型快，且 CP 型病毒其非结构蛋白 NS2－3 会分解为单独的 NS2 和 NS3，断裂下来的 NS3 在诱导细胞病变及干扰素产生发挥重要作用，所以 CP 型 BVDVK 可诱导 I 型 IFN 的产生。

在 BVDV 拮抗干扰素产生过程中其非结构蛋白 N^{pro} 和病毒包膜蛋白 E^{rns} 发挥了重要作用。BVDV 的 E^{rns} 蛋白可以通过发挥其 RNA 酶活性抑制 dsRNA 诱导的细胞免疫应答。研究表明，BVDV 的 N^{pro} 蛋白通过泛素化途径降解 IRF3，且其与 IRF7 也具有相互作用参与免疫应答和 IFN 产生。CSFV 的 N^{pro} 与一种 NF－κB 的抑制蛋白 IkBa 具有相互作用，抑制 NF－κB 被激活进而抑制 IFN 产生。AP－1 在 NCP 型 BVDV 感染中不能被磷酸化发挥作用。由此可见，大多数能直接激活 IFNβ 启动子的转录因子的激活作用均可被 N^{pro} 抑制。我们在明确了 BoELF4 可直接激活 BoIFNβ3 启动子的基础上，推测 N^{pro} 可能与 BoELF4 相互作用，进而抑制其诱导 I 型干扰素产生。由于 BVDV 两种生物型的 N^{pro} 蛋白序列和功能均相似，我们在本研究中应用两种生物型 BVDV 进行克隆，构建 N^{pro} 真核表达载体，其表达的 N^{pro} 蛋白均可阻断 BoELF4 激活 BoIFNβ3 启动子，拮抗 I 型 IFN 产生，且阻断程度相当。在这种阻断作用中，N^{pro}蛋白发挥的作用并不影响 BoELF4 的转录水平，但其可以剂量依赖性地从蛋白水平降解 BoELF4 蛋白，进而拮抗 BoELF4 介导的 I 型干扰素的产生。

2007 年，Chen 等研究表明，N^{pro}对 BoIRF3 的降解作用主要是通过泛素化途径经蛋白酶体来实现的，使用蛋白酶体抑制剂 MG132 可抑制 N^{pro}的降解作用。本研究同样使用 MG132 来抑制蛋白酶体作用，N^{pro}蛋白对 BoELF4 蛋白的降解作用被明显抑制，表明 N^{pro}通过泛素化途径，经蛋白酶体降解 BoELF4。另外，已有研究表明 N^{pro}蛋白不仅降解 IRF3 单体，也降解其二聚体。本研究通过非变性 PAGE 技术发现，在 I 型干扰素通路被激活的情况下 N^{pro}蛋白发挥了作用，使 BoELF4 单体及二聚体均减少，以此最大限度的拮抗 BoELF4 的作用。此外，N^{pro}蛋白在 I 型干扰素通路被激活的情况下并没有向细胞核聚集，而是在细胞质与细胞核均有分布。由于 BoELF4 的二聚体需要入核发挥作用，且仅在核内存在，因此，N^{pro}可能在核内降解 BoELF4 二聚体。

2009 年，Szymanski 等研究表明，N^{pro}蛋白的锌指结构具有结合锌离子的功能，在其降解 BoIRF3 时，对锌指结构进行突变，便其降解作用消失。在本研究中锌指结构在降解 BoELF4 过程中同样具有重要作用，其降解作用可能和降解 BoIRF3 的过程相似。锌指结构是 E3 泛素连接酶的典型结构，但 N^{pro}并未作为 E3 连接酶发挥作用。其 Zn 的配位对 N^{pro}结合和降解 IRF3 具有重要作用。N^{pro}结合 IRF3 后可招募一个特定的 E3 泛素连接酶与 N^{pro}－IRF3 复合物结合，催化 IRF3 的多泛素化。

4. 结论

BoELF4 是重要的抗病毒宿主限制因子，研究 BoELF4 的作用将有助于进一步开发针对牛病毒疾病的更有效的控制策略。本研究发现 BoELF4 可正调控 I 型干扰素产生，与 HuELF4 和 PoELF4 在 I 型干扰素信号通路中的作用一致。NLS 结构域和 ETS 结构域在诱导产生 I 型 IFN 过程中发挥重要作用。此外，BVDV 感染可激活 HuIFNβ 和 BoIFNβ3 启动子活性，BVDV 感染过程中 BoELF4 对 I 型 IFN 表达起到正调控作用。BVDV 感染过程中病毒蛋白可能对 BoELF4 转录后的过程产生影响。

另外，CP 和 NCP 型 BVDV 的非结构蛋白 N^{pro}均可阻断 BoELF4 激活 BoIFNβ3，呈剂量依赖性的通过蛋白酶体途径降解 BoELF4 的单体，进而影响其二聚体的形成。N^{pro}通过蛋白酶体途径降解 BoELF4 负调控 I 型干扰素的表达，其中 N^{pro}蛋中的锌指结构起重要作用。本研究发现为探究 N^{pro}在 BVDV 感染过程中作用及 BVDV 感染后的免疫逃逸机制提供了依据。

（四）BVDV 非结构蛋白 N^{pro} 介导泛素化降解 ELF4 的分子机制

1. 背景

牛病毒性腹泻病毒（BVDV）是一种单股正链 RNA 病毒，属于黄病毒科、瘟病毒属的成员。其感染可引起牛的呼吸道症状、腹泻、黏膜糜烂、流产或产出先天缺陷的犊牛等症状，还能引起白细胞减少和免疫抑制。N^{pro} 蛋白是 ORF 中编码的第一种蛋白质，在瘟病毒属中高度保守，具有蛋白酶活性，但目前尚不能完全解释其蛋白水解作用及参与调控免疫抑制的机理。

泛素是一种小球状蛋白，其可通过泛素化过程共价结合到内部赖氨酸残基的 ε－氨基或底物的游离 N 端 α－氨基上，泛素化由 E1 激活酶、E2 结合酶和 E3 连接酶组成。ELF4 属于 ETS 家族的一个成员，它主要在机体的抗病毒免疫反应中发挥作用，并且诱导干扰素的产生。Chen 等研究表明 BVDV N^{pro} 蛋白通过蛋白酶体途径降解 IRF3，并且 E1 泛素激活酶起到了作用。2007 年，Oliver 等报道 CSFV N^{pro} 可与 IRF3 相互作用和降解 IRF3。2014 年，Matthew 等采用蛋白质组学方法研究了与 N^{pro} 蛋白有相互作用的蛋白，结果表明，瘟病毒属 N^{pro} 蛋白可与 55 种以上的相关蛋白相互作用。

据报道，BVDV N^{pro} 蛋白可通过蛋白酶体途径降解 IRF3，并且 E1 泛素激活酶起到了作用。转录因子 ELF4 可形成二聚体，入核激活 I 型 IFN 启动子，诱导 I 型 IFN 产生，并参与机体的抗病毒先天免疫反应。我们前期研究证明：BVDV 非结构蛋白 N^{pro} 通过蛋白酶体途径降解 BoELF4，负调控 I 型干扰素的表达，但是 N^{pro} 蛋白降解 ELF4 蛋白过程中的作用机制尚不完全清楚。本研究探讨了 BVDV N^{pro} 蛋白通过泛素化途径降解 ELF4 的分子机制，以及筛选了与 N^{pro} 蛋白互作的蛋白，为深入了解 N^{pro} 蛋白的功能、BVDV 感染机体后的免疫逃逸机制及建立有效的免疫防控措施提供理论依据。

2. 方法

首先，本研究构建了 pcDNA3.1－N^{pro} 真核表达质粒，PCR 扩增目的基因，胶回收后，对目的基因及表达载体进行双酶切鉴定，之后进行连接与转化，并将鉴定正确的重组质粒 pcDNA3.1－N^{pro} 转染至 293T 细胞中，通过 Western Blot 验证。然后，利用生物信息学软件预测了 N^{pro} 蛋白与 ELF4 蛋白的互作及潜在泛素化位点，并利用 Co－IP 方法验证了两个蛋白的互作关系。最后，将 pcDNA3.1－N^{pro} 真核表达质粒转染至 MDBK 细胞中，利用 Co－IP 方法验证，随后进行质谱鉴定与 GO 分析。

3. 结果

（1）蛋白互作预测结果

利用 PPA－Pred（http://www.iitm.ac.in/bioinfo/PPA_Pred/）在线软件对 N^{pro} 蛋白与

ELF4 蛋白之间的相互作用进行预测。根据抗原－抗体、酶－抑制剂、其他酶、G 蛋白、受体、非同源性和其他混杂 7 种蛋白互作类型进行预测评估。结果显示：自由能分别是 －12.36 kcal/mol、－11.14 kcal/mol、－8.81 kcal/mol、－11.85 kcal/mol、－11.85 kcal/mol、－10.17 kcal/mol、－11.36 kcal/mol、－11.50 kcal/mol。在一定的条件下，亲和力大小与自由能成负相关，自由能越低，亲和力越大。预测结果表明，N^{pro}蛋白与 ELF4 蛋白可能互作，具体结果见表 7－3。

表 7－3　蛋白互作结果

蛋白互作类型	自由能	电离常数
抗原－抗体	－12.36 kcal/mol	8.63e－10 M
酶－抑制剂	－11.14 kcal/mol	6.72e－09 M
其他酶	－8.81 kcal/mol	3.44e－07 M
G 蛋白	－11.85 kcal/mol	2.03e－09 M
受体	－10.17 kcal/mol	3.46e－08 M
非同源性	－11.36 kcal/mol	3.63e－08 M
其他混杂	－11.50 kcal/mol	3.70e－09 M

（2）ELF4 泛素化位点的预测及分布

利用 UbPred（http：// www. Ubpred. org/）在线软件对 ELF4 氨基酸序列进行泛素化位点预测。结果显示：ELF4 氨基酸序列中含有 33 个赖氨酸，其中有 9 个赖氨酸作为 ELF4 的潜在泛素化修饰位点，包括 5 个最高可信度和 4 个较高可信度（见表 7－4），并且这 9 个预测位点主要分布于 TRAF2 和 C－末端结构域。

表 7－4　ELF4 泛素化位点的生物信息学预测

预测位点	UbPred 预测分值（S）	Ubiquitinated
110	0.92	Yes High confidence
160	0.90	Yes High confidence
349	0.87	Yes High confidence
351	0.86	Yes High confidence
389	0.87	Yes High confidence
392	0.75	Yes Medium confidence
453	0.76	Yes Medium confidence
536	0.77	Yes Medium confidence
656	0.75	Yes Medium confidence

(3)重组质粒 p3 × flag - cmv - 7.1 - ELF4 的鉴定

使用双酶切方法对实验室保存的重组质粒 p3 × flag - cmv - 7.1 - ELF4 进行鉴定,经 Not I 和 Xba I 限制性内切酶双酶切,结果显示:分别在 5000 bp 及 2000 bp 处出现与预期大小一致的条带。

(4)ELF4 蛋白 Western Blot 的鉴定

为了进一步验证实验室保存的重组蛋白 p3 × flag - cmv - 7.1 - ELF4 是否表达,我们将其转染至 293T 细胞中,收集蛋白后进行 Western Blot 检测,并对 p3 × flag - cmv - 7.1 - ELF4 蛋白孵育 Flag 标签抗体,结果显示:p3 × flag - cmv - 7.1 - ELF4 蛋白在 110 ku 处有明显条带,与预期大小一致,验证其表达正确。

(5)N^{pro}与 ELF4 相互作用的 Co - IP 分析

为了鉴定 BVDV N^{pro}与 BoELF4 之间的相互作用,将 N^{pro}与 BoELF4 质粒共转染至 293T 细胞中,24h 后收样,并通过 Co - IP 方法进行分析。结果显示,当用抗 Flag 抗体时,BoELF4 蛋白与 N^{pro}蛋白共沉淀,而用抗 His 抗体时,N^{pro}蛋白与 BoELF4 蛋白也会发生共沉淀。以上结果表明,N^{pro}与 BoELF4 之间存在相互作用,具体结果见图 7 - 48。

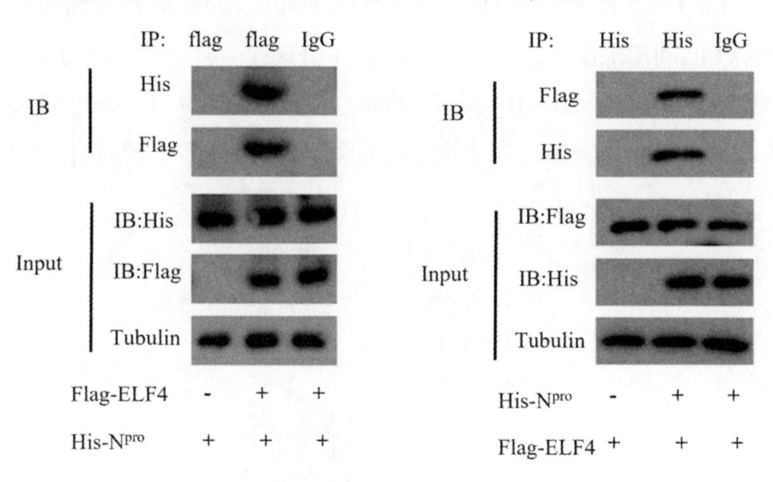

图 7 - 48　N^{pro}与 BoELF4 相互作用的分析

(6)N^{pro}降解 ELF4 的 K48 位多聚泛素化

首先,我们将 His - N^{pro}、HA - Ub 和 Flag - ELF4 质粒共转染至 293T 细胞中,24 h 后收集 WCL,利用琼脂糖磁珠与单克隆抗体(Flag 或 His)一起处理细胞裂解物,经 Western Blot 分析回收的蛋白样品(anti - HA、anti - Flag)与 WCL(anit - His、anti - Flag)。结果显示,BVDV N^{pro}蛋白通过泛素化途径降解 ELF4,具体结果见 7 - 49。

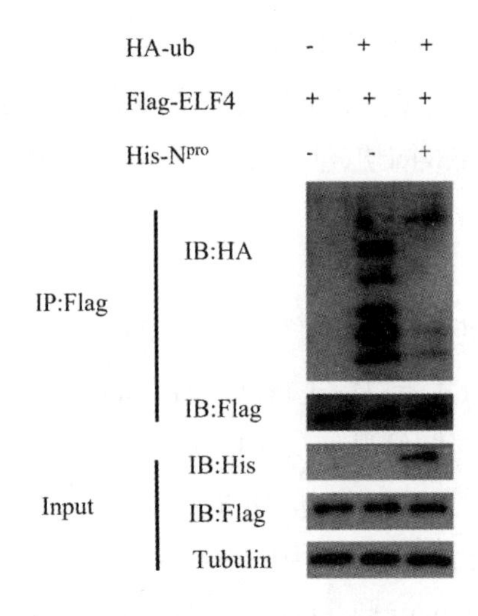

图 7－49　N^{pro}通过泛素化途径降解 ELF4

随后，我们研究了 N^{pro}蛋白是否会影响 ELF4 的 K48 和 K63 位多聚泛素化，我们分别将 HA－K48－Ub、HA－K63－Ub 与 His－N^{pro}和 Flag－ELF4 质粒共转染至 293T 细胞中，24 h 收集 WCL，利用琼脂糖磁珠与单克隆抗体(Flag)一起处理细胞裂解物，经Western Blot 分析回收的蛋白样品(anti－HA、anti－Flag)与 WCL(anit－His、anti－Flag)。结果表明，N^{pro}降解 ELF4 的 K48 位多聚泛素化，而不降解 K63 位多聚泛素化，具体结果见图 7－50。

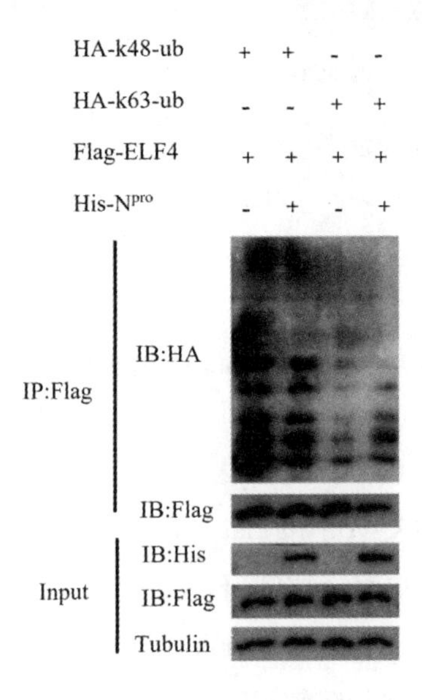

图 7－50　N^{pro}降解 ELF4 的 K48 位多聚泛素化

(7)Co - IP 检测结果

用快速银染试剂盒进行分析,结果显示:与阴性对照相比,出现 4 条相对清晰的差异条带,分别命名为蛋白 1、蛋白 2、蛋白 3、蛋白 4,而且相对应的蛋白大小分别约为 34 kDa、37 kDa、70 kDa、77 kDa。

(8)LC - MS/MS 检测结果

利用 LC - MS/MS 质谱技术对 Co - IP 检测结果(蛋白 1、蛋白 2、蛋白 3、蛋白 4)进行鉴定,鉴定结果见图 7 - 51。

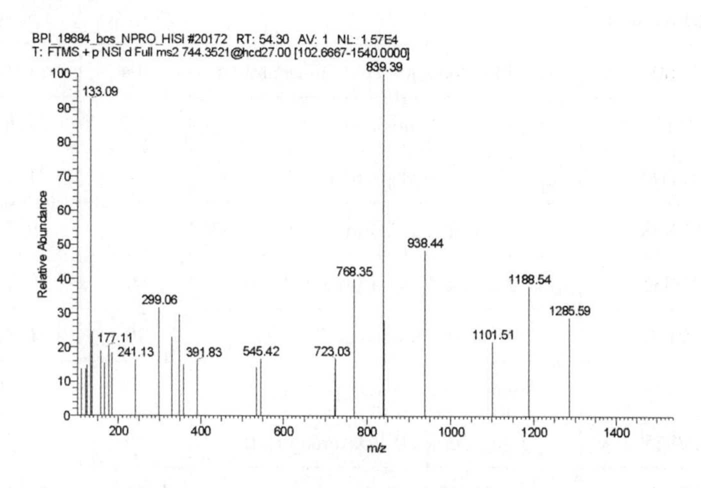

图 7 - 51　LC - MS/MS 鉴定结果

根据各种蛋白的得分(Score)、pI 值及理论分子量(MW)筛选出 25 种蛋白,其中包括上述鉴定的 4 种候选蛋白,分别为 34 kDa 的蛋白 1(Polyubiquitin - B)、37 kDa 的蛋白 2(Annexin A2)、70 kDa 的蛋白 3(Heat Shock Protein 70)和 77 kDa 的蛋白 4(Polyubiquitin - C),具体结果见表 7 - 5。

表 7 - 5　25 种蛋白的来源、简介与分子大小

序号	Accession	Description	Score	MW(kDa)	pI value
1	F1MQ37	Myosin heavy chain 9	2343	228.216	5.50
2	O02717	Non - musclemyosin heavy chain	1846	72.555	5.18
3	Q27991	Myosin - 10	82	229.993	5.44
4	F1MC11	Keratin, type I cytoskeletal 14	1878	52.164	5.08
5	G3N0V2	Keratin 1	1208	63.341	8.41
6	M0QVZ6	Keratin, type II cytoskeletal 5	564	60.800	7.63

续表

序号	Accession	Description	Score	MW(kDa)	pI value
7	Q08D91	Keratin, type II cytoskeletal 75	171	59.399	7.56
8	P60712	Actin, cytoplasmic 1	278	42.052	5.29
9	E1B9M9	Histone H4	163	11.388	11.36
10	P0C0S9	Histone H2A type 1	132	14.083	10.90
11	G5E5A9Fibronectin	58	275.488	5.34	
12	G5E604	Ig – like domain – containing protein	104	11.165	8.01
13	P04272	Annexin A2	127	37.873	6.92
14	B0JYQ0	ALB protein	39	71.244	5.95
15	K8FK38	Heat Shock Protein 70	40	69.606	6.19
16	P0CB32	Heat shock 70 kDa protein 1 – like	40	70.744	5.89
17	P19120	Heat shock cognate 71 kDa	40	71.424	5.37
18	Q27975	Heat shock 70 kDa protein 1A	40	70.500	5.68
19	Q27965	Heat shock 70 kDa protein 1B	40	70.470	5.68
20	E1BNF9	SLAM family member 9	41	32.680	6.40
21	Q3T101	IGL@ protein	30	24.910	5.84
22	P62992	Ubiquitin – 40Sribosomal protein S27a	33	18.296	9.68
23	P63048	Ubiquitin – 60S ribosomal protein L40	33	15.004	9.87
24	P0CG53	Polyubiquitin – B	33	32.402	6.94
25	E1B9KI	Polyubiquitin – C	33	77.523	7.74

Accession:该蛋白质的 Uniprot 登录号;Description:质谱鉴定的蛋白名称。

(9)候选蛋白分析结果

通过对表 3 中 25 种蛋白的分子生物学分析,可将它们分为 12 种类型。其中,包括 3 种细胞骨架蛋白(F1MQ37、O02717、Q27991),分子功能为 ATP 酶活性、ATP、ADP 绑定;4 种角蛋白(F1MC11、C3N0V2、M0QVZ6、Q08D91);1 种 ACTB 蛋白(P60712),分子功能为乙酰化、甲基化、氧化、泛素化修饰;2 种组蛋白(E1B9M9、P0C0S9),分子功能为转录调节、DNA 修复、DNA 复制和维持染色体稳定性,并且具有蛋白质异二聚活性的特征;1 种纤连蛋白(G5E5A9),分子功能为与分子伴侣结合、与无序域特异性结合、与整联蛋白结合、具有肽酶激活剂的活性;1 种具有免疫反应并且能够产生免疫球蛋白的含 Ig 样结构域的蛋白质(G5E604);1 种具有乙酰化、磷酸化及泛素化修饰的人膜联蛋白 2(P04272),其主要功能为:能与钙依赖的磷脂结合、与钙离子结合、与磷脂酰肌醇 - 4,5 - 二磷酸结合、与磷脂酰丝氨酸结合、具有磷脂酶 A2 抑制剂活性、能与 S100 蛋白结合;1 种 ALB 蛋白(B0JYQ0);5 种具有乙酰化、甲基化、磷酸化、泛素化修饰的热休克蛋白(K8FK38、P0CB32、P19120、Q27975、Q27965),其主要功能包括:具有 ATP 酶活性、能够与泛素蛋白连接酶结合;1 种 SLAM 蛋白(E1BNF9);1 种 IGL 蛋白(Q3T101);4 种泛素分子(P62992、P63048、P0CG53、E1B9K1)。由以上数据可知,BVDV 可以通过影响宿主细胞中的多种蛋白,进而对宿主细胞的多个生物代谢过程产生作用。如热休克蛋白(Hsp)既与病毒在宿主体内的复制有关,也可诱导宿主的抗病毒免疫,可以作为进一步研究的候选蛋白。

(10)牛源 Hsp70 基因的扩增

经 1% 琼脂糖凝胶电泳鉴定,发现在 2000 bp 处出现特异性条带,大小与目的条带一致。

(11)真核表达产物 pcDNA3.0 - Hsp70 双酶切鉴定

经 1% 琼脂糖凝胶电泳鉴定,在 5000 bp 及 2000 bp 处出现两条明显的特异性条带,与预期大小一致。

(12)牛源 Hsp70 质粒的表达

为了进一步验证构建的重组质粒 pcDNA3.0 - Hsp70 是否表达,将其孵育 HA 标签的抗体,进行 Western Blot 检测。结果显示,pcDNA3.0 - Hsp70 重组质粒在 70 ku 处有明显的条带,与预期大小一致。

(13)BVDV N^{pro}蛋白与 Hsp70 的相互作用

为了鉴定 BVDV N^{pro}与 Hsp70 之间的相互作用,将 N^{pro}与 Hsp70 质粒共转染至 293T 细胞中,24 h 后收样,并通过 Co - IP 方法进行分析。结果显示,当用抗 HA 抗体时,Hsp70 蛋白与 N^{pro}蛋白共沉淀,而用抗 His 抗体时,N^{pro}蛋白与 Hsp70 蛋白也会发生共沉淀。以上结果表明,N^{pro}与 BoELF4 之间存在相互作用,具体结果见图 7 - 52。

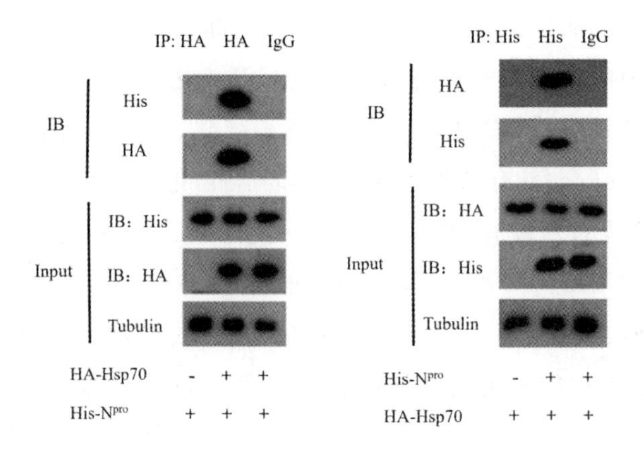

图 7－52 BVDV N^{pro}与 Hsp70 的互作分析

(14)转染 Hsp70 质粒对 BoELF4 蛋白水平的影响

前期我们已经证明,N^{pro}蛋白可降解 BoELF4,于是我们将 N^{pro}、Hsp70 与 BoELF4 共转染至 293T 细胞中,收集细胞进行 Western Blot 检测。结果显示,Hsp70 蛋白可以降解 BoELF4,当加入 N^{pro}质粒时,降解 ELF4 更加明显,以上结果表明 N^{pro}与 Hsp70 协同降解 ELF4,具体结果见图 7－53。

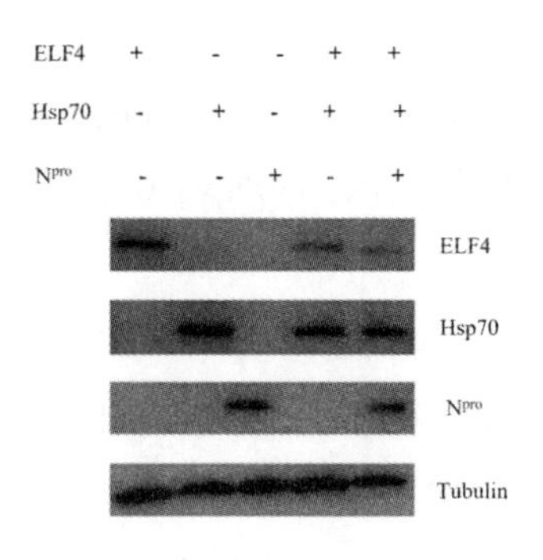

图 7－53 Hsp70 对 BoELF4 蛋白表达的影响

4. 讨论

BVDV 属于黄病毒科(Flaviviridae)瘟病毒属的成员,包括 4 种结构蛋白和 8 种非结构蛋白,而非结构蛋白 N^{pro}具有高度的保守性、蛋白酶活性,是瘟病毒属的关键效应蛋白。研究表明,BVDV 非结构蛋白 N^{pro}通过蛋白酶体途径降解 BoELF4 负调控 I 型干扰素的表达。N^{pro}蛋白在细胞培养中可以通过抑制 I 型干扰素来干扰先天免疫抑制,这种免疫抑制可能与免疫耐受和 PI 有关是,但目前相关研究尚不能完全解释其蛋白水解作用及免疫抑制机理。体外重组蛋白表达系统主要分为真核和原核表达系统，目前，原核表达系统还存在许多难以克服的困难，例如目标蛋白常以包涵体的形式存在，不利于蛋白的纯化，并且表达的蛋白生物活性较低。而真核表达系统已经广泛应用，分为哺乳动物细胞表达（瞬时转染、稳定细胞系构建和重组抗体表达）、酵母表达（毕赤酵母表达和酿酒酵母表达）和昆虫表达系统，其中哺乳动物细胞表达系统具有以下优点：表达的蛋白活性高，并能够表达多复杂修饰的蛋白。因此，本实验选用真核表达系统中哺乳动物细胞表达系统（瞬时转染）对蛋白进行表达。

宋现梅等将 BVDV N^{pro}基因与 pMD18 – T 载体进行连接，酶切鉴定正确后，再与表达载体 pCMV – HA 连接，构建重组质粒 pCMV – HA – N^{pro}。然后，将重组质粒 pCMV – HA – N^{pro}转染至 PK – 15 细胞中。Western Blot 发现蛋白并未在 PK – 15 细胞中表达，可能存在以下原因：一是 PK – 15 细胞中存在内源蛋白，二是表达体不同导致蛋白表达量存在差异，三是进入细胞后，构建的真核表达载体带有信号肽，可能信号肽发挥作用，导致蛋白检测不到。因此，本研究通过 RT – PCR 方法扩增 BVDV N^{pro}基因，先连接至 pMD18 – T 克隆载体上，我们对测序结果进行了比对，发现与公布的 BVDV NADL 株 N^{pro}基因（登录号：NC – 001461.1）序列的同源性为 100%，并与多种 BVDV 毒株的同源性达到 90% 以上，说明该基因在 BVDV 的多种毒株中高度保守，之后，再与 pcDNA3.1 真核表达载体连接，转染至 293T 细胞中，Western Blot 检测蛋白大小约为 23 kDa。

目前，磷酸钙转染法在真核细胞转染中已得到广泛应用。它是利用细胞的内吞作用将磷酸钙 – DNA 复合物导入细胞内部的一种方法。研究表明，要想得到较为理想的转染效果，细胞数量应控制在 $1 \times 10^6 \sim 2 \times 10^6$ 范围内，并且在 6 孔板中每个孔的细胞数量增加到 2×10^6 个时，也不会影响转染效率。从质粒与靶细胞相互作用方面来考虑，贴壁的细胞只有表面上与磷酸钙沉淀接触，而悬浮状态的 293T 细胞，有可能整个细胞膜表面都与磷酸钙沉淀接触，这样不仅提高了与外源 DNA 结合的机会，还增加了转染成功的概率，以及进入细胞的质粒数量。其他研究表明，转染悬浮状态的 293T 细胞，它的病毒滴度比转染贴壁状态的细胞约提高 3.5 倍。因为，悬浮细胞逐渐贴壁的过程中，会在细胞与培养皿底面，或者是细胞与细胞之间，使相邻的细胞与周围的磷酸钙沉淀围绕在一起，外源 DNA 与细胞的接触更加紧密，这种细胞与磷酸钙沉淀的零距离接触，可能会对外源 DNA 进入细胞起到一定的推动作用。为了增加转染效率，本研究也选用 293T 悬浮细胞，相关数据为后续研究 BVDV N^{pro}蛋白的功能奠定了一定基础。

BVDV 非结构蛋白 N^{pro}是 ORF 编码的第一个蛋白质，具有自身蛋白酶活性，可参与病毒逃避先天免疫反应。研究表明，CSFV N^{pro}蛋白并不是病毒复制所需，而缺失的 N^{pro}蛋白有助于诱导 I 型干扰素的产生。然而，用缺失 N^{pro}的病毒进行疫苗接种，可产生强烈的抗体反应,并显著增强了对 CSFV 的保护。同样,在 BVDV 的 N^{pro} 蛋白酶编码序列和 E^{rns} RNase 区均发生突变后,无法造成小牛的持续感染。N^{pro} 可能通过降低干扰素调节因子 3(IRF－3)来抑制Ⅰ型干扰素的产生,而磷酸化的 IRF－3 导致其构象变化,并增加了与 DNA 的结合能力。据报道,磷酸化的 IRF－3 与 DNA 的结合上调了 IRF－3 转录水平,从而产生Ⅰ型干扰素。BVDV N^{pro} 可以通过蛋白酶体途径降解 IRF－3,从而抑制Ⅰ型干扰素的产生。我们前期的研究证明,BVDV 非结构蛋白 N^{pro} 通过蛋白酶体途径降解 ELF4 负调控Ⅰ型干扰素的表达,上述研究有助于深入研究感染 BVDV 后机体抗病毒及病毒免疫逃逸机制。

ELF4 在肿瘤发生、DNA 损伤反应、细胞周期调节和先天免疫中起着重要的作用。但在先天免疫系统中,ELF4 作为Ⅰ型干扰素(IFN)的新型关键转录因子,对于宿主防御病毒感染至关重要。据报道,ELF4 调节干扰素诱导,并且对于宿主防御至关重要,ELF4 激活后对先天免疫信号反应,并启动Ⅰ型干扰素基因的转录,以控制多种病原体。此外,MEF/ELF4 与多因素蛋白核磷素(NPM1)相互作用,进一步证明了 MEF/ELF4 直接与 NPM1 形成复合物,并且还鉴定了 NPM1 负责该相互作用的区域。p53 通过转录激活 E3 泛素连接酶 MDM2 来下调 ELF4 的蛋白表达,并且 MDM2 与 ELF4 相互作用导致 MEF 蛋白降解,在不存在 p53 的情况下,MDM2 仍然可以负调控 ELF4 的表达和稳定性,从而证明 MEF 是 MDM2 新靶标。由此,我们推测 BVDV N^{pro} 蛋白可能与转录因子 ELF4 存在相互作用。在本研究中我们使用蛋白互作软件(PPA－Pred)进行预测,结果显示,N^{pro} 蛋白与 ELF4 蛋白可能存在相互作用,同时预测出 ELF4 潜在的泛素化位点。随后,通过 Co－IP 试验进一步证明 BVDV N^{pro} 与转录因子 ELF4 存在相互作用。验证蛋白互作的方法很多,如免疫共沉淀、酵母双杂交、GST－pull down、荧光共振能量转移技术、病毒铺盖蛋白印记技术等。其中,免疫共沉淀(Co－IP)是确定两种蛋白质在完整细胞内生理性相互作用的有效方法。其优点在于经翻译后修饰的互作蛋白质都处于天然状态、互作的蛋白质是在自然的状态下进行的,可以避免人为因素导致的假阳性,也能分离得到天然状态的相互蛋白复合物。

蛋白质修饰与蛋白质功能密切相关。泛素化修饰可调节黄病毒的复制。研究表明,E3 泛素连接酶 MKRN1 以蛋白酶体依赖性方式诱导 WNV 衣壳蛋白降解。DENV NS1 蛋白的 K48 连接多聚泛素化,抑制了它与病毒伴侣 NS4B 的相互作用,这表明 NS1 泛素化可能影响病毒复制。另外,E3 泛素连接酶 pRNF114 可以与 CSFV NS4B 相互作用,促进 NS4B K27 连接的多聚泛素化,从而导致 NS4B 的蛋白酶体降解。本研究通过 Co－IP 试验进一步证明了 BVDV N^{pro} 蛋白通过泛素化降解转录因子 ELF4。

泛素化的功能多数是由 K48 和 K63 多聚泛素链介导的。然而,对其他多聚泛素链

(K6,K11,K27,K29 或 K33)的功能了解还很少。越来越多的研究表明,K48 连接的多聚泛素化有助于蛋白酶体降解的调控。ASB8 通过蛋白酶体途径促进了 K48 多聚泛素化和 IKKβ 的降解,显著抑制了 IκBα 和 p65 磷酸化,从而抑制了 NF－κB 活性。USP4 与 TRAF6 相互作用可正向调节 RLR 诱导的 NF－κB 信号通路,从而抑制 EV71 的复制。同时,USP4 作为 TRAF6 的新型正向调节剂,可通过去泛素化 K48 连接的泛素链在 EV71 感染中起重要作用。此外,E3 泛素连接酶 TRIM14 与甲型流感病毒(IAV)NP 相互作用,可诱导 K48 连接的泛素化和 NP 的蛋白酶体降解。我们的数据证明了 BVDV N^{pro}蛋白能够抑制 ELF4,并且通过 K48 位多聚泛素化降解 ELF4,这为后续进一步探究 N^{pro}降解 ELF4 的分子机制提供了理论依据。

免疫共沉淀(Co－IP)是以抗原与抗体之间的特异性作用为基础,用于研究细胞内蛋白质与蛋白质之间相互作用的经典方法。王瑞阳等通过 Co－IP 试验鉴定出 PEDV M 蛋白能够与宿主细胞 CDC42 和 eIF3L 蛋白相互作用,筛选出了 60 个可能与 M 蛋白发生相互作用的其他宿主蛋白。程泰烺等通过 Co－IP 发现,流感病毒 YB1 和 YWHAB 蛋白能与 PB1 蛋白相互作用,而 PRMT5 蛋白能与 PB2 蛋白相互作用。Zhang 等通过 Co－IP 试验证明了西尼罗河病毒(WNV)NS1 蛋白能与转录因子 RIG－I 和 MDA5 相互作用。Darweesh 等研究发现,BVDV N^{pro}蛋白与细胞 S100A9 蛋白密切相关,并且 N^{pro}降低了感染细胞中 S100A9 蛋白的活性,导致 I 型干扰素产量减少。本研究通过 Co－IP 试验捕获与 N^{pro}有相互作用蛋白,经 SDS－PAGE 电泳进行验证。最初我们采用考马斯亮蓝进行染色,但其不够灵敏,只显示出 3 条目的带。在不确定是不是候选蛋白的前提下我们又选择了快速银染试剂盒进行检测,并验证出了多个条带。快速银染试剂盒含有增敏步骤,可明显降低背景,目的条带清晰,而且不含甲醇的优点。但有时在操作过程中会出现背景过深,还需要进一步摸索试验条件。

最终,我们将 Co－IP 样品送至相关公司进行质谱鉴定。检测到了多种候选蛋白,其中包括候选蛋白 1(UBB)、候选蛋白 2(ANXA2)、候选蛋白 3(Hsp70)和候选蛋白 4(UBC)。研究表明,泛素在非小细胞肺癌中高效表达,通过转染 shRNA－UBB、shRNA－UBC,下调人非小细胞肺癌 A549 和 H1299 细胞后,细胞增殖受到了明显的抑制。并且其对 H1299 细胞增殖的抑制作用比 A549 细胞更显著。值得注意的是,下调泛素表达联合 X 射线照射,可以通过降低 H1299 细胞的 p－AKT、cyclinD1 及 NF－κB 的表达,抑制 NF－κB的活化。由此可见,泛素表达的下调在 H1299 细胞的放射增敏过程中起着非常重要的作用。膜联蛋白 A2(ANXA2),也称为 p36 或钙依结合蛋白 I,是一类由 Ca^{2+} 调控的膜联蛋白,具有磷脂结合特性、DNA 合成、细胞的增殖等特点。ANXA2 还与多种病毒的复制、增殖以及感染有关,如 EMCV、HCV、HPV、HIV、PRRSV 和 JEV 等。据报道,单独的 ANXA2 或波形蛋白均不能与 PRRSV 结合,只有在 ANXA2 存在的情况下,波形蛋白才能与 PRRSV 的 N 蛋白相互作用,促进 PRRSV 在感染细胞中的复制。此外,Backes 等研究发现,ANXA2 存在于膜网内的 HCV 复制位点,由 HCV NS5A 的 DIII 介导 ANXA2 的募集,这可能是病毒有效组装所必需的。ANXA2 还能直接与 NS5B 结合,降低其聚合酶活性,这表明 ANXA2 可能在 HCV 感染中起着重要作用。HCV 与 BVDV 同属于黄病毒科成员,我们推测 ANXA2 可能在 BVDV 的感染和复制过程中也起到了至关重要的作用。

另外,我们将质谱鉴定结果中的 Hsp70 蛋白作为后续的研究对象。热休克蛋白 70(Hsp70)与多种病毒密切相关,其中包括登革热病毒(DV)、日本脑炎病毒(JEV)、哈扎拉病毒和轮状病毒等。Hsp70 可能直接充当受体或者在细胞表面促进病毒对细胞的吸附作用。此外,Hsp70 在多种病毒的复制中也发挥着重要的作用。Hsp70 可以与 CSFV NS5A 蛋白相互作用,促进 CSFV RNA 的复制(70)。Hsp70 还可以辅助 EV71 病毒与宿主细胞结合,在 EV71 病毒感染过程中发挥重要作用。此外,Hsp70 在 PRRSV 感染的细胞中表达水平显著调,并与病毒复制过程中产生的病毒 dsRNA 发生过共定位,敲低 HSP70 可以降低 dsRNA 水平,这表明 HSP70 参与了病毒 RTC 的形成,从而影响了病毒复制。郭芸菲等研究发现,内皮生长因子受体家族成员 HER2 可作为 CHIP 的底物,并且二者之间的作用由分子伴侣 Hsp70 介导,最终通过蛋白酶体途径降解 HER2 蛋白。值得注意的是,CHIP 与肌醇需求蛋白质 1(IRE1)有相互作用,过表达的 CHIP 会增加 IRE1 的泛素化修饰,而敲低 CHIP 使 IRE1 的泛素化水平降低, 并且 CHIP 以 K63 位的方式泛素化 IRE1,因而并不影响 IRE1 的丰度和降解速率。本研究构建了 pcDNA3.0 – Hsp70 真核表达质粒,进一步证明了 Hsp70 与 BVDV N^{pro}蛋白协同降解 ELF4,同时 E3 泛素连接酶 CHIP 在泛素化过程中起着非常重要的作用。其与 Hsp70 的相互作用可能起着分子伴侣的作用,形成过渡期的复合物,帮助蛋白质进入降解通路。然而,E3 泛素连接酶 CHIP 是否在泛素化过程中降解 ELF4 仍有待于进一步研究。

4. 结论

本研究成功构建了 pcDNA3.1 – N^{pro}真核表达质粒,利用生物信息学软件成功预测出 N^{pro}蛋白与 ELF4 蛋白的互作及潜在泛素化位点。证实了 N^{pro}蛋白与转录因子 ELF4 蛋白之间的相互作用,并且发现 BVDV N^{pro}蛋白通过 K48 位多聚泛素化降解 ELF4。成功筛选出了与 BVDV N^{pro}蛋白具有相互作用的 Hsp70 蛋白。通过 Western Blot 检测发现,BVDV N^{pro}蛋白可能与 Hsp70 蛋白协同降解 ELF4,其作用机制有待于进一步研究。

参考文献

[1] Kim H, Kim A – Y, Choi J, et al. Foot – and – Mouth Disease Virus Evades Innate Im-

mune Response by 3C – Targeting of MDA5[J]. Cells, 2021, 10(2).

[2] Han Y, Xie J, Xu S, et al. Encephalomyocarditis Virus Abrogates the Interferon Beta Signaling Pathway via Its Structural Protein VP2[J]. Journal of Virology, 2021, 95(6).

[3] Liu Y, Wu C H, Chen N N, et al. PD – 1 Blockade Restores the Proliferation of Peripheral Blood Lymphocyte and Inhibits Lymphocyte Apoptosis in a BALB/c Mouse Model of CP BVDV Acute Infection[J]. Front Immunol, 2021, 12: 727254.

[4] 韩玉梅，谢晶莹，毕英杰，等. 脑心肌炎病毒 VP1 蛋白抑制 I 型 IFN 信号通路和促进病毒体外增殖[J]. 浙江农业学报，2021，33(1)：1 – 9.

[5] Yu P, Li Y, Li Y, et al. Murine norovirus replicase augments RIG – I – like receptors – mediated antiviral interferon response[J]. Antiviral Res, 2020, 182: 104877.

[6] Pulido M R, Martínez – Salas E, Sobrino F, et al. MDA5 cleavage by the Leader protease of foot – and – mouth disease virus reveals its pleiotropic effect against the host antiviral response[J]. Cell Death Dis, 2020, 11(8): 718.

[7] Fang P, Fang L, Xia S, et al. Porcine Deltacoronavirus Accessory Protein NS7a Antagonizes IFN – Î^{2} Production by Competing With TRAF3 and IRF3 for Binding to IKKÎμ[J]. Front Cell Infect Microbiol, 2020, 10: 257.

[8] Chang C Y, Liu H M, Chang M F, et al. Middle East Respiratory Syndrome Coronavirus Nucleocapsid Protein Suppresses Type I and Type III Interferon Induction by Targeting RIG – I Signaling[J]. Journal of Virology, 2020, 94(13).

[9] Liu Y, Liu S, Wu C, et al. PD – 1 – Mediated PI3K/Akt/mTOR, Caspase 9/Caspase 3 and ERK Pathways Are Involved in Regulating the Apoptosis and Proliferation of CD4 (+) and CD8(+) T Cells During BVDV Infection In Vitro[J]. Front Immunol, 2020, 11: 467.

[10] Bae S, Lee J Y, Myoung J. Chikungunya Virus nsP2 Impairs MDA5/RIG – I – Mediated Induction of NF – Î°B Promoter Activation: A Potential Target for Virus – Specific Therapeutics[J]. J Microbiol Biotechnol, 2020, 30(12): 1801 – 1809.

[11] 陈思. 猫传染性腹膜炎病毒抑制 I 型干扰素通路分子机制研究[D]. 中国农业科学院，2020.

[12] Shi P, Su Y, Li R, et al. PEDV nsp16 negatively regulates innate immunity to promote viral proliferation[J]. Virus Research, 2019, 265: 57 – 66.

[13] Ngueyen T T N, Kim S J, Lee J Y, et al. Zika Virus Proteins NS2A and NS4A Are Major Antagonists that Reduce IFN – Î^{2} Promoter Activity Induced by the MDA5/RIG – I

Signaling Pathway[J]. J Microbiol Biotechnol, 2019, 29(10): 1665 – 1674.

[14] Myoung J, Min K. Dose – Dependent Inhibition of Melanoma Differentiation – Associated Gene 5 – Mediated Activation of Type I Interferon Responses by Methyltransferase of Hepatitis E Virus[J]. J Microbiol Biotechnol, 2019, 29(7): 1137 – 1143.

[15] Lazarte J M S, Thompson K D, Jung T S. Pattern Recognition by Melanoma Differentiation – Associated Gene 5 (Mda5) in Teleost Fish: A Review[J]. Frontiers In Immunology, 2019, 10: 906.

[16] Kuo R L, Chen C J, Wang R Y L, et al. Role of Enteroviral RNA – Dependent RNA Polymerase in Regulation of MDA5 – Mediated Beta Interferon Activation[J]. Journal of Virology, 2019, 93(10).

[17] 姚泽慧. 牛病毒性腹泻病毒 NS4B 蛋白与宿主互作蛋白的筛选鉴定[D]. 吉林农业大学, 2019.

[18] 李明. 口蹄疫病毒 2B、3B 蛋白对 RLRs 介导的 I 型干扰素抑制作用研究[D]. 中国农业科学院, 2019.

[19] 郑航, 孙英杰, 张频, 等. MAVS 介导的抗病毒天然免疫信号通路的调控[J]. 中国动物传染病学报, 2018, 26(1): 8.

[20] 刘通. BVDV 非结构蛋白 N^{pro}通过负调控 ELF4 拮抗 I 型干扰素表达的作用机制研究[D]. 黑龙江八一农垦大学, 2018.

[21] 方谱县. 猪 δ 冠状病毒辅助蛋白的鉴定及 NS6 抑制 IFN – β 产生的机制研究[D]. 华中农业大学, 2018.

[22] Liu Y, Liu S, He B, et al. PD – 1 blockade inhibits lymphocyte apoptosis and restores proliferation and anti – viral immune functions of lymphocyte after CP and NCP BVDV infection in vitro[J]. Vet Microbiol, 2018, 226:74 – 80.

[23] Rui Y, Su J, Wang H, et al. Disruption of MDA5 – Mediated Innate Immune Responses by the 3C Proteins of Coxsackievirus A16, Coxsackievirus A6, and Enterovirus D68[J]. Journal of Virology, 2017, 91(13).

[24] 牟宏芳, 马旭升, 罗志宽, 等. 口蹄疫病毒结构蛋白 VP0 抑制 I 型干扰素信号通路的激活[J]. 微生物学报, 2017, 57(7): 10.

[25] Li D, Lei C, Xu Z, et al. Foot – and – mouth disease virus non – structural protein 3A inhibits the interferon – Î² signaling pathway[J]. Sci Rep, 2016, 6: 21888.

[26] Damman A, Viet A F, Arnoux S, et al. Modelling the spread of bovine viral diarrhea virus (BVDV) in a beef cattle herd and its impact on herd productivity[J]. Veterinary re-

search, 2015, 46: 12.

[27] 刘欢欢，谢丽君，邵志勇，等. MDA5 在先天性免疫抗病毒作用中的研究进展[J]. 中国畜牧兽医, 2015, 42(1): 230－233.

[28] 郝华芳. 新城疫病毒 V 蛋白结合 MDA5 抑制 DF－1 细胞 IFN－β 生成的功能域研究[D]. 西北农林科技大学, 2015.

[29] Lanyon S R, Hill F I, Reichel M P, et al. Bovine viral diarrhoea: pathogenesis and diagnosis[J]. Vet J, 2014, 199(2): 201－209.

[30] Yoneyama M, Fujita T. Function of RIG－I－like receptors in antiviral innate immunity [J]. J Biol Chem, 2007, 282(21): 15315－15318.

[31] Kawai T, Takahashi K, Sato S, et al. IPS－1, an adaptor triggering RIG－I－ and Mda5－mediated type I interferon induction [J]. Nat Immunol, 2005, 6(10): 981－988.

[32] Peterhans E, Jungi T W, Schweizer M. BVDV and innate immunity[J]. Biologicals, 2003, 31(2): 107－112.

第八章　实验室诊断

BVDV 诱发疾病的复杂发病机制以及在牛群中引起感染的隐匿性，对实验室诊断人员带来了重大挑战。诊断急性 BVDV 感染的最佳程序与用于检测持续感染动物的程序不同。因此，在进行实验室诊断之前需要进行详细的临床流行病学调查，确定进行实验室诊断是为了应对急性感染还是持续感染，准确的诊断结果是控制 BVDV 的重要组成部分，这会直接影响畜群管理决策。此外，收集适当的临床检测样本和正确解释实验室诊断结果，需要对 BVDV 感染的复杂发病机制有充分的了解。

根据畜群的病史、临床症状以及肉眼或显微镜下的病理变化初步诊断，然后进行实验室病毒分离、血清学或 PCR 诊断牛病毒性腹泻。BVDV 的实验室检测包括在临床样本和组织中分离病毒或检测病毒抗原，以及检测血清或牛奶中的抗 BVDV 抗体。由于针对 BVDV 的抗体在感染率高和/或 BVD 疫苗普遍使用的地区非常普遍，因此，仅用一次血清学检测不足以诊断急性感染，因此，在间隔 ≥ 2 周获得的配对血清样本中抗体滴度增加 > 4 倍时可以对急性感染确诊。从血液、鼻拭子样本或组织中分离出 BVDV 也可确认急性感染。患有急性 BVDV 感染的牛会出现病毒血症，感染后 3 ~ 21d 可能会检测到病毒，具体取决于所使用的样本和检测方法。通过 PCR 检测病毒 RNA 的检测范围远远超出了传染性病毒抗原的检测范围，尤其是当血液单核细胞用作 PCR 检测样本时更明显。

BVDV 感染诊断中的一个特殊挑战是毒株异质性。需要慎重选择广谱试剂（如试验中使用的抗血清或病毒株）和能检测所有病毒株的核酸检测试验。针对某些 E2 和 NS3 表位的多克隆或单克隆抗体在这方面似乎最适合使用抗 BVDV 血清的测试。BVDV 和 BVDV 抗体在用于增殖细胞培养物的商业牛胎血清（FBS）中普遍存在，导致在病毒或抗体的检测实验中出现虚假结果。一般用马血清代替细胞培养基中的 FBS，或使用辐照过的 FBS 来消除所有传染原。病毒分离的首选组织包括脾脏、淋巴结和胃肠道溃疡部分。

（一）病毒分离

尽管开发了大量新的病毒诊断的检测方法，但用细胞培养物分离传染性的病毒仍然是“黄金标准”。虽然分离病毒方法缺乏一定的灵敏度，但它仍然是一种可靠且广泛使用的检测 BVDV 的方法。原代牛胎细胞培养物，例如牛鼻甲骨细胞、皮肤细胞和睾丸细胞，通常用于从临床样本中分离培养病毒。一些细胞系如 MDBK 也用于 BVDV 诊断。大多数野生毒株是非细胞病变的，只能通过间接方法（例如免疫荧光、免疫酶染色或 RT－PCR 测定）在培养 3～7 d 后的培养细胞中检测到。可以从 MD 病例中分离出细胞病变菌株，在初级分离并经过数次传代后会在培养细胞中引起细胞病变效应。

无论是有或无 MD 症状的 BVDV 持续感染动物都被称作行走的“病毒工厂”，几乎任何样本随时都会检测出传染性病毒。这些样本包括血清、EDTA 全血、黏膜表面拭子和组织样本，例如淋巴结、肾脏、心脏和小肠。值得注意的是初乳抗体可能会干扰新生小牛体内 BVDV 的分离。在这种情况下，EDTA 抗凝血液是合适的样本。急性感染的标本与持续感染动物的标本相似，但标本采集的时间很关键。例如，急性感染的病毒只能在感染后的几天内可以从血清中分离出来，随着免疫反应的展开，病毒与抗体结合形成复合物被机体清除，无法分离到病毒。而且从粪便中分离 BVDV 通常结果不理想，因此应避免使用粪便样本分离 BVDV。来自急性感染动物或持续感染动物的抗凝血离心获得的中间棕黄层中的单核细胞是迄今为止检测 BVDV 的最佳样本。分离的单核细胞在急性感染后 14～21 d 内可能呈病毒阳性，而在持续感染的动物中一直呈阳性。

（二）逆转录聚合酶链式反应（RT－PCR）

病毒分离一直被认为是 BVDV 诊断的“黄金标准”，但 PCR 的使用已经越来越普遍，RT－PCR 现在被广泛接受为 BVDV 诊断的标准。RT－PCR 通常优于病毒分离，因为它耗时少、成本低，不限于有细胞培养设施的实验室，而且灵敏度高。Dubovi（2013）讨论了与病毒分离有关的局限性。各种样品，包括血液、牛奶、卵泡液、唾液和组织的储存时间延长对 RT－PCR 的影响较小，而对病毒分离的影响较大。应用特异性的引物，对 5’非翻译区（5’UTR）的研究表明，使用 RT－PCR 可以成功地识别 1 型和 2 型 BVDV。急性和持续性感染都可以通过 RT－PCR 检测。

核酸检测方法具有特异性强和灵敏度高的特点，但需要已知病毒基因组碱基序列。与病毒分离不同，活体动物样本中存在中和抗体不会干扰核酸检测对病毒的检测。此外，这些方法不仅与来自感染性病毒体的基因组 RNA 发生反应，还与来自灭活或缺陷病毒的 RNA 和受感染细胞中的 RNA 发生反应，这增加了检测方法的相对灵敏度。核酸检测方法也可以与疫苗发生反应，特别是改良的活疫苗。

反转录聚合酶链式反应扩增（RT－PCR）是基于合成 DNA 寡核苷酸（引物）与互补基因组靶序列特异性结合的能力。核糖核酸靶标（例如 BVDV 基因组）首先通过逆转录转化为 cDNA，然后再进行 PCR 扩增（RT－PCR）。引物选择至关重要，它可能允许广泛识别所有瘟病毒,区分该属的四种公认物种(BVDV－1、BVDV－2、边界病病毒和经典猪瘟病毒)或区分 BVDV 基因型(亚型)。该方法已针对各种特定应用进行了调整,例如检测福尔马林固定、石蜡包埋的组织和散装牛奶样品中的病毒 RNA。PCR 方法的高灵敏度和多功能性具有巨大优势,并且随着标准化试剂和方案以及自动化提取和检测设备的引入,瘟病毒的 RT－PCR 检测处于诊断检测的最前沿。

(三)实时定量 RT－PCR(qRT－PCR)

已被应用于 BVDV 的检测,具有良好的分析灵敏度和特异性。Letellier 和 Kerkhofs(2003)证明,BVDV－1 和 BVDV－2 的检测限分别低至 1000 和 100 拷贝,重复性高,与常规 PCR 的符合率为 100%。CT 值与存在的病毒 RNA 数量之间的线性关系表明,qRT－PCR 可用于区分急性和慢性感染,预计在急性感染期间存在较低水平的病毒;然而,qRT－PCR 用于这一目的还从未得到实际证明。

(四)抗原检测

通过使用各种免疫学方法检测病毒抗原,可以快速直接地确定样本中是否存在 BVDV。组织中病毒的检测和定位可以通过免疫荧光(不适用于持续感染的动物)和免疫组织化学(IHC)方法对冷冻组织切片(如淋巴组织、心脏、肾脏、肠道和皮肤)进行检测。IHC 检测适用于福尔马林固定、石蜡包埋(FFPE)组织。一项重大研究进展是确定了一种对 E^{rns}(E^0)特异的单克隆抗体,该单克隆抗体适用于使用 FFPE 组织的 IHC 检测。当初级鉴别实验未能识别持续感染动物在“非 BVDV”病例中的作用并且唯一可用的材料是福尔马林固定的组织时,这一方法能够用于检测 BVDV。

已经开发了几种抗原捕获酶联免疫吸附试验(ACE),用于检测血液、白细胞和组织样本中的 BVDV。这些类型的检测仅适用于检测持续感染的动物,因为检测不够灵敏,无法检测急性感染动物中较低量的抗原。此程序利用附着在适当表面的广谱单克隆(或多克隆)抗体来捕获病毒然后由带有酶检测器标记的第二种 BVDV 特异性抗血清识别抗原。基于 NS3 检测的分析通常缺乏敏感性,需要进行样品处理才能从感染细胞中释放抗原。基于在血清、组织样本和单个牛奶样本中检测 E^{rns}(E^0)的测试克服了这些问题,显示出检测持续感染动物的近 100% 的灵敏度。

1. 抗原－ELISA

通过抗原 ELISA 直接检测样本比病毒分离简便快速快而且成本更低。ELISA 假阳性结果很常见,必须通过其他试验方法来验证。抗原－ELISA 是一种简单、快速的 PI 动物的高通量检测方法,主要用于整个畜群监测,如畜群筛选。与病毒分离法相比抗原

-ELISA的敏感性和特异性分别为67%～100%和98.8%～100%。现在有多种BVDV抗原-ELISA试剂盒可用,用于各种样品,如血清、牛奶和耳豁。抗原-ELISA是一种非常稳定、简单、节约成本的诊断方法。该测试不需要细胞培养设备,长期储存的影响最小。与抗体-ELISAS不同,抗原-ELISA不适合混合的血清样品检测。此外,初乳抗体可能会影响牛奶样本中抗原检测的灵敏度。在市售的BVDV抗原-ELISA中已经观察到与边境病病毒的交叉反应。

2. 免疫组化(IHC)

免疫组化是美国最流行的BVDV抗原检测方法之一,当用于耳廓组织样品时,已被证明能以100%的灵敏度检测PI动物。同一研究还表明,IHC在一些急性感染的小牛的耳部切口上得到了阳性结果。IHC可以在急性病毒血症期过后很长时间检测组织样本的BVDV抗原。虽然IHC检测能力强大也适用于大量的样本,但它也面临着缺点,即它仅限于组织样本,劳动强度大,容易出现技术错误,依赖于主观的评分系统,需要有经验的人员来确保准确性,并且对于在福尔马林中储存超过15 d的样本是不可靠的。

(五)BVDV抗体检测(血清学诊断)

检测牛的BVDV抗体是确定个体动物的免疫状态和任何先前接触BVDV的一种有价值的方法。在未接种疫苗的个体中抗体检测呈阳性不仅表明动物以前曾接触过BVDV,而且它不是PI动物。怀孕母牛的阳性结果表明它可能怀有PI胎儿。然而,个体的阴性抗体结果并也不能确认该动物为BVDV阴性的,需要进一步的病毒或抗原检测以确认该动物不是PI。在牛群或地区水平上,抗体阳性率高表明该牛群目前被感染的可能性很高(包含PI动物),而大部分检测结果为阴性表明该牛群包含PI个体的可能性较小。此外,畜群或地区的血清抗体阳性率低表明如果引入感染牛会产生严重后果,为牛群需要生物安全防护措施提供了依据。相反,血清抗体阳性率高表明接种BVDV疫苗几乎没有益处。

目前有几种BVDV抗体检测方法,包括:一种简单、廉价、可靠、快速的点阵酶免疫测定法,一种琼脂糖凝胶免疫扩散试验(AGID)和一种基于微球的免疫检测方法。据报道,相对于ELISA,该免疫测定法的灵敏度为99.4%,特异性为98.3%。然而,到目前为止,检测BVDV特异性抗体的最常用方法是血清中和试验(SNT)和抗体ELISA。

1. 血清中和试验

血清中和试验(SNT)被公认为BVD抗体检测的“金标准”,适用于血清中BVD特异性抗体的检测和定量。SNT提供有关急性感染、畜群感染状态或疫苗接种效率的信息(为了确定畜群中的病毒感染率,只需要检测一次血清样本,而确定急性感染必须是检测间隔 2～3 周的配对血清样本(急性和恢复期),抗体滴度增加 4 倍时证明发生急性感染)。在 SNT 中,血清样本被逐步稀释,并与相同数量的病毒一起孵育。如果血清中有足够的抗体,病毒就会被中和。为了使中和效果可见,将易感细胞添加到样品中。如果中和成功,则细胞保持完整,即不识别细胞病变效应或免疫染色保持阴性。与 ELISA 相比,SNT 具有敏感性和特异性优势,但在劳动和对细胞培养的依赖性方面存在缺点。用于 SNT 检测的常见菌株包括 NADL、Singer 或 Oregon C24V,但任何分离物都可以标准化用于血清学检测。然而,这些传统分离株都是 BVDV－1 血清型,并且随着 BVDV－2 和 Hobi 菌株的出现,中和试验中菌株的选择可能需要扩大以反映当地的需求。病毒中和抗体的主要目标是表面 E2 蛋白,它是 BVDV 结构蛋白中变化最大的一种。

2. 抗体－ELISA

ELISA 定性和定量地测量抗原－抗体结合。SNT 仅测试中和抗体,而 ELISA 还测试非中和抗体。与 SNT 相比抗体 ELISA 操作不复杂,因此可用于常规诊断。许多商业试剂盒在几个小时内可实现自动化并提供结果。在血清阳性率低且不允许接种疫苗的地区(例如瑞典),抗体 ELISA 可检测畜群中的 PI 动物(在牛群中混合牛奶样本中的抗体滴度越高,存在 PI 动物的可能性就越大)。一些研究的结果表明,用纯化或重组测试抗原包被在板上的抗体检测 ELISA 测试与用于检测 BVDV 抗体的病毒中和测试具有很好的相关性。最近已开发出一种竞争 ELISA,用于评估对保守 NS3 蛋白的反应的抗体。由于需要广泛纯化/制备适当的 BVDV 抗原,ELISA 应用的接受程度参差不齐,但这种竞争 ELISA 提高了检测的特异性和灵敏度,并且已经商业化。

(六)疑似黏膜病的诊断

目前黏膜病的诊断分两步进行。首先,检测患病动物和一些健康对照动物血液中的 BVDV 抗体。如果患病动物的抗体检测结果呈阴性而其他动物抗体呈阳性,则患病动物通常患有黏膜疾病。随后,通过细胞培养物进行病毒分离进一步检测到 BVDV 抗原进行确诊。目前有许多针对抗体和病毒抗原的 ELISA 检测方法,可确保诊断结果准确。如果怀疑黏膜疾病,建议用 ELISA 检测抗原。注:抗体测试用血样(＝抗体－ELISA):天然血;用于病毒测试(＝抗原－ELISA):EDTA 抗凝血液。

(七)持续感染(PI)的诊断

一般通过从黏膜拭子或全血中首次分离病毒以后间隔 21～30 d 再次分离病毒的方法来鉴定 PI 动物。在此时间范围内急性感染的动物在复检中应该检测不到传染性病毒。由于 RT－PCR 检测的敏感性增加,可能需要延长复检实验的间隔时间。对于主要用于检测 PI 动物的抗原捕获 ELISA(ACE),可能不需要对动物进行重新检测,特别是 PI 动物的其他特征很明显时,例如生长速度慢、皮炎和慢性肺炎。在这些动物中大多数病毒血症的水平很高(高达 10^6 感染剂量/mL),但在某些动物中可能较低(10^2 感染剂量/mL)。老年动物的病毒血症水平可能会逐渐降低。初乳抗体可能会干扰 3 个月以下动物的病毒检测。因此,在尝试从该年龄组的动物中分离病毒时,应使用洗涤过的活白细胞。皮肤活检的抗原捕获 ELISA(ACE)方法通常不受初乳抗体的影响,但建议对几周大的动物进行检测。RT－PCR 方法也不受初乳抗体的影响。

尽管持续感染的动物具有免疫耐受性,但它们可能会产生针对病毒的异源分离株的抗体,包括改良的活疫苗。因此,尝试通过首先筛查一群抗体阴性动物来识别持续感染动物的做法是不明智的。应通过检测畜群中所有动物的病毒血症或抗原阳性皮肤活检来识别持续感染的动物。特别是在使用 RT－PCR 检测时,可以通过混合样本检测以降低群体筛查成本。成年动物的血清样本和 3 个月以下小牛的抗凝全血可用于 RT－PCR 检测。此外,在移出最后一头 PI 动物后的畜群中,7 个月后出生的所有动物也应进行病毒血症检测,以确保在畜群中有 BVDV 时不会出现持续感染的胎儿。

(八)繁殖障碍的诊断

当流产成为常见问题时,可以对整个胎儿进行检查,通过免疫荧光或细胞培养物中的病毒分离来确诊 BVDV 感染。检查怀孕动物的 BVDV 抗体几乎没有意义,因为它可能是阳性也可能是阴性。血清学阴性动物可以持续感染或无 BVDV 感染。在瑞士大约 80% 的成年动物血清学呈阳性。流产胎儿的组织内也可能不会产生 BVDV“信号”,因为胎儿可能要到感染后数周才会被排出体外。在某些情况下,这些胎儿的 BVDV 抗体可能具有诊断意义。然而,由于 BVDV 的普遍性,即使患病动物或流产胎儿中存在 BVDV,也不能说明它与疾病有直接的因果关系。根据完整的病史、临床体征和对检测结果的分析都必须考虑到可能存在其他病原体。然而,绝不能忽视临床样本中 BVDV 的检测,因为来自生产畜群的动物中存在 BVDV 是一个严重的健康问题。

(九)肺炎的诊断

由于涉及许多病原体,因此这些病例的诊断相当复杂。此外,还必须考虑非微生物方面的问题,例如饲养和管理问题。在进行实验室诊断之前,应加强和优化管理条件。原则上可以进行病毒分离(或直接在从鼻黏液中提取的细胞中进行 BVDV 抗原检测)。也可以检测针对不同病毒的抗体滴度是否显著升高(在间隔≥ 2 周的配对血清样本中抗体滴度增加 >4 倍)来确诊。

(十)个体动物检测方案

以下方案显示了个体动物检测的过程,将根据动物的年龄使用不同的诊断方法。

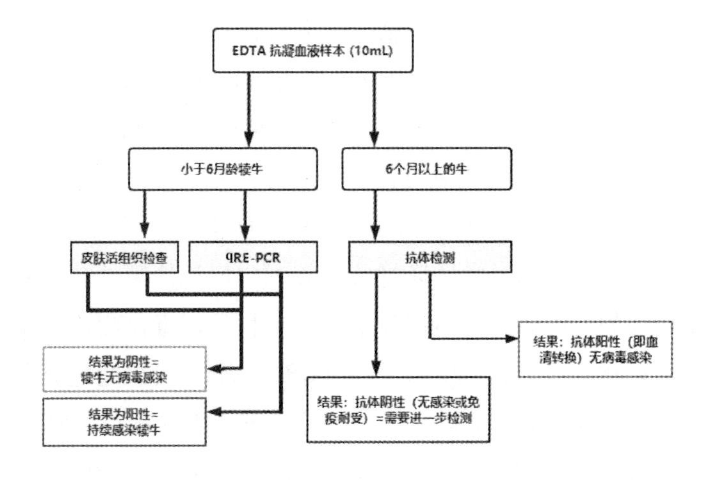

图 8－1　BVDV 持续感染的个体动物检测程序

(十一)群体动物检测

BVD 实际上一直是一个群体问题。牛群疑似有 BVD 一般会标选出一下特征:①牛群发生致死性的黏膜病(MD)。MD 的特征是胃肠道黏膜组织的糜烂和坏死以及采取抗腹泻治疗。②犊牛和小母牛的腹泻和肺炎肠炎形式的呼吸道问题。③繁殖问题,怀孕各个阶段的流产和产后问题。④产奶量下降和身体发育不良(行动不便)。⑤宫内 BVDV 感染后引起的胎儿先天性出生缺陷,其特征是胎儿小脑发育不全。

检测所需样本包括:①泌乳奶牛:1 份 50 mL 的大罐牛奶样品。(注意:取样前搅拌均匀)。②非泌乳牛:每头牛 1 份 10 mL EDTA 抗凝血样(肝素抗凝血不适用)。③小于 6 个月龄的小牛:每头牛 10 mL EDTA 抗凝血样(标明年龄非常重要)。

(十二)BVDV qRT－PCR 检测方法的建立与应用

1. 材料与方法

1)毒株与细胞

MDBK 细胞、牛病毒性腹泻病毒、pMD－18T、DH5α 由本实验室保存。

2)主要试剂

2×SYBR GREEN Ⅱ qPCR Master Mix 购自哈尔滨赛信公司;DNA Marker、2×ES Taq

酶,均购自北京全式金生物技术有限公司;RNA 提取试剂盒为康为世纪公司产品;反转录试剂盒为 Thermo Fisher Scientific 公司产品;质粒提取试剂盒为 TIANGEN 公司;DNA 胶回收试剂盒为美国 NEB 公司产品;其他试剂均为国产分析纯。

3)引物设计

表 8-1　引物序列

引物	Sequence(5-3)	预计扩增片段长度
BVDV-1R	GCC AGT CTA GCC CTA GGA GG	177 bp
BVDV-1F	ACA GCT ACG AGG TCC AGG TC	
BVDV-2R	TGC CTG ATG CAG TGA CAC AC	180 bp
BVDV-2F	TGG TGC CAG ATG TTA CGT GC	
BVDV-3R	TTG CCT GCG GTT ACA TGG TC	220 bp
BVDV-3F	CCG AGA GGG ACT ACA CCC AG	

4)病毒的增殖培养

将冻存的 MDBK 细胞复苏,并增殖病毒,待 MDBK 细胞密度达到 70% ~75% 时,弃掉废液,用 Hank's 液冲洗 3 遍后加入细胞瓶容积 1% 的病毒液,在 37℃,CO_2 含量 5% 感作 1 h,每隔 20 min 摇晃一次,换维持液继续培养细胞即可。多观察细胞病变情况,如果细胞出现破溃、拉丝等变化即为病变。病变程度达 70% 时,反复冻融 3 次。4000 ×g 离心 20 min,收取上清液,置 -80℃冻存备用。

5)提取 RNA 及 cDNA 合成

将病毒传至 3 代,用病毒上清液按照 RNA 提取试剂盒说明书操作,需要注意的是,提取的 RNA 应立即进行反转录操作或者 -80℃保存。按照反转录试剂盒操作,结束后分装标记,-80℃保存。

6)标准品的制备

(1)引物筛选及 PCR 条件的优化

反应体系为 25 μL:1 μL 上游引物,1 μL 下游引物,12.5 μL Taq DNA 聚合酶,9.5 μL ddH_2O,1 μL 模版;分别用 3 对引物进行 PCR,选择与预期相符,无非特异性扩增的引物进行下面实验。最佳退火条件的筛选:按 PCR 扩增程序 92℃:3 min;92℃:15 s;设置梯度 53 ~56℃:30 s;72℃:20 s;30 个循环;72℃:10 min;4℃:5 min。将样品跑胶,观察结果。

(2)PCR 产物回收

按照摸索的最佳条件进行 PCR 电泳,将 PCR 产物按照胶回收试剂盒进行胶回收。

(3)PCR 产物与载体连接

将目的片段连接到 pMD－18T 载体上,按照下表 8－2 中的体系配置样品。在 16℃的连接仪上连接过夜。

表 8－2　连接体系

试剂名称	剂量
目的片段	8 μL
线性载体	1 μL
10 × T4 DNA Ligase Buffer 1μL	1 μL
T4 DNA Ligase 1μL	1 μL

(4)转化

将 DH5α 感受态置于冰上融化 15 min,分别加入 10 μL 的 pMD18－T 连接产物,冰浴 30 min,42℃,90 s,冰浴 3 min。加入 1 mL 无抗生素的 LB 培养液。37℃,200r/min,震摇 50 min。5000 × g 离心 2 min,弃上清,用 50 ~ 100 μL 无抗生素的 LB 重悬,在含有氨苄霉素(100 μg/mL)的 LB 琼脂平板上均匀涂布,37℃,培养 12 ~ 16 h,观察菌落形态。

(5)质粒提取

挑取单菌落接种至 5 mL 含氨苄霉素 100 μg/mL 的液体 LB 培养基,37℃震摇 12 ~ 16 h,按照质粒提取试剂盒说明书操作,并用 Thermo Nanodrop 2000 对重组质粒进行 DNA 浓度测定。

(6)质粒鉴定

对构建的质粒 PCR 鉴定,跑胶观察结果。将质粒送往生工生物工程(上海)股份有限公司测序,利用 NCBI BLAST 进行序列比对。

(7)标准品的稀释

按照拷贝数计算公式计算拷贝数;将质粒按 10 倍梯度倍比稀释后,使其终浓度为 $10 \sim 10^8$ copies/μL,标准品制作完成后,－80℃保存备用。

7)两种仪器的荧光定量 PCR 体系的优化

本试验分别采用两种检测仪器进行检测,一种购自国外 BIO－Rad 公司,型号:CFX96,一种购自国内,型号:猪警－2000。本试验分别对这两种仪器进行反应条件的优化并进行了一系列对比。

(1)引物浓度的优化

分别用三对引物进行预 PCR,选取无非特异性扩增且稳定的引物进行后续试验。对引物的浓度进行优化。以 10^5 copies/μL 的标准品为模版,qRT－PCR 反应体系:将引物浓度稀释为 10 pmol/μL，之后引物量分别选择 0.2 μL、0.4 μL、0.6 μL，每组做 3 个重复，以越快达到荧光峰值为越好，选取最佳引物浓度。

(2)退火温度的优化

以 10^5 copies/μL 的标准品作为模版，ddH_2O 作为阴性对照，利用 CFX96 和猪警 - 2000 上的温度梯度功能，在 53 ~ 60℃退火温度下进行检测，选择最佳退火温度。

(3)BIO - RAD 与猪警标准曲线的绘制

以 10^2 ~ 10^6 copies/μL 的标准品为模版，ddH_2O 为阴性对照，采用优化后的条件进行 SYBR Green Ⅱ qRT - PCR 标准曲线的绘制。

(4)特异性试验

将建立的 qRT - PCR 方法用于检测猪瘟病毒(HCV)，牛副流感病毒(PIV)，牛呼吸道合胞体病毒(RSV)的 cDNA，分别验证 CFX96 与猪警 - 2000 的特异性。

(5)敏感性试验

以 10 ~ 10^5 copies/μL 的标准品为模版，分别用 CFX96 与猪警 - 2000 进行 SYBR Green Ⅱ QRT - PCR 检测。

(6)重复性试验

选取标准质粒 10^6 ~ 10^8 copies/μL，每个浓度 10 个重复，利用优化后的反应体系及反应条件进行荧光定量 PCR。计算批间和批内的 Ct 值平均值、标准方差、*CV*，以评价 CFX96 与猪警 - 2000 的稳定性。

(7)临床样品的检测

分别用两种仪器对黑龙江省八一农垦大学预防兽医实验室保存的九株 BVDV BA 毒株进行检测，并设置一组牛阴性血清作为对照。

2. 结果

(1)PCR 条件的优化

经优化后，反应程序见表 8 - 3；可见扩增出 177 bp 的目的条带，目的片段大小与预期一致，没有非特异性扩增，PCR 条件优化完成。

表 8 - 3　RT - PCR 反应程序

反应过程	预变性	变性	退火	延伸	循环数	终延伸
温度	92 ℃	92 ℃	53 ℃	72 ℃	30 ℃	72 ℃
时间	3 min	15 s	30 s	20 s		10 min

(2)BVDV NS3 基因阳性质粒构建结果

目的片段为 177 bp 与预期一致。将胶回收产物送去测序，基因序列在 BLAST(NC-

BI)中比对结果显示 BVDV 质粒序列与(KX170438.1)基因同源性为100%。

(3)CFX96 与猪警 -2000 荧光定量 PCR 体系的优化

经过预试验筛选,引物1在82.5℃荧光信号最强,呈现单一峰,说明引物特异性良好,所以选择引物1进行试验。结果表明最佳工作体系为:ddH_2O 9.3 μL;SYBR Green Ⅱ Master 12.5 μL;上、下游引物(10 pmol/μL)各0.6 μL;模板2 μL。

反应程序为:CFX96 在溶解温度为82.5℃时扩增出了单一峰。猪警 -2000 在溶解温度为83.5℃时扩增出了单一峰,说明引物特异性良好,程序、体系优化成功。

表8-4 CFX96 qRT-PCR 反应程序

反应过程	预变性	变性	退火	延伸	循环数
温度 时间	95℃ 30s	95℃ 10s	55℃ 30s	72℃ 15s	40

表8-5 猪警 -2000 qRT-PCR 反应程序

反应过程	预变性	变性	退火	延伸	循环数
温度 时间	95℃ 30s	95℃ 10s	52℃ 30s	72℃ 15s	40

(4)CFX96 与猪警 -2000 荧光定量 PCR 标准曲线的绘制

设置横坐标为标准品浓度的对数,纵坐标为循环中的 Cq 值,分别绘制 CFX96 和猪警 -2000 QRT-PCR 的标准曲线。CFX96 的标准方程为 $y = -3.536x + 39.420$,扩增效率为91.8%,R^2 为0.981,说明重组质粒 NS3 在该浓度范围内具有良好的线性关系。猪警 -2000 的标准方程为 $y = -3.513x + 38.736$,扩增效率为92.3%,R^2 为0.9839,说明重组质粒在该浓度范围内具有良好的线性关系。

(5)CFX96 与猪警 -2000 荧光定量 PCR 特异性试验比较

结果显示,除 BVDV 检测样本呈阳性外,其余均为阴性,表明本实验建立的方法具有很好的特异性。

(6)CFX96 与猪警 -2000 荧光定量 PCR 敏感性实验比较

本研究建立的 BVDV Q-PCR 方法在 CFX96 上对标准品最小检出量为 1.00×10 copies/μL。在猪警 -2000 上对标准品最小检出量为 1.00×10^2 copies/μL,证明 CFX96 比猪警 -2000 更为敏感。

(7)CFX96 与猪警 -2000 荧光定量 PCR 重复性实验比较

如表8-6、表8-7,重复计算得出 CFX96 与猪警 -2000 所测样品的 Ct 值变异系数 *CV* 均稳定小于1.5%,说明这两种方法均具有良好的重复性及稳定性。

表 8－6　CFX96 荧光定量 PCR 重复性实验结果

浓度	批间重复 Ct 值			批内重复 Ct 值		
copies/μL	平均值	标准差	*CV*/%	平均值	标准差	*CV*/%
1×10^6	17.45	0.09	0.51	17.21	0.11	0.63
1×10^7	15.60	0.12	0.76	15.27	0.14	0.91
1×10^8	13.66	0.07	0.51	13.97	0.05	0.35

表 8－7　猪警－2000 荧光定量 PCR 重复性实验结果

浓度	批间重复 Ct 值			批内重复 Ct 值		
copies/μL	平均值	标准差	*CV*/%	平均值	标准差	*CV*/%
1×10^6	17.26	0.05	0.28	17.41	0.13	0.74
1×10^7	13.43	0.07	0.52	13.20	0.09	0.68
1×10^8	9.24	0.02	0.21	9.73	0.05	0.51

(8)CFX96 与猪警－2000 荧光定量 PCR 毒株样品的检测结果对比

如表 8－8，毒株样品检测结果为：两种 qRT－PCR 检测机器符合率为 100%。

表 8－8　CFX96 与猪警－2000 荧光定量 PCR 毒株样品的检测结果

		猪警－2000		
		阳性	阴性	共计
CFX96	阳性	9	0	9
	阴性	0	1	1
	共计	9	1	10

3. 结论

本研究建立了 BVDV SYBR Green Ⅱ实时荧光定量 PCR(qRT－PCR)，建立的 BVDV qRT－PCR 方法具有良好的特异性、敏感性、稳定性。BVDV qRT－PCR 和商品化试剂盒符合率为 100%。对黑龙江地区奶牛腹泻主要病原(BVDV)进行流行病学调查，场群阳性率为 75%，PI 牛总检出率为 0.33%。

(十三)BVDV E0、E2 融合蛋白一步法荧光微球试纸条检测方法的初步建立

1. 材料与方法

1)重组蛋白的原核表达的验证

将实验室保存的质粒 E0、E2－pET－28a 分别用本实验室保存的 E0、E2 引物进行

PCR 鉴定和重组表达菌株的诱导表达。所表达蛋白存在于包涵体中，用优化好的条件进行诱导，将诱导后的菌液12 000 r/min，离心1 min，PBS 洗涤3 次后重悬，将菌液置于冰水混合物上，利用超声破碎仪裂解菌体至菌液不再黏稠，以便释放菌体内物质（超声时功率为300 W，超声破碎8 s，间隔15 s），12 000 r/min 离心15 min，弃上清，用100 μL PBS 重悬沉淀，并对其进行 SDS－PAGE 分析。

2）重组蛋白 pET－28a－E0－E2 的 Ni 柱纯化

表达载体 pET－28a 带有组氨酸 his 标签，故选择金斯瑞生物科技的 Ni 柱亲和层析试剂盒进行纯化。

①将 Ni 柱小心连接于纯化仪通路上，并用22 倍柱体积的 Bingding buffer 平衡柱子，流速不大于1 mL/min，观察出液管以及流速是否正常。

②加样：经0.22 μm 滤膜过滤除菌后的蛋白液10 mL 从仪器上样孔上样，流速0.5 mL/min，使重组蛋白 his 标签与 Ni 柱中的离子充分接触、结合。

③洗涤：用10 倍柱体积的 Washing buffer 洗涤填料，流速不大于1 mL/min.

④洗脱：用2 倍柱体积的 Elution buffer 洗脱柱子，流速不大于0.5 mL/min，并随时观测 UV 洗脱峰，待洗脱峰结束后继续洗脱10 min，纯化结束。

⑤将洗脱液收集汇总经超滤管脱盐浓缩，测得浓度并分装储存于－80℃备用。将收集到的上样流穿液（Flow buffer）、洗涤液、洗脱液进行 SDS－PAGE 分析。

⑥蛋白复性：将纯化后的蛋白液注入至已用 EDTA 处理过的透析袋中，不要超过透析袋总体积的三分之二，将其依次置于 pH 为7.8－8.0 的6 mol/L、4 mol/L、2 mol/L、1 mol/L、0.5 mol/L 的尿素溶液中，每个梯度尿素溶液中加入终浓度为500 mol/L L－精氨酸，每个梯度4℃静置透析3 h，结束后放置于含有 L－精氨酸的 PBS 溶液中透析咪唑3 h，收集蛋白液进行浓缩。

⑦蛋白浓缩：取20 kDa 超滤管，用超纯水洗涤超滤管，置于冰上预冷20 min 后加入10 mL纯化得到蛋白液，3 000 × g，4℃离心20 min，重复几次，直至蛋白液浓缩至1 mL，收集并利用 BCA 蛋白浓度测定试剂盒测定蛋白浓度，其余蛋白保存于－80℃备用。

3）E0、E2 融合蛋白多抗制备

（1）动物免疫

用纯化的重组 E0、E2 融合蛋白作为抗原免疫购买的雌性健康中国白兔，并设置阴性对照组（注射同样体积的 PBS）。

①免疫蛋白的预处理：将纯化后的重组抗原蛋白（E0、E2），用超滤管进行超滤除盐（将含有甘氨酸的、高浓度盐的洗脱液换为生理盐水）、浓缩，BCA 法测得蛋白浓度后，放置－80℃保存备用。

②选择哈尔滨医科大学动物实验中心购买的6月龄2kg左右雌性健康中国白兔作为制备抗体的动物。

③免疫步骤:重组蛋白与弗氏、206佐剂(体积比1:1)混合,用三通阀乳化(半小时左右),将制备的疫苗多点注射于兔子皮下,二、三和四免分别用ISA206佐剂,四免后1周左右心脏采血,置4℃静置过夜,次日4000r/min离心15 min,收集上清分装于5 mL离心管,-80℃备用。具体免疫程序见表8-1。

表8-1　中国白兔免疫程序

免疫次数	时间(week)	注射部位	剂量(μg)	佐剂
一免	1	颈背部皮下	300	弗氏完全佐剂
二免	2	颈背部皮下	300	206佐剂
三免	2	颈背部皮下	300	206佐剂
四免	2	颈背部皮下	300	206佐剂

(2)抗体的提取及换液

按照ProteinA-6FF柱子说明书步骤进行纯化,ProteinA即为葡萄球菌A蛋白,能够特异性结合抗体IgG,为了能够在是纸条上正常与抗原反应,将纯化的多抗底液换为PBS。从-80℃中取出免抗血清,待其完全融化后,用平衡液稀释血清(1:20,0.5 mL血清加10 mL稀释液)后,经0.45 μl滤膜过滤装于新的EP管中。平衡:将Protein A纯化柱接入纯化仪通路,用2倍柱体积的平衡液平衡柱子,流速小于1 mL/min。加样:取处理后的血清上样,流速小于0.5 mL/min,观察出液管流速以及是否出液。洗涤:10倍柱体积的平衡液洗涤填料,流速小于1 mL/min洗涤。洗脱:2倍柱体积的洗涤液,调整流速为0.5 mL/min缓慢洗脱,直至洗脱峰消失后再洗脱3 min。将洗脱下来的抗体加入到50 kDa的超滤管中,12000 r/min离心20 min,离心后用PBS重悬,并取小量做SDS-PAGE分析。纯化结束后将洗脱液汇集至一个管中,经过超滤管超滤脱盐浓缩,测得蛋白浓度并分装贮存于-80℃。

4)E0、E2融合蛋白荧光微球试纸条初步建立

(1)荧光微球与E0、E2融合蛋白的偶联(EDC一步法偶联)

①用PBS稀释荧光微球,比例为10:1(100 μL荧光微球加入到900 μL PBS中稀释)。

②用剪刀将枪头剪一缺口,刮少量EDC粉末(刚好覆盖枪头缺口即可),称取约0.01g。

③将稀释好的微球和自制的多克隆抗体以及EDC混合在一起,荧光微球和抗体比例

为1∶1(1 mL荧光微球稀释液加入到1 mL抗体中再倒入EDC粉末混合),倾斜颠倒1.5~2 h。

④4℃ 1000r/min,将荧光微球沉下,弃液(留少量上清测抗体浓度)。

⑤离心后,用1% BSA将沉淀重悬,封闭荧光微球,4℃过夜。

⑥离心同步骤④。

⑦加入1 mL PBST、0.5 mL BSA(便于与样品结合)、0.1 g防腐剂、0.5 mL PEG8000。

⑧4℃保存备用。

(2)抗体与抗原结合的最低浓度试验

将纯化后的多抗用分光光度计测量浓度,10倍比稀释5个梯度,分别和荧光微球进行偶联,将BVDV病毒液涂至硝酸纤维素膜上,晾干,再将偶联物浸泡样品垫,晾干(切忌完全干燥),向样品垫滴加PBS,选择条带清晰的最低抗体浓度的试纸条,该浓度即为最低结合浓度。

(3)试纸条稳定性试验

用原浓度的多抗与微球偶联,分3次在试纸条上进行抗原抗体结合实验,观察稳定性。

(4)试纸条特异性试验

分别用自制多抗以及实验室保存的鼠源IgG与微球进行偶联,偶联后在试纸条上观察与BVDV病毒液的结合情况。

2.结果

(1)E0、E2融合质粒鉴定

结果显示,扩增出的E0、E2条带均与预期相符,表明质粒正确。

(2)重组表达菌株的诱导表达结果

SDS-PAGE电泳结果显示,约68.5bp处有明显加粗条带,其分子量与预期相符合,说明重组蛋白表达成功。

(3)重组蛋白的纯化结果

将不同阶段的流穿液、洗脱液,留取少量样品,可见2、3泳道的流穿液还有些许杂蛋白,4、5泳道的洗脱液杂蛋白明显变少,说明纯化成功。

(4)自制多抗纯化结果

横坐标对应的是洗脱液的体积,纵坐标所对应的是280nm处的紫外吸收值,由于SDS-PAGE是变性电泳,所以在140 kDa和55 kDa处出现了明显的深粗条带,说明抗体纯度较高。

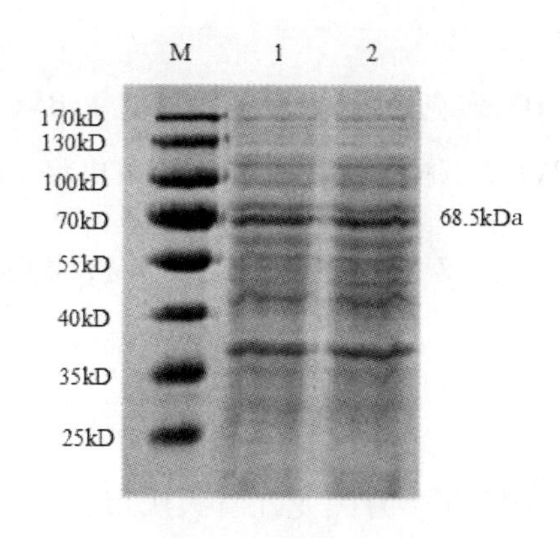

图 8-2　E0、E2 融合蛋白 SDS-PAGE 分析

M：蛋白 Marker；1、2：E0、E2 融合蛋白

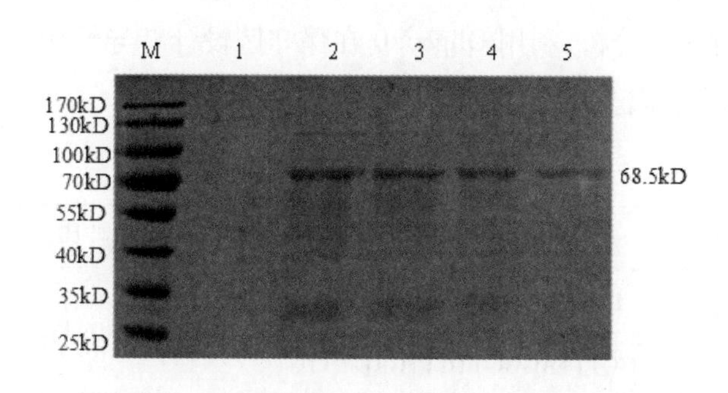

图 8-3　纯化重组蛋白的 SDS-PAGE 分析

M：蛋白 Marker；1：阴性对照；2、3：Ni 柱流穿液；4、5：Ni 柱纯化洗脱液

(5)抗体与抗原结合的最低浓度试验结果

根据文献，多抗稀释液的主要试剂成分有 BSA、蔗糖、Tween-20，各组分浓度高低对试纸条整体没有太大影响，最终实验选择 0.4% BSA、4% 蔗糖溶液，0.3% Tween-20。将自制多抗稀释 10^3 后仍能看到清晰的条带，10^4 就几乎看不到条带，自制多抗与抗原结合的最低稀释倍数为 3 倍。

(6)试纸条稳定性试验结果

可以观察到用原浓度的多抗进行 3 次试验的条带均清晰可见，说明该方法稳定性良好。

(7)试纸条特异性试验结果

检测结果表明，BVDV 试纸条出现明亮条带，而 BPIV 则没有条带，说明自制多抗特异性良好，能与 BVDV 病毒稳定结合。

4. 结论

本试验成功制备了 BVDV 多克隆抗体，并初步建立了 BVDV 融合蛋白一步法荧光微球试纸条，为下一步建立 BVDV 双抗体夹心检测试纸条奠定了基础。

（十四）牛呼吸道综合症多重 PCR 检测方法的建立

1. 材料与方法

（1）临床样本

采集自 2012 年 5 月 –2015 年 7 月黑龙江省大庆市、哈尔滨市和齐齐哈尔市的周边地区。具有呼吸道症状的肉牛和奶牛鼻腔拭子，总计 35 份。

（2）引物的设计与合成

根据 GenBank 上发表的 BRSV 和 BPIV3 的 N 基因序列，以及 BVDV 5′UTR 基因序列，经 DNAStar 软件比对分析，利用 Oligo6.0 在保守区设计特异性引物各 2 对，由上海生工生物工程技术服务有限公司合成，引物序列见表 8 –2。

表 8 –2　引物序列

引物名称	引物序列	扩增片段大小	目的基因
BRSV – F1	TTAGCAGCAGGTGATAGGTC	416 bp	N
BRSV – R1	GCTTTAGGGTTGTTCAGTATGT		
BRSV – F2	AAGTGATGTTAAGATGGGGTGTAT	373 bp	N
BRSV – R2	TTGATTGCCTCTAGTTCCTCTGTA		
BPIV3 – F2	CTTGGTGTTAAGCGGTGAT	653 bp	N
BPIV3 – R2	CTGCTTCCTCGTCTATTGC		
BPIV3 – F1	ACATCAATAGGCTCAAGGCACT	503 bp	N
BPIV3 – R1	AGTCTGGGTATCACTCCTGGTT		
BVDV – F1	AGGGTAGTCGTCAGTGGTT	142 bp	5′UTR
BVDV – R1	CAGGCTGTATTCGTAGCAG		
BVDV – F2	CCGCGAAGGCCGAAAAGAGG	133 bp	5′UTR
BVDV – R2	TTAAGGCGTCGAACCACTGA		

（3）试验用病毒液制备

BRSV HJ 株、BPIV3 HJ 株、BVDV HJ –1、牛冠状病毒 DQ 和 IBRV DQ 株等试验用病毒株按照常规方法接种敏感细胞以后，待 60% ~70% 的细胞出现 CPE 以后收集细胞，反复动融3次后分成3等份 -80℃储存备用。

(4)试验用细菌液的制备

将化脓隐秘杆菌、牛多杀性巴氏杆菌、牛溶血性曼氏杆菌和牛肺炎链球菌分别接种加入5%新生牛血清的TSB培养基,37℃摇床培养12h,收集菌体;IBRV接种MDBK细胞,60%~70%的细胞出现CPE时收集细胞,按照TIANamp Genomic DNA Kit说明书步骤制备上述细菌和病毒的基因组,-80℃储存备用。

(5)基因组RNA和DNA的制备

使用Rneasy plus Mini kit制备BRSV、BPIV3、BVDV和BCV等试验用病毒核酸,以及制备临床样本核酸,具体方法按照说明书操作。使用TIANamp Genomic DNA Kit制备化脓隐秘杆菌、牛多杀性巴氏杆菌、牛溶血性曼氏杆菌、牛肺炎链球菌和IBRV等试验用细菌和病毒的核酸,具体方法按照说明书操作。

(6)单一病毒一步法RT-PCR反应条件的优化

先对BVDV、BPIV3和BRSV三种病毒分别进行一步法RT-PCR反应条件优化,包括退火温度(54.5℃、56.2℃、57.3℃、58.8℃、60.1℃、61.4℃和62.8℃),引物浓度(终浓度0.1、0.2、0.4、0.6、0.8和1.0 μmol/L),然后根据最佳的退火温度和引物浓度进行PCR反应体系组合,检测BVDV、BPIV3和BRSV的复合样本,确定最佳复合引物条件。优化时先固定其他因素,逐个分析变量,最终筛选出最佳条件。

一步法RT-PCR反应条件:变性90℃ 30s;反转录60℃ 30min;变性94℃ 1min;预变性94℃ 30、退火54.5~62.8℃ 30s、延伸72℃ 1min,反应进行40个循环;延伸72℃ 7min。取10 μL PCR扩增产物于15 g/L琼脂糖凝胶中进行电泳鉴定。

(7)敏感性实验

分别把BRSV HJ株($10^{4.0}$ $TCID_{50}$/0.1 mL)、BPIV3 HJ株($10^{7.1}$ $TCID_{50}$/0.1 mL)和BVDV HJ-1株($10^{5.3}$ $TCID_{50}$/0.1 mL)的细胞培养物原液进行1∶5、$1:5^2$、$1:5^3$、$1:5^4$、$1:5^5$、$1:5^6$和$1:5^7$倍连续稀释,每一个稀释度进行3个重复,使用多重PCR反应扩增。另外,把BRSV HJ株、BPIV3 HJ株和BVDV HJ-1株的细胞培养物混合,起始浓度均配成1×10^5 $TCID_{50}$/0.1mL,同样进行10倍系列稀释,检测多重PCR的敏感性。比较单病原与多病原之间是否有干扰抑制现象。

(8)特异性实验

使用常见的牛呼吸道病原体IBRV、BCV、化脓隐秘杆菌、牛多杀性巴氏杆菌、牛溶血性曼氏杆菌和牛肺炎链球菌等基因组为模板,利用上述最优的PCR条件进行扩增,用来评价该方法的特异性。

(9)临床样本检测

把采集的65份临床样本用本研究中的一步法三重RT－PCR方法检测,同时使用已发表的两步法单重PCR方法进行检测。评价这两种方法的符合率,以及这三种病原在目前呼吸道病牛中的流行病学情况。

2.结果

(1)最佳退火温度优化

为了确定最佳退火温度,首先将引物浓度确定为常规浓度0.4 μmol/L,分别对BVDV、BPIV3和BRSV的退火温度进行优化。不同退火温度对BPIV3的扩增效率影响不大,对BRSV扩增效率仅在62.8℃时明显下降,对BVDV的基因扩增效率影响较大,退火温度在54.5℃和56.2℃时扩增效率相对较高,因此综合考虑选择54.5℃为最佳退火温度。

(2)最佳引物浓度优化

把BPIV3、BRSV和BVDV的引物分别配制成浓度10μmol/L的混合液,使每个体系终浓度分别为0.05、0.1、0.2、0.4、0.6和0.8μmol/L,在最佳退火温度为54.5℃条件下进行PCR扩增。综合BPIV3、BRSV和BVDV的扩增效率可见0.6μmol/L是最佳引物浓度。

(3)特异性实验结果

为了评价引物的特异性我们选择了牛常见呼吸道病毒IBRV、BCV和BADV,以及常见细菌多杀性巴氏杆菌、曼氏杆菌、化脓隐秘杆菌、肺炎链球菌、葡萄球菌和大肠杆菌,以及BPIV3 775株、AD、HJ株和BN－1株,BRSV NMK－7株和HJ株,BVDVHJ－1株和HJ－2株。本实验建立的方法能够有效扩增出4个株BPIV3,2株BRSV和2株BVDV,而与IBRV、BCV、BADV、多杀性巴氏杆菌、曼氏杆菌、化脓隐秘杆菌、肺炎链球菌、葡萄球菌和大肠杆菌无交叉反应。

(4)敏感性实验结果

通过对BRSV HJ株、BPIV3 HJ株和BVDV HJ－1株的细胞培养物原液进行1∶5系列稀释后进行三重RT－PCR扩增。结果本方法BPIV3、BRSV和BVDV的最小检测量分别为162、16和21个$TCID_{50}$/0.1mL。

(5)临床样本检测结果

采集自2012年5月－2015年7月黑龙江省大庆市、哈尔滨市和齐齐哈尔市的周边地区。具有呼吸道症状的肉牛和奶牛鼻腔拭子,总计35份。一步法三重PCR结果表明,BPIV3、BRSV、BVDV的检测阳性率分别为85.7%、28.6%、2.9%。两步法单重PCR结果表明,BPIV3、BRSV、BVDV的检测阳性率分别为85.7%、31.4%、2.9%。病毒分离鉴定结果表明,BPIV3、BRSV、BVDV的检测阳性率分别为51.4%、14.3%、0%。

3. 结论

本研究建立了针对 BRDC 常见的主要病原牛黏膜病病毒、牛副流感病毒 3 型和牛呼吸道合胞体病毒的一步法多重 RT - PCR（mRT - PCR），与牛传染性鼻气管炎病毒、冠状病毒、腺病毒，以及多杀性巴氏杆菌、肺炎链球菌、化脓隐秘杆菌、溶血性曼氏杆菌等没有交叉反应。建立起的 mRT - PCR 检测方法可用于鼻腔分泌物的检测，为进一步 mRT - PCR 试剂盒的组装奠定了基础。

参考文献

[1] Bauermann F, Flores E, Ridpath J F. Antigenic differences between bovine viral diarrhea viruses and HoBi virus: Possible impacts on diagnosis and control[J]. Journal of Veterinary Diagnostic Investigation, 2012, 24: 253 - 261.

[2] Bauermann F, Harmon A, Flores E F. In vitro neutralization of HoBi - like viruses by antibodies in serum of cattle immunized with inactivated or modified live vaccine of bovine viral diarrhea viruses 1 and 2[J]. Veterinary Microbiology, 2013, 166, 242 - 5.

[3] Dubovi E J. Laboratory diagnosis of bovine viral diarrhea virus[J]. Biologicals, 2013, 41: 8 - 13.

[4] Bhudevi B, Weinstock D. Detection of bovine viral diarrhea virus in formalin fixed paraffin embedded tissue sections by real time RT - PCR (Taqman) [J]. Journal of Virological Methods, 2003, 109: 25.

[5] Cleveland S M, Salman M D, Van Campen H. Assessment of a bovine viral diarrhea virus antigen capture ELISA and a microtiter virus isolation ELISA using pooled ear notch and serum samples[J]. Journal of Veterinary Diagnostic Investigation, 2006, 18: 395 - 98.

[6] Driskell E A, Ridpath J F. A survey of bovine viral diarrhea virus testing in diagnostic laboratories in the United States from 2004 to 2005[J]. Journal of Veterinary Diagnostic Investigation, 2006, 18:600 - 605.

[7] Dubovi E J. Laboratory diagnosis of bovine viral diarrhea virus[J]. Biologicals, 2013, 41: 8 - 3.

[8] Fux R, Wolf G. Transient elimination of circulating bovine viral diarrhea virus by colostral antibodies in persistently infected calves: A pitfall for BVDV eradication programs [J]. Veterinary Microbiology, 2013, 161, 13 - 9.

[9] Hemmatzadeh F, Amini F. Dot - blot enzyme immunoassay for the detection of bovine vi-

ral diarrhea virus antibodies[J]. Veterinarski Arhiv, 2009, 79: 343 -50.

[10] Houe H, Lindberg A, Moennig V. Test strategies in bovine viral diarrhea virus control and eradication campaigns in Europe[J]. Journal of Veterinary Diagnostic Investigation, 2006, 18: 427 -36.

[11] Kim S G, Dubovi E J. A novel simple one - step single - tube RT - duplex PCR method with an internal control for detection of bovine viral diarrhoea virus in bulk milk, blood, and follicular fluid samples[J]. Biologicals, 2003, 31: 103 -106.

[12] Lanyon S, Anderson M, Bergman E. Validation and evaluation of a commercially available ELISA for the detection of antibodies specific to bovine viral diarrhoea virus (BVDV) ('bovine pestivirus') [J]. Australian Veterinary Journal, 2013, 91: 52 -56.

[13] Letellier C, Kerkhofs P. Real - time PCR for simultaneous detection and genotyping of bovine viral diarrhea virus[J]. Journal of Virological Methods, 2003, 114: 21 -27.

[14] McFadden A, Tisdall D, Hill F. The first case of a bull persistently infected with Border disease virus in New Zealand [J]. New Zealand Veterinary Journal, 2012, 60: 290 -296.

[15] Saliki J T, Dubovi E J. Laboratory diagnosis of bovine viral diarrhea virus infections [J]. Veterinary Clinics of North America - Food Animal Practice, 2004, 20: 69 -83.

[16] Vilcek S, Strojny L, Durkovic B. Storage of bovine viral diarrhoea virus samples on filter paper and detection of viral RNA by a RTPCR method[J]. Journal of Virological Methods, 2001, 92: 19 -22.

第九章 鉴别诊断

临床上,可以引起腹泻、口腔炎症或黏膜糜烂性病变的牛病较多,除了牛病毒性腹泻—黏膜病以外,还包括牛瘟、口蹄疫、恶性卡他热、水泡性口炎、牛传染性鼻气管炎、蓝舌病、副结核病等。仅通过临床症状和病理变化对上述疾病进行鉴别诊断是比较困难的。如果不能准确、快速鉴别诊断相关疾病,牛群健康将会受到巨大的威胁。不仅需要比较临床症状和病理变化,还需要结合必要的实验室检测对上述牛病进行鉴别诊断。

首先,对病牛的口腔和鼻腔黏膜进行仔细的临床检查,以确保没有黏膜病变,这对于相关疾病鉴别诊断是非常有必要的。其次,根据有无口腔病变和腹泻等症状可对上述相关疾病进行鉴别诊断(详见表9-1),如糜烂性口炎和肠胃炎是牛瘟、牛病毒性腹泻和牛恶性卡他热的主要症状。其中,牛恶性卡他热表现为非常严重的口炎和黏膜充血,伴有角巩膜混浊、淋巴结肿大、血尿和终末期脑炎。水泡病、口蹄疫和水泡性口炎的特征性病变是在舌头、颊黏膜、乳头和冠上存在水泡,且上述症状应与糜烂区别开来。可引起腹泻,但没有口腔病变的疾病主要包括冬季痢疾、沙门氏菌病、副结核、钼中毒、寄生虫病和砷中毒等。

另外,虽然牛病毒性腹泻不属于以呼吸道症状为主的牛的传染病,但在临床上呼吸道症状明显的病例并不少见。其与牛传染性鼻气管炎,甚至肺炎性巴氏杆菌病之间的诊断会出现混淆。值得注意的是,BVDV 感染还会导致母牛流产和死胎,影响其生产性能。因此,在分析牛场母牛流产和死胎的病因时,牛病毒性腹泻应被列入可能的病因之一。

BVDV 感染的确诊取决于从血清和其他组织中分离出 BVDV。通过检测未吸取初乳犊牛是否存在 BVDV 特异性抗体,可以初步确定其是否接触过 BVDV。但这并不适用于放牧饲养模式下的牛。此外,由于慢性 BVDV 感染牛会出现免疫耐受或不分泌特异性抗体,因此,临床上慢性感染的确诊是比较困难的。只能根据急性感染的临床特征和有无其他病变来做出假定诊断。要想确诊,必须结合实验室病毒分离和病理检查。

表 9－1　具有口腔病变或腹泻症状牛病的鉴别诊断要点

既有口腔病变也有腹泻症状的牛病				
疾病名称	病原/病因	流行病学	临床症状	病理变化
牛病毒性腹泻－黏膜病	病原为牛病毒性腹泻病毒，属于黄病毒科瘟病毒属，基因组为单股 RNA	（1）急性 BVDV 感染的发病率为 20% ~ 30%，病死率可达 10% ~40%。其中，黏膜病的发病率相对较低，约为 5%，但病死率高达 90% ~100%。 （2）在成年牛或犊牛中感染率均较高，其中黏膜病在 2 岁以上的牛群中比较罕见。 （3）8 个月至 2 岁的患病犊牛往往自胎儿期就存在 BVDV 感染。 （4）国内以 I 型 BVDV 感染为主	（1）突发性厌食，呼吸困难，发热，泌乳量降低。 （2）重度腹泻及严重脱水，腹泻粪便从水样逐步变为黏稠，小肠黏膜主要是卡他性炎症，肠淋巴结肿大，病程比牛瘟长。 （3）弥漫性、糜烂性口炎，数日中度发烧。 （4）蹄冠或指间皮肤有裂损，7 ~ 10 d 内死亡	（1）口腔、鼻镜和鼻孔、胃肠道黏膜糜烂，其中食道黏膜的特征性病变是有线形排列的糜烂。 （2）消化道黏膜充血、出血、溃疡。 （3）白细胞减少，淋巴细胞减少和血小板减少
牛瘟	病原为牛瘟病毒，属于副黏病毒科麻疹病毒属，基因组为单股 RNA	（1）潜伏期为 3 ~9 d。 （2）病牛表现为高热稽留，体温升高达 41 ~42℃。 （3）常呈急性感染，发病率可达 100%，死亡率高达 90% 以上。 （4）多呈周期性、季节性和暴发流行，每年 12 月份至第二年的 4 月份多发。 （5）自 2011 年以来在世界范围内该病已被消灭	临床症状与牛病毒性腹泻/黏膜病相似，表现为口腔黏膜有坏死性病变，重度糜烂性口炎，唾液带血，有腹泻	（1）该病与牛病毒性腹泻/黏膜病的不同之处在于，牛瘟腹泻更剧烈，小肠黏膜有坏死性炎症，病死率更高。 （2）淋巴结肿胀，出血性淋巴结炎。 （3）白细胞减少和淋巴细胞减少

续表

既有口腔病变也有腹泻症状的牛病				
疾病名称	病原/病因	流行病学	临床症状	病理变化
牛恶性卡他热	病原为牛恶性卡他热病毒，属于疱疹病毒科疱疹病毒丙亚科猴病毒属，基因组为双股 DNA	(1)以散发为主。 (2)1～4 岁的牛较易感，老年病牛少见。 (3)在接触绵羊或角马后，该病更易暴发。 (4)呈多种临床表现形式，如急性型，消化道型，头部和眼型，轻度型等	(1)持续发热，口、鼻流出黏脓性鼻液，重度结膜炎，角膜混浊，并有脑炎和腹泻症状，病死率很高。 (2)最急性型在 3 d 内死亡，急性型在 7～10 d 内死亡；慢性型可存活数周。 (3)黏膜病与该病的不同之处在于，黏膜病在口腔黏膜也有糜烂，鼻黏膜和鼻镜有坏死病变，但无结膜炎、角膜炎和流泪等症状	(1)口腔黏膜，尤其在唇内面和舌及邻近齿龈处出现假膜，脱落后成为糜烂及溃疡。 (2)真胃黏膜和肠道黏膜出血性炎症，有部分形成溃疡。 (3)早期白细胞和中性粒细胞减少。 (4)后期白细胞增多
有口腔病变但没有腹泻症状的牛病				
疾病名称	病原/病因	流行病学	临床症状	病理变化
口蹄疫	病原为口蹄疫病毒，属于微 RNA 病毒科口蹄疫病毒属，基因组为单股 RNA	(1)一年四季均可发病，具有地方流行性和周期性。 (2)传播迅速，传染性强、发病率高、最高可达 100%、但死亡率较低。 (3)可感染多种偶蹄兽	(1)高热、口炎、疼痛、唾液粘连，在口腔唇内面、齿龈、颊部粘膜以及蹄冠皮肤、趾间、乳头等处出现水疱。 (2)心肌型死亡率较高。 (3)牛病毒性腹泻/黏膜病与该病不同之处在于，黏膜病表现为口腔黏膜糜烂病灶，但无明显水疱过程	(1)在咽喉、气管、支气管和前胃黏膜可见圆形烂斑和溃疡，真胃和肠黏膜可见出血性炎症。 (2)心肌表面和切面有灰白色或淡黄色斑点或条纹，似老虎皮上的斑纹，故称“虎斑心”

续表

有口腔病变但没有腹泻症状的牛病				
疾病名称	病原/病因	流行病学	临床症状	病理变化
水泡性口炎	病原为水泡性口炎病毒，属于弹状病毒科、水泡病毒属，基因组为单股负链 RNA	(1)呈地方性流行，各地区发病率和死亡率不同，但很少发生死亡。 (2)可由虫媒传播。 (3)偶蹄兽和单蹄兽均可感染	轻度发热，厌食，口腔内有水疱，但少见于乳头和足部，可在几天内恢复健康	无明显的病理变化
蓝舌病	病原为蓝舌病病毒，属于呼肠弧病毒科环状病毒属，基因组为双股 RNA	(1)临床上发病率较低，多呈隐性感染。 (2)可由虫媒传播，如库蠓，流行具有季节性，多发于湿热的夏季和早秋，以及池塘、河流较多的低洼地区	(1)临床可见发热、蹄叶炎，在口唇出现水肿以及硬腭、唇、舌、颊部及鼻镜有轻微糜烂，嘴唇水肿、流口水，鼻、眼有分泌物。 (2)多数牛可痊愈	(1)瘤胃、真胃及肠黏膜均有充血。 (2)严重病例的消化道黏膜有溃疡和坏死，有时有蹄叶炎变化
牛丘疹性口炎	病原为牛丘疹性口炎病毒，属于痘病毒科，副痘病毒属，基因组为双链 DNA	(1)2 周至 2 岁龄犊牛易感，发病率可达 100%，一般不死亡。 (2)可能同时发生牛消化道线虫病	(1)口腔可见圆形、暗红色、突起的丘疹。 (2)口腔黏膜潮红、增温、肿胀和疼痛。 (3)多数病牛在 4 ~ 7 d 内痊愈	无特征性病理变化
牛坏死性口炎	病原为坏死梭杆菌，革兰氏阴性多形态杆菌，严格厌氧	(1)在卫生条件差或环境干燥的牛场发病率较高。 (2)犊牛易感	(1)表现为疼痛性口炎。 (2)在舌、脸颊和咽黏膜上有坏死性溃疡，溃疡面大且深，有恶臭味	可见坏死性食管炎

续表

有腹泻症状但没有口腔病变的牛病				
疾病名称	病原/病因	流行病学	临床症状	病理变化
牛传染性鼻气管炎	病原为牛传染性鼻气管炎病毒，属于疱疹病毒科疱疹病毒甲亚科水痘病毒属，基因组为双股 DNA	(1)20～60 日龄犊牛最易感，发病率为 25%～50%，病死率较高。 (2)呈多种临床表现形式，如呼吸道型、结膜炎型、生殖道型和脑膜炎型等	(1)鼻黏膜高度充血及出现浅表性溃疡和坏死，此点与黏膜病的鼻镜与口腔黏膜表面糜烂有时易于混淆 (2)常死于继发性气管炎和肺炎	(1)鼻、咽喉、气管黏膜见有卡他性炎症，皱胃黏膜有溃疡，大、小肠有卡他性炎症。 (2)从粪便和鼻拭子中可分离到病毒
牛沙门氏菌病	病原为鼠伤寒沙门氏菌、都柏林沙门氏菌、纽波特沙门氏菌等，革兰氏阴性杆菌，需氧及兼性厌氧菌	(1)犊牛最易感，成年牛少见。 (2)环境卫生不良或应激因素可导致该病的暴发。 (3)病牛可见痢疾，粪便恶臭等症状。 (4)被病原污染的饲料可成为传染源	(1)急性感染以高热，重度腹泻，腹痛症状为主。病牛常由于腹泻和脱水迅速衰竭死亡。 (2)亚急性和慢性感染以腹泻和消瘦症状为主	(1)犊牛急性感染病例可见心内外膜、腹膜、真胃、小肠、结肠和膀胱黏膜存在出血斑点，肠系膜淋巴结水肿，有时出血。 (2)成年病牛可见急性出血性肠炎病变
牛冬痢	病原为空肠弯曲杆菌，革兰氏阴性杆菌，呈多形性，弧状或逗点状，微需氧菌	(1)圈养奶牛在冬季多发，以爆发为主。 (2)各年龄段牛均可发病，一般不死亡。 (3)多呈地方性流行	(1)突然发病，1～2 d 后犊牛和成年牛均腹泻，奶牛产奶量下降 50%～95%。 (2)可排出带有血液的水样棕色稀粪，恶臭	可见急性卡他性胃肠炎病变
副结核	病原为副结核分枝杆菌，革兰氏阳性小杆菌，生长缓慢，需氧菌	(1)2 岁龄以上的牛易感，发病率低，病程可长达数月。 (2)呈散发或地方性流行。 (3)感染牛群的死亡率可达 10%	(1)持续性腹泻，粪稀薄，恶臭，带有气泡、黏液和血凝块。 (2)体重渐进性下降，体温正常，食欲通常正常	(1)病变常限于空肠、回肠和结肠前段，肠壁增厚。 (2)肠系膜淋巴结高度肿胀，呈条索状

续表

有腹泻症状但没有口腔病变的牛病				
疾病名称	病原/病因	流行病学	临床症状	病理变化
牛消化道线虫病	病原为捻转血矛线虫、仰口线虫、食道口线虫等，寄生在病牛消化道内，并不断产出虫卵	多见于6～24月龄的犊牛，成年牛也可发病	(1)持续腹泻，粪便带有粘液或血液。 (2)食欲下降，下巴下垂，消瘦，贫血	(1)肠壁变薄，有鼓气，肠道内有大量液状内容物。 (2)真胃黏膜变薄，易脱落
牛球虫病	病原为牛艾美尔球虫、邱氏艾美尔球虫，柱状艾美尔球虫、椭圆艾美尔球虫等	(1)多见于犊牛。 (2)饲养密度大的牛群发病率较高。 (3)水源被病原污染时也可导致该病流行	(1)临床上表现为出血性肠炎、轻度发热，2～3 d后食欲和恢复正常。 (2)约20%的病牛出现神经症状和死亡。 (3)慢性病例表现为长期下痢、贫血、消瘦	(1)可见出血性盲肠炎和结肠炎。 (2)可见肠黏膜脱落、黏膜出血和溃疡。 (3)粪便中可检测到虫卵
砷中毒	饲养过程中接触了砷，或从饮水中摄入了砷	多见于牛接触砷后，如误食了含砷农药，或应用砷制剂治疗方法不当或剂量过大等	(1)突然发病，迅速的死亡。 (2)急性腹痛，咆哮，腹泻，肌肉震颤，抽搐，发病后4～8 h死亡	(1)网胃、瓣胃、皱胃粘膜出血、脱落，有时可见皱胃水肿。 (2)空肠、回肠粘膜严重出血，肠内容物混有血液
牛继发性铜缺乏(钼中毒)	从日粮或饮水中摄入了过量的钼	(1)多见于青年牛，在缺铜地区的牛场呈地方性流行，春季多发。 (2)牛采食了被钼污染的牧草后1～2周内，便可出现中毒症状	(1)可见无臭味、无粘液、无出血的慢性腹泻，粪便充满气泡。 (2)黑色被毛褪色明显，可见灰色斑点，极度消瘦。 (3)大量流涎，昏睡，后肢运动失调	(1)钼对肝细胞和肾小管上皮细胞均有毒性，可引起肝坏死和肾病。 (2)血浆铜低于0.5 μg/mL，肝脏铜低于0.5 μg/kg干物质
过食碳水化合物综合症	过量采食了易于发酵产酸的高碳水化合物饲料和精料	(1)属营养代谢病，临产牛和产后3 d内发病较多。 (2)产奶量越高，发病率越高	(1)精神沉郁、食欲废绝、反刍停止、肌肉震颤。 (2)排出带有灰黄色黏液的水样稀粪，带有酸臭味，跛行	(1)瘤胃pH低于5，内容物酸臭。 (2)瘤胃上皮水肿、出血。 (3)消化道广泛充血、出血

参考文献

[1]Constable P D, Hinchcliff K W, Done, et al.. Veterinary Medicine: A textbook of the diseases of cattle, horses, sheep, pigs and goats. ELSEVIER,2016.

[2]Nimmowilkie J S, Radostits O M. Fusobacteremia in a Calf with Necrotic Stomatitis, Enteritis and Granulocytopenia[J]. Canadian Veterinary Journal La Revue Veterinaire Canadienne, 1981, 22: 166.

[3]龚金豹. 牛，羊钼中毒的病因分析，诊断和防治[J]. 现代畜牧科技，2017，6: 87 - 89.

[4]韩天龙. 蒙东地区绵羊消化道线虫病流行病学调查及其真菌防治方法的初步研究[D]. 吉林大学，2020.

[5]黄涛. 牛丘疹性口炎病毒的分离、全基因组测序及其生物信息学分析[D]. 四川大学，2014.

[6]孟祥玉. 坏死梭杆菌亚单位疫苗的研制与应用[D]. 中国农业科学院，2018.

[7]覃芳芸，黄夏，郭建刚，等. 牛砷中毒的诊断[J]. 中国兽医科技，2001，31: 33 - 34.

[8]许文婷. 牛沙门氏菌病的病原学及综合防治[J]. 羊脂玉饲料，2022，2: 81 - 82.

[9]赵洪喜，刘继兵. 宁夏部分地区奶牛球虫感染情况调查与遗传进化分析[J]. 浙江农业学报，2021，33: 1379 - 1384.

第十章　预防与控制

一、综合防控措施

就动物健康和经济影响而言，牛病毒性腹泻(BVD)是牛最重要的传染病之一。一过性感染和持续感染(PI)动物的长期存在是其在全世界牛群中广泛流行的重要原因。最初，普遍认为BVDV感染是无法控制的，但在过去25年中出现了有效的综合防控措施。所有成功控制措施的共同点包括PI牛的识别和清除、受感染畜群流动的控制、严格的生物安全和监测。一些北欧国家、奥地利和瑞士在不使用疫苗接种的情况下成功实施了BVDV控制计划。此外，德国、比利时、爱尔兰和苏格兰等国将疫苗接种作为可选择或额外的控制措施。

BVD控制方案的经济效益分析表明，综合控制措施的成本效益是较高的。然而，由于缺乏规章制度要求和标准，临床实施是存在困难的。在欧洲的一些国家，强制性和系统性的综合控制措施已被证明是最成功的，扑杀策略产生了令人信服的防控效果，具有良好的成本效益比。在一些困难存在的条件下，如牛群密度高、贸易密集、BVD血清流行率高，扑杀策略可联合疫苗接种措施，以保护易感牛。BVD综合防控措施被证明是成功的，然而，所有综合防控措施，特别是其中的疫苗接种计划，必须考虑到BVDV的遗传多样性，且所有的综合防控措施都必须包含严格的生物安全措施和适当的动物流通限制。

(一)接种疫苗防控BVD

接种疫苗是传染病防控的首选方法之一，因为该方法相对便宜和有效。接种疫苗可提高易感牛群的群体免疫力，以预防牛感染BVDV后出现的临床疾病和病毒血症。研究表明BVDV病毒血症会导致病毒经胎盘感染胎儿和PI犊牛的产生。因此，通过疫苗来预防病毒血症和持续感染，降低因BVDV感染导致的母牛繁殖性能下降，减少经济损失，对于以生长和繁殖相关指标为关键点的养牛业来说至关重要。研究表明，在没有持续感染牛存在的畜群中，要防止BVD的发生，疫苗覆盖率至少需要达到60%，而当存在持续感染的牛时，疫苗覆盖率几乎需要达到100%。虽然没有任何一种疫苗可以达到的100%保护,但可以选择适当的接种时间,使疫苗效力最大化,从而有效降低 BVDV 感染的风险。

针对不同的养牛场,科学的制定疫苗接种计划是非常重要的。目前,可获得的商品化 BVDV 疫苗多为与其他病毒和(或)细菌抗原相结合的多联疫苗。首先,应明确选择灭活疫苗还是活疫苗。其次,由于 BVDV 可分为两种生物型和多种基因型及亚型,养殖户必须在不同的单价和多价疫苗之间进行选择。虽然非细胞病变(NCP)型 BVDV 感染在牛群体中更为普遍,但出于综合保护与安全角度考虑,CP 型 BVDV 抗原也被包括在大多数疫苗配方中。最后,必须了解不同类型疫苗的优缺点,建议的接种时间和程序,从而选择适合的疫苗进行免疫。在有效保护牛群健康的同时,利于综合防控措施和养殖管理计划的实施。

1. 活疫苗与灭活疫苗

1)活疫苗

活疫苗是指通过物理、化学、生物、分子等方法致弱原始强毒,再将致弱后的毒株体外大量增殖,复配保护剂或佐剂后制备的疫苗。这类疫苗免疫原性好、免疫持续期长,不仅可以诱导机体产生体液免疫反应,也可以刺激机体产生细胞免疫反应。其可为牛只提供良好的针对 BVDV 攻毒的免疫保护。Fairbanks 等通过动物攻毒实验评估了 BVDV 1a 弱毒活疫苗的免疫保护效率。结果表明,与未接种疫苗的犊牛相比,免疫过活疫苗的犊牛攻毒 BVDV 2 毒株后,相关临床症状得到缓解和减轻,如高热、白细胞减少等。此外,Kovács 等研究结果表明,BVDV 多价弱毒疫苗可为怀孕母牛体内的胎儿提供良好的免疫保护。当攻毒毒株为 BVDV 1 毒株时,攻毒保护率达到了 91%,当攻毒毒株为 BVDV 2 毒株时,攻毒保护率达到了 100%。

然而,由于 BVDV 活疫苗是由经过致弱的活病毒制备而成的,因此,其安全性从一开始就备受争议。主要问题包括黏膜病的诱导、对其他病原免疫力的破坏和胎儿疾病等。一些报道了疫苗免疫失败的早期研究,并没有充分认识到持续感染牛的存在对接种疫苗后患病动物的影响。此外,最初的 BVDV 活疫苗中可能还包含细胞或血清中污染的毒株,这可能也是导致疫苗安全性问题的重要因素之一。

研究表明,与灭活疫苗相比,活疫苗可刺激机体产生更高水平的抗体和细胞介导免疫,免疫保护更持久。接种活疫苗后特异性的免疫反应迅速开始,在单剂量活疫苗接种后仅 3d 机体就能产生对 BVDV 强毒攻毒的部分保护,5d 后可达到完全保护。但是,出于安全性考虑,活疫苗被限制对怀孕母牛使用。当然,一些带有批准条例的 BVDV 活疫苗,在特定情况下可以用于怀孕母牛,例如在免疫前 12 个月牛只注射过同一种活疫苗。

普遍的观点认为预防胎儿感染的关键是控制 BVDV 在牛群中的传播。多项研究评估了疫苗免疫对胎儿的保护,尤其是活疫苗。结果表明,临床上可以通过疫苗接种来保护胎儿，但临床变异毒株的存在可能导致疫苗保护率无法达到100%。此外，需要明确的是，目前还没有通用的BVDV疫苗。因此，应分析临床病毒株与疫苗毒株的同源性，从而选择的BVDV疫苗。此外，活疫苗可诱导机体产生对病毒多种结构或非结构蛋白的特异性抗体反应。最初，中和抗体反应是相当低的，但在疫苗接种后3周，机体可产生更广泛和高水平的中和抗体反应。BVDV感染后机体除了产生中和性抗体反应外，还会产生细胞介导的免疫反应。与抗体反应相比，细胞免疫反应是否更重要，尚不清楚。但可以明确的是，细胞介导的免疫反应是机体抗病毒免疫的重要贡献者。此外，灭活疫苗不能引起足够的T细胞免疫反应，这可能是活病毒疫苗免疫效果优于灭活病毒疫苗的关键因素之一。目前，关于活疫苗诱导免疫持续周期的相关信息较少。但根据现有研究的中和抗体测定结果可知，活病毒疫苗诱导的免疫至少可持续18个月。

活疫苗能否在在怀孕母牛体内诱导对胎儿的保护是评估疫苗效力的重要指标之一。研究表明改良的活疫苗可达到这一指标。通过结合牛痘病毒与瘟病毒属免疫原基因组序列制备的重组疫苗，可能比BVDV活疫苗更具有优势。该重组疫苗对胎儿无潜在的不良影响，且不形成免疫抑制。此外，Meyers等发现了一种新型双突变改良BVDV毒株，其不会引起胎儿感染，可作为改良活疫苗生产的候选毒株。

2）灭活疫苗

灭活疫苗是指采用疫苗灭活技术对病毒进行灭活，从而制备的一类疫苗。在生产灭活疫苗时我们需要尽可能的选择具备广谱免疫原性抗原的毒株作为疫苗生产毒株，如BVDV NADL株和C24V株等，常用的灭活剂包括福尔马林、乙酰乙亚胺、二乙烯亚氨等。与BVDV活疫苗相比，灭活疫苗具备更高的安全性。因为灭活疫苗中包含的是不能复制的病毒抗原，对母牛体内的胎儿不具有致病性。更重要的是，在灭活疫苗接种的牛中已证实疫苗对胎儿是有保护作用。

然而，在灭活疫苗生产过程中由于灭活剂的存在，易导致部分抗原表位的缺失，疫苗抗原性的降低，致使牛只免疫后免疫保护水平不够。因此，灭活疫苗的主要缺点是需要多次接种或加大剂量接种，才能使牛体内产生高水平的保护性抗体。这也使得免疫保护产生的起始时间可能会比首免接种时间延后3~6周。此外，与活疫苗相比，灭活疫苗的安全性更高。钱坤等（2020）选用BVDV 1b毒株制备了油乳剂灭活疫苗，评估了其抗体规律及免疫效果。结果表明，在免疫后的30 d抗体效价达到峰值，120 d后开始下降。此外，攻毒实验结果表明，该疫苗能够产生对BVDV 1b强毒株的攻毒保护，且安全性良好，无免疫抑制现象。赵雪斌等（2021）通过牛免疫实验评估了BVDV、IBRV二联灭活疫苗的抗体消长规律和持续期，结果表明，血清中BVDV和IBRV的特异性中和抗体水平在二免后21 d达到了峰值，持续时间达到了90 d。两次免疫后实验牛血清中高水平的BVDV

和 IBRV 抗体，可维持 6 个月。常敬伟等（2016）选择 IBRV DQ－1 株和 BVDV HJ－1株作为候选疫苗毒株，通过理化性质研究、增殖工艺条件优化及灭活条件优化等方法制备了 IBR－BVD 二联灭活疫苗。同时按照《中国兽药典》要求对该疫苗进行了检验，并通过动物免疫实验评价了疫苗的免疫效果。结果表明，疫苗免疫后 IBRV 和 BVDV 特异性抗体效价具有免疫剂量依赖性，免疫剂量越高抗体效价越高。疫苗安全性良好，免疫后怀孕奶牛为出现流产症状。值得注意的是，目前，国内研制的牛病毒性腹泻—黏膜病灭活疫苗（1 型，NM01 株）和牛病毒性腹泻—黏膜病、传染性鼻气管炎二联灭活疫苗（NMG 株＋LY 株）已经在牛场应用。

另外，在疫苗免疫程序未完成和免疫保护未最终形成前，牛接触病毒可能会导致免疫计划的失败。临床上主要表现为养殖户在初次免疫接种灭活疫苗后并没有及时进行必要的二次免疫或加强免疫，导致免疫计划失败。此外，灭活疫苗对异源性病毒株攻毒的保护效力是不稳定的。这可能是由于缺乏相应的细胞免疫反应。目前，灭活疫苗是否可以诱导强的细胞免疫反应，尚不明确。在这种情况下中和抗体被认为是最重要的。因此，灭活疫苗中必须含有特定地区的已知流行毒株的抗原，才能发挥其最大的免疫保护作用。

3）活疫苗与灭活疫苗的免疫效果比较

对牛只进行 BVDV 疫苗接种的主要目的是预防临床发病（如病毒血症、发热、流鼻涕、腹泻、白细胞和血小板减少）和死亡的发生。国内外多项研究评价了活疫苗和灭活疫苗在实验性 BVDV 感染后对犊牛临床保护的效果。接种时牛只的年龄从 3 日龄到 16 月龄不等，接种疫苗和攻毒或暴露之间的时间从 3～230 d 不等。这些研究结果表明，接种疫苗的犊牛死亡率降低了 80%～100%，发病率降低了 72%～90%。另外，一项 meta 分析结果表明，接种活疫苗的犊牛在实验感染 BVDV 后发病和死亡风险均降低。相比之下，接种灭活疫苗的犊牛在攻毒后死亡风险降低，但发病风险没有显著变化。此外，在 BVDV 实验感染后接种活疫苗的犊牛与接种灭活疫苗的犊牛和未接种的对照组犊牛相比，发病率更低。

在妊娠牛的疫苗免疫方面主要目的是防止 BVDV 经胎盘感染导致的早期胚胎死亡、流产、PI 或血清 BVDV 阳性犊牛的产生。国内外多项研究评估了妊娠前为母牛免疫 BVDV 活疫苗或灭活疫苗对其实验感染 BVDV 后的免疫保护效果。接种疫苗和实验攻毒或暴露之间的时间间隔从 70～490 d 不等。这些研究结果表明，疫苗对胎儿的保护率在 22%～100%之间，对流产的保护率在 82%～100%之间，对产生 PI 或 BVDV 血清阳性犊牛的保护率在 8%～100%之间。与灭活疫苗相比，接种活疫苗的保护率较高。此外，一些研究结果表明，与活疫苗相比，接种灭活疫苗母牛的胎儿感染率较高。这可能是由于灭活疫苗不能诱导持久的体液免疫保护。

2. 单价疫苗与多价疫苗

BVDV 疫苗株与攻毒株之间的同源性也可能影响疫苗所提供的临床保护。一项Meta分析表明，与 BVDV 单价疫苗相比，多价疫苗对异源毒株的攻毒保护具有更好的覆盖率。根据基因序列和抗原的差异，BVDV 的分离株可分为不同的基因型和众多的亚型。在北美，虽然 BVDV 1a 和 BVDV 2 在临床上也可被分离到，但 BVDV 1b 才是主要的流行毒株。BVDV 疫苗的生产主要采用 BVDV 1a 分离株，因此，制备同时包含 BVDV 1a、BVDV 1b 和 BVDV 2 分离株的多价疫苗对于临床防控 BVDV 感染是非常必要的。研究表明，虽然单价疫苗可产生对异种病毒株的中和抗体，但其对异源病毒株的保护效力通常低于同源病毒株。因此，临床上建议使用多价疫苗来防控 BVDV 不同分离株的感染。

3. 犊牛的疫苗免疫

1）疫苗免疫与 BRDC

BVDV 急性感染可导致临床上犊牛的多系统综合征，如呼吸系统和消化系统，给养牛业造成了重大生产损失和经济影响。此外，BVDV 急性感染还可导致先天性和获得性免疫反应严重受损，引起免疫抑制。研究表明，BVDV 感染提高了其他呼吸道病原体的致病性和毒力，如牛疱疹病毒 1 型（BoHV－1）、牛呼吸道合胞病毒（BRSV）、溶血性曼氏杆菌和牛支原体等。通过接种疫苗或者饲喂初乳，可使犊牛获得针对 BVDV 1 和 BVDV 2 毒株的高水平血清抗体，从而预防牛呼吸道疾病综合征（Bovine respiratory disease complex，BRDC）。

多项研究结果表明，接种 BVDV 疫苗减少了犊牛实验性感染 BVDV 后因 BRDC 引起的临床疾病和症状。评价疫苗对 BVDV 感染的临床保护指标主要包括死亡率、发热、呼吸道和消化道临床症状、外周血白细胞和血小板数以及组织病理损伤等。BVDV 疫苗接种可以作为一种策略，用于减少与 BVDV 感染的发病率和死亡率相关的经济损失。另外，接种疫苗不仅可以使犊牛获得对 BVDV 感染的临床保护，还可以预防病毒血症和患病牛的排毒。患病牛排毒的减少也降低了 BVDV 的水平传播和感染率。研究表明，高水平的血清中和抗体滴度可能与病毒血症和排毒的减少有关。接种了活疫苗和灭活疫苗的犊牛在攻毒后其 BVDV 的排毒量显著减少。

2）母源抗体与疫苗免疫

母源抗体在预防犊牛 BVDV 病毒血症和减少排毒方面的研究报道相对较少。一直以来，在犊牛疫苗免疫程序方面都是建议等到母源抗体减弱后再进行疫苗接种，以免疫苗免疫受到母源抗体的干扰。虽然血清中高水平初乳来源的 BVDV 抗体干扰了灭活疫苗或活疫苗对犊牛体液反应的诱导，但疫苗接种仍可引发特异性的细胞免疫反应。在母源抗体存在的情况下疫苗接种仍然为犊牛提供了临床保护，并减少了病毒血症。这可能与 BVDV 特异性 T 细胞记忆反应和抗体滴度的持续增加密切相关。存在母源抗体的犊牛暴露于 BVDV 后机体会产生真对 BVDV 的特异性 CD4 +、CD8 + 和 γ/δ T 细胞和记忆性抗体反应。1 ~2 周龄、4 ~5 周龄和 7 ~8 周龄的犊牛接种多价 BVDV 弱毒疫苗后均出现 BVDV 特异性 T 细胞介导的免疫应答，接种疫苗 12 周后犊牛获得对 BVDV 感染的临床保护。然而，只有 4 ~5 周龄和 7 ~8 周龄接种的犊牛对 BVDV 产生了记忆性抗体反应，这表明 2 周龄以下的犊牛接种疫苗后可能不会引发特异性的 B 细胞反应。

3）血清抗体阴性犊牛的疫苗免疫

初乳中含有的 BVDV 中和抗体可以保护犊牛在出生后的几个月内抵御 BVDV 野毒株的感染。母源抗体可持续存在 3 ~6 个月。研究表明，血清中针对 BVDV 1 和 BVDV 2 的母源抗体达到阴性的周期为 5.5 ~6.5 个月。母源抗体的衰退增加了犊牛对 BVDV 和临床疾病的易感性。因此，在母源抗体效价较低或即将与不同来源的牛直接接触的情况下对犊牛进行疫苗接种是降低临床上 BVDV 急性感染发病率的有效策略。在实验性疫苗接种与攻毒研究中也得到了类似的结果。

犊牛经非消化道或鼻内途径接种含有 BVDV 1a、BVDV 1b 或 BVDV 1a 和 BVDV 2a 等多价活疫苗，在免疫后 21 d 选用 BVDV 1 和/或 BVDV 2 进行攻毒，攻毒后发现接种活疫苗可为犊牛提供临床保护。此外，与未接种疫苗的犊牛相比，接种疫苗的犊牛其直肠平均温度较低、鼻分泌物及胸腺和肺部病理病变均减少，白细胞总数和血小板数均增加。值得注意的是，即使是中等水平的 BVDV 血清抗体滴度也能对犊牛产生完全的保护。在鼻内接种活疫苗后 21d，最低水平的 BVDV 血清抗体也能缩短排毒时间，降低鼻腔分泌物的排毒量。另外，在异源病毒攻毒实验中类似的免疫保护作用也同样得到了证实。接种了含有 BVDV 1a 和 BVDV 2 疫苗的母牛在攻毒 BVDV 1b 后，91% 的母牛获得了临床保护，临床上主要表现为流鼻涕、咳嗽、精神沉郁和腹泻等症状的减少，以及白细胞和血小板数的增加。

在混群和运输之前接种 BVDV 疫苗对于犊牛的健康是至关重要的。两项研究分析了在攻毒前 3 d、5 d 或 7 d 接种 BVDV 活疫苗对血清抗体阴性犊牛的保护。结果表明，与对照组相比，攻毒前 5 d 和 7 d 接种疫苗的犊牛病毒血症持续时间显著缩短，病毒载量显著减少。疫苗对犊牛的临床保护作用受到多种因素的影响，主要包括 BVDV 攻毒株的毒力、攻毒时犊牛的日龄、接种和攻毒之间的时间间隔范围以及疫苗抗原成分等。疫苗诱导足够水平病毒中和抗体（在血清或粘膜中）的能力与病毒血症和病毒排毒的减少密切相关。然而，其他因素，如先天免疫反应的诱导，同样有助于临床保护的提供和减少 BVDV 在犊牛体内的复制。

4. 繁育牛的疫苗接种

1) BVDV 感染对繁育牛生殖系统的影响

与犊牛类似,BVDV 感染后成年牛也可能表现出多个系统的综合病症,包括呼吸道、免疫系统和消化系统等。然而,在成年牛群中病毒感染对生殖系统和在妊娠期母牛体内对胎儿的不良影响是导致养牛业巨大经济损失和危害牛群健康的潜在因素。因此,繁育牛的免疫接种,特别是对育龄母牛和后备母牛的免疫接种,是避免生殖系统疾病和对胎儿产生不良影响的重要措施。

BVDV 感染对生殖系统的不良影响中最令人担忧的还是其对怀孕母牛体内胎儿的影响。然而,BVDV 也会影响未怀孕母牛的生育能力。病毒感染可能会引起卵巢炎和卵巢功能受损或下降。因此,在繁育期前感染 BVDV 的母牛可能表现出生殖能力下降、受孕率降低和胚胎早期死亡率增加。因此,无论采用人工授精还是自然交配,在配种开始前,母牛群应全群接种 BVDV 疫苗。一般的建议是疫苗接种应在配种前 28 d 完成。

2) 预防生殖系统疾病的疫苗接种

BVDV 疫苗接种方案的实施应与完善的生物安全体系相结合,特别是当该方案的重点是尽量减少 BVDV 感染对母牛生殖系统的不良影响。鉴于 PI 牛作为传染源在流行病学方面的重要性,任何 BVDV 疫苗接种方案的首要目标都是防止 PI 牛的产生。除此之外,科学的 BVDV 疫苗接种方案还应包含预防病毒急性感染及其对胎儿的不良影响所导致经济损失的相应措施。因此,疫苗研究和开发的重点应包含如何提高疫苗对胎儿的保护。这种保护涉及预防 PI 牛产生和流产。研究表明,接种疫苗的母牛,其胎儿对病毒感染的免疫力不是绝对的。在灭活疫苗方面,尽管疫苗接种不能为胎儿提供完全的保护,但与未接种疫苗的对照组相比,受感染母牛的流产和 PI 牛出生的数量显著减少。然而,弱毒疫苗通常被认为可为胎儿提供更强大的保护。单价弱毒疫苗对同源性病毒攻毒具有显著但不完全的保护作用。多价活疫苗对胎儿保护率维持在 85% ~100% 范围内。目前,含有 BVDV 1b 抗原的商品化疫苗较少。然而,同时含有 BVDV－1a 和 BVDV－2 的商品化多价疫苗的数量较多。总之,多价疫苗有可能提供更优越的保护。

最近的一项 Meta 分析评估了疫苗接种在预防 BVDV 感染对生殖系统不良影响方面的有效性。这些不良影响主要包括流产风险的增加、PI 牛出生率的提高和整体妊娠率的降低。这项研究共分析了 40 份已发表报告中的 45 项研究结果。结果表明,接种疫苗的母牛,其胎儿感染 BVDV 的风险约为未接种牛的七分之一。当使用多价或弱毒疫苗接种时胎儿感染风险进一步降低,分别约为 10% 和 12%,且接种疫苗可使总流产风险降低 40%。当攻毒实验中病毒株基因型与疫苗株同源时,接种疫苗母牛与未接种疫苗母牛相比,流产风险低于 30%。在胎儿感染风险分析方面,接种弱毒疫苗的有效性更高,接种疫苗母牛攻毒后的流产风险降低了60%。在分析疫苗接种对妊娠风险的影响时仅有23项研究被统计。分析结果表明,BVDV疫苗接种对妊娠率的影响无统计学意义。综上所述,Meta分析结果表明,疫苗接种(尤其是多价疫苗或弱毒疫苗)极大地限制BVDV感染对母牛生殖系统和生产性能的不良影响。

尽管BVD疫苗的开发取得了进展,但几十年来对于BVD疫苗接种的效果评估令人失望。疫苗接种并未改变BVD的流行,这可能与BVD感染的独特生物学特性密切相关。其在很长一段时间内都没有被充分了解,而且仍然被广泛低估。BVDV感染可导致PI后代的产生,其成为了重要的病毒库和传染源,可持续的、长期的排出大量的传染性病毒颗粒。理论上来说,只有100%的群体免疫才能防止新的PI犊牛产生。然而在临床条件下,100%的免疫保护几乎是不可能实现的。因此,即使牛群对BVD的整体免疫水平较高,也存在被感染的风险。这与大多数其他传染性疾病形成了鲜明对比。多数传染病的排毒时间一般限于几天,或者几周。即使是一些可导致潜伏感染的病毒,如疱疹病毒,被感染的病牛也不是持续排毒,而是在短时间内排毒。这种情况下,如果牛群的整体免疫水平较高,即使出现单个急性感染病牛,其也无法将疾病传播到整个牛群。由此可见,仅靠疫苗接种策略是无法长期可靠的控制BVD流行。

(二)不接种疫苗控制BVD

随着诊断技术的发展和改进,如用于检测BVDV抗原和特异性抗体的ELISA诊断技术,大规模经济化的BVDV筛检已成为可能。改进的病原筛检方法已经可以精准和快速的识别出牛群中的PI动物,从而清除了牛群中病毒库和传染源。随后,用于BVDV鉴定的PCR检测方法不断得到发展,这也提高了检测的灵敏度和检测样本的可选择性。此外,对随机抽检的血清或散装牛奶样本进行血清学筛查,可以对单个动物或牛群的BVDV流行状况进行评估。

北欧的一些国家是最先利用经济化的改良诊断方法的国家。由于BVD疫苗在这些国家从未使用过,因此使用血清学方法来确定畜群中年是否存在BVDV感染是完全可行的。一旦随机抽取的血液或大量牛奶样本的检测结果表明牛群中有BVDV感染,随后就会开展PI动物的鉴定工作。为了防止病毒的进一步传播,已感染的动物将被转移走,受感染的畜群将受到流动的限制。在病毒被完全清除之前,这些畜群将一直受到监测管理。在PI动物从牛群中清除之后,还将进行定期监测工作。许多执行这一防控方案的国家都取得了成功。几年后,这些国家基本上根除了BVDV。回顾分析表明,上述BVD防控措施具有良好的成本效益。

在瑞典,BVD综合防控方案启动于1993年。在初期阶段是自愿实施的,后来在乳制品行业的广泛要求下其成为强制性实施方案。在最初的两年里,BVD 防控是由个人出资开展的,此后,其得到了瑞典政府的支持。同样地,1993 年挪威也开展了 BVD 防控计划。在最后两年里,BVD 防控由国家兽医局管控。丹麦的 BVD 防控也是基于同样的原则,并启动于 1994 年。芬兰的 BVD 防控开始于 1998 年。此外,鉴于上述各国 BVD 防控成功案例,奥地利于 2004 年也启动了类似的 BVD 防控计划。

瑞士的 BVD 防控开始于 2008 年。由于 BVD 在全国牛群中的高流行率(>80% BVD 抗体阳性牛),瑞士的防控策略与瑞典的防控方法不同。在防控计划实施的第一年里,先对所有牛群进行病毒学调查,PI 牛被清除。在接下来的 4 年里(2009 - 2012 年),对所有新生犊牛进行耳组织样品的 BVDV 检测。这些措施使 BVDV PI 患病率从1.3%下降到0.02%。此外,自 2013 年以来,瑞士实施了一项血清学监测计划。通过检测散装牛奶样本来监测奶牛群的 BVDV 流行情况。与其他国家一样,瑞士也在全国范围内禁止牛群接种 BVD 疫苗。

如果在不接种疫苗的情况下开展 BVD 防控,在防控方案实施的最后阶段将会出现一个主要问题是,即在地方性 BVD 流行的牛群体中,血清抗体阳性率通常很高,可能超过 90%。由于易感牛相对较少,BVDV 在畜群中的新感染一般不会导致显著的不良影响。随着系统性地清除 PI 动物,感染压力大大降低,牛群中均为血清阴性牛。此时,一旦新的 BVDV 再次引入易感牛群,必定会对牛群健康和经济效益造成巨大的不良影响。几乎所有实施 BVD 控制计划但未接种疫苗的国家都报告了这种不良影响。在瑞士,2012 年之后的最初几年,传统的高山牧场放牧方式促进了 BVDV 再感染的产生,新发现的 PI 犊牛数量有所增加。因此,全国性的牛流行病学调查数据库的建立得到了加强。尽管存在上述问题,但 BVD 的防控情况被认为是稳定的,也不会对经济效益造成不良影响。在奥地利,目前绝大多数的牛群已被证实没有 BVD,只有少数受感染的牛群仍存在 BVD。分子流行病学调查已被用来追踪新的 BVD 爆发。易感牛群对 BVDV 再感染的敏感性问题也表明严格的生物安全体系作为任何 BVD 防控计划都是不可或缺的。

(三)综合防控策略防控 BVD

牛病毒性腹泻已被列入世界动物卫生组织规定的应报告传染病名单,这主要是因为它具有在世界范围内传播的风险。据统计,在受感染的牛群中 BVD 可导致高达 680 美元/头的经济损失。包括挪威、瑞典、丹麦、芬兰、奥地利、瑞士、爱尔兰、苏格兰、英格兰、威尔士、德国、北爱尔兰、比利时、荷兰和美国在内的许多国家都受到了 BVD 的影响。鉴于 BVD 对养牛业造成的重大经济损失,一些国家已经计划实施旨在防控或根除 BVD 的相关强制性或自愿的综合防控措施。此外,虽然尚未出台正式的文件和要求,但一些国家或地区的 BVD 综合防控措施中已经开始规定对疑似 BVD 阳性或 BVD 流行情况未知牧场实施牲畜贸易限制。此外,许多国家针对人工授精站和公牛精液制定了 BVD 相关的国际贸易法规。针对 BVD 的综合防控措施和根除计划对于全球养牛业的健康发展是至关重要的。

任何 BVD 综合防控措施或根除计划的基本原则都是减少 PI 动物在牛群中的流行,并防止产生新的 PI 动物。可以通过以下方法实现,首先,检测和识别 PI 动物,然后从牛群中将其清除。然后,建立或改善生物安全制度,以减少病毒在牛群中的传播。最后,通过接种疫苗,保护胎儿免受感染,从而减少 PI 牛的产生。需要注意的是,防控与根除相比,疾病减少的程度是不同的。防控方案旨在将疾病流行率降低到一个相对较低和可控制的水平,而根除方案旨在使该疾病在牛群中清除。当然,这两个目标已被证明在国家等层面都是可以实现的。

德国的首个 BVD 防控计划开始于 20 世纪 80 年代早期。该计划的核心环节是在检测到病毒后,感染病毒的牛必须立即从牛群中移走,同时养殖户会得到部分补偿。然而,该计划自始至终都是自愿性的,而非强制性的。这也导致该政策存在一些缺点,如在移除所有 PI 动物后,牛群为血清阴性,对新的感染完全敏感。而周边没有参加该计划的邻近牛群中 BVDV 感染所带来再感染风险仍然很高,可能导致严重经济后果。因此,该防控计划必须被修订,应将疫苗接种这一环节纳入防控计划中,实施综合防控策略防控 BVD。在适当情况下在清除 PI 牛后应对牛群接种疫苗,以防止意外的再次感染。然而,由于起初采用的是自愿方式,只有参与了该计划的养殖户从中受益,而且进展缓慢。在国家层面,政府发布了关于 BVD 防控的联邦指南。2004 年,BVD 成为法定通报传染病,2011 年开始实施全国防控计划。由于德国有几个养牛密集地区,每平方千米约有 200 头牛,贸易密集。因此,决定采用检测,扑杀,结合选择性疫苗接种的方案。临床采集新生犊牛耳组织样本,从中检测 BVDV。其中,阳性动物在 40 d 后被重新检测,以排除 BVDV 急性感染,确诊的 PI 牛必须被扑杀。根据当地的流行病学情况,兽医当局可以禁止或下令接种疫苗。然而,在实践中,是否接种疫苗的决定往往取决于养殖户。事实证明,该计划是相当成功的,PI 牛阳性率从 2011 年的 0.48% 下降到 2016 年的 0.02% 。

除此之外,苏格兰、爱尔兰和比利时等国家也采用了综合防控措施方法来防控 BVD。其中,苏格兰的 BVD 防控计划始于 2010 年,计划包括不同阶段。从筛检、补贴到加强检测和流动限制,以及对适宜的牛群疫苗接种。在经过自愿防控阶段后,爱尔兰的强制防控计划起始于 2013 年。所有新生犊牛(包括死胎)必须在指定的实验室进行耳组织的 BVDV 检测,此外,疫苗接种也得到了批准。PI 牛阳性率从 2013 年的 0.66% 降至 2017 年的 0.1% 。

在农场水平上控制 BVD 最好是采用封闭饲养的策略，严格控制精液质量及胚胎移植方案。封闭策略的有效性取决于该病在周边地区和牲畜市场的流行程度，以及该农场是否严格遵守生物安全措施，如从确认没有 BVD 的牧场采购动物。如果封闭策略无法实现，则需要采取额外的生物安全及隔离措施（如边界围栏上设置双重围栏，隔离新购买的动物，清洁共用的设备和车辆等），以防止其他直接（如购买的 PI 动物、携带 PI 胎儿的母牛或暂时被感染的牛等）或间接传播途径（如饲养员或参观人员）引入 BVD。虽然，在 BVD 防控方面，对新购买的牛只进行检测是一种很好的措施，但它无法准确识别携带 PI 胎儿的母牛。因此，最好避免引入 BVD 感染情况未知的怀孕动物。疫苗接种可与生物安全体系结合使用，以进一步保护繁殖动物在妊娠前或妊娠期间免受感染，并减少 PI 牛的产生。

对于农场来说，综合防控措施中应采取一些兼顾成本和准确性的诊断方法和检测策略。条件允许的情况下可以将其与相对复杂的防控计划进行比较，评估不同检测、诊断，及疫苗和疫苗接种策略的效果和成本效益，从而针对牛场实际情况制定或完善具有针对性的、科学的 BVD 综合防控措施和生物安全体系。目前，可用于 BVD 的诊断和检测的技术和产品在识别 PI 牛方面具备良好的性能，但没有可靠的检测手段来识别怀有 PI 胎牛的妊娠母牛。实践证明，实施科学的综合防控措施和管理方案是可以管控和降低怀有 PI 胎牛的妊娠母牛带来的潜在患病风险。这些措施主要包括：在犊牛出生后不久进行 BVDV 检测，在无法消除怀孕期间 BVDV 暴露风险的情况下，使用疫苗接种作为一种防控手段，以防止产生新的 PI 犊牛。严格落实上述措施，完全有可能在 1～2 年内将 PI 动物从牛群中清除。

Scharnböck 等（2018）的一项研究报道了过去 45 年间，在国家、区域和农场层面上 BVD 在全球的分布，并强调了 PI、急性感染和 BVD 流行率在持续下降。其中，BVD 发病率最高的国家是未实施任何防控措施的国家。尽管各国在初始流行率、种群密度、政策支持等方面存在诸多不同，但全球的 BVD 防控或根除计划总体上是成功，并且 BVD 的总体流行率的下降是明显的。然而，全球 BVD 防控计划的成功也促使一些国家从 BVD 防控和根除规划转变为监测检测策略。我们应谨慎对待 BVD 防控计划的停止，因为血清阴性的牛群对 BVDV 的感染是极为敏感的，因此仍必须严格控制未经 BVDV 检测牛只的流动。

在国家层面实施 BVD 防控受到诸多因素的影响。首先，计划方案需要具备大量的基础设施，包括全国动物数量统计数据库，记录养殖场详细信息和农场之间动物流动的数据库，以及与诊断实验室检测数据库相连接的关于牛群 BVD 状态的准确记录等。之前的研究表明，在一些国家，相关统计数据库的质量和完整性存在问题，特别是在临时放牧地点的变迁方面。此外，分子流行病学调查研究在BVD防控领域已成为一种具有广泛应用前景的工具，通过比较从受感染牛场分离的BVDV毒株间的遗传相关性，分析可能的传播途径与传播链，还可为筛选流行毒株和研制疫苗奠定基础。但在国家层面其尚未被纳入BVD综合防控措施。

影响国家层面BVD防控的另一个关键因素是养殖户缺乏对该病致病机制及其导致经济损失的认识。在BVD流行的牛场中我们可能看不到大量病牛的死亡，因此，很难使养殖户相信根除BVD的经济效益。特别是还要要求他们承担BVD防控规划的成本。此外，养殖场还必须使用经批准的疫苗进行免疫接种，加强牛群生物安全，防止BVD向外传播，并准确报告牛群的相关情况。目前，虽然尚未出台BVD相关的国际贸易限制，但随着越来越多的国家实现无BVD，这可能成为一个重大的问题。越来越多的国家会在出口前进行BVD检测，防止PI动物或可能怀有PI犊牛的母牛的流动，以及在进口后实施检疫，密切监测一过性感染，从而消除活畜贸易中BVD传播的风险。世界范围内还存在着大量的相关生物制品贸易，如疫苗、精液、胚胎、牛细胞株和牛胎血清制备的生物制品，这对已经清除BVD的国家构成了重大的威胁。因此，有必要加强风险分析，以确定如何最好地管控这些产品。

综上所述，政府需要明确不同BVD防控或根除计划的类型与成本或效益间的关联。从而引导养殖户实施科学的BVD综合防控措施，改善牛群健康，降低犊牛死亡率、发病率和抗菌药物的使用成本，提高养殖经济效益。此外，针对BVD的生物安全措施对其他疾病和动物健康的影响也应明确和量化。同时，需要向公众提供成功的综合防控措施，以及那些影响防控效果不利因素的相关报告或文件，以便协助尚未实施这类方案的国家或牛场更好的开展BVD防控工作。另外，从社会效益角度考虑，BVD综合防控措施应符合养殖户的生产实际需要，提高养殖户的养殖热情。在防控上促进养殖户自愿采用BVD控制，遵守强制性的国家立法。并且在BVD防控和根除计划启动几年后，还需要进一步重新评估这些因素。

在深入分析国内外的BVD综合防控规划的基础上，结合我国实际情况，针对我国BVD整体的防控，我们提出如下参考方案。

1. 平时的预防措施

加强口岸检疫，严禁从疫区国家引进种牛、种羊等动物。引种时必须进行血清学检查，并隔离观察，避免引入带毒牛羊。国内牛羊调拨或转运时，也应进行严格检疫，防止本病的发生和传播。定期的免疫接种可以预防本病的发生。自然康复牛和免疫接种牛，一般能产生坚强的免疫力，免疫期在1年以上。流行区和受威胁区，可用牛病毒性腹泻—黏膜病弱毒疫苗或灭活疫苗进行免疫接种。

2. 发病时的扑灭措施

发生本病时,对病牛要隔离治疗或紧急扑杀,消毒污染的环境、用具。对未发病牛群进行保护性限制。通过牛群筛选检测出持续感染牛,并进行淘汰。本病目前尚无有效治疗方法,但用消化道收敛剂及胃肠外输入电解质溶液的支持疗法,可缩短病程,防止脱水,促进病牛康复。使用抗生素和磺胺类药物等可防止细菌性继发感染。发生大量水样腹泻的病畜以及口蹄损害严重的重症病例,预后多不良,以淘汰处理为宜。

二、生物安全体系构建

近年来,越来越多的国家进行了大规模的检疫和净化,证明 BVD 的防控和根除是可以实现的。通过持续感染牛的筛查是可以成功防控乃至根除 BVD 的。一些国家通过严格的畜群水平测试和清除阳性 PI 动物,PI 动物的患病率降低到不足 0.5% 。辅助疫苗接种有利于 PI 犊牛的早期发现和消除,并且急性 BVD 临床疾病的发生率已明显下降。

毫无疑问,成功的 BVDV 综合防控策略必须是系统化的,其应包含以下几个重要环节:①鉴定并清除牛群内的 PI 动物。②实施生物安全措施以防止牛群接触 BVDV。③通过疫苗免疫提高牛群免疫力。④在引入畜群之前,对新动物进行 PI 状况筛查。一旦某个牧场在 BVD 防控或净化方面出现了问题,一般来说,该牧场的 BVD 防控策略中缺乏上述几个环节中的一个或者多个。如未能实施完善的免疫规划,未能建立群体监测规划,以及未能制定和实施有效的生物安全体系。BVDV 导致重大经济损失的风险将大大提高。

在 BVDV 综合防控措施中,建立生物安全体系的目标是防止病毒进入牛群和防止病毒传播给易感动物。生物遏制策略的目标是尽量减少与 BVDV 感染的相关疾病的发生或降低严重程度。要着重保护怀孕母牛,特别是在妊娠早期。必须保护牧群,使其不直接接触其他牧群中短暂或持续感染 BVD 的牛。涉及到生物安全体系范畴的暴露因素主要包括:栅栏线的接触、集市和贸易相关的牲畜流动,以及新引进的牛群等。其中,对于新引进的牛群来说,混群前必须对其进行 2 ~ 3 周的隔离,以防止原牛群接触未知的受感染动物的风险。在隔离期间,必须对每头牛进行 BVDV 检测,以识别和清除 PI 牛。对于新引进的怀孕母牛,在确定其是否存在 BVDV 感染之前,必须与原牛群隔离

在肉牛和母牛的 BVD 防控方面,生物安全体系面临着特殊的挑战。由于需要经常从不同的牛场新引入牛,增加了将 PI 牛引入原牛群的风险。如果这些新引进的牛在妊娠期间感染了 BVDV,可能会导致 PI 犊牛的产生。针对上述问题,我们可以对所有新引进的妊娠母牛进行 BVDV 检测。一旦 BVDV 检测阳性,必须在 2 ~ 3 周的检疫期间或在混群前将 PI 牛清除,从而将原牛群暴露与 BVDV 的风险降至最低。此外,如果能在奶牛和小牛的群体水平上精准、高效的清除 BVDV PI 牛,将有利于提高牧场的整体生产水平。

理想情况下,我们应从具备完善生物安全体系的牧场,以及 BVDV PI 检测呈阴性的牧场采购动物,以消除 PI 牛对原牛群的风险。

(一)识别和清除牛群中 PI 牛

识别和清除 PI 牛是 BVD 防控措施中的一个重要组成部分,及时清除这些牛对于维持和改善牛群的健康状况至关重要。为了防止 PI 牛与怀孕的奶牛接触,PI 牛应该在繁殖期前被识别和清除,牧场的所有牛群均应进行 PI 牛的筛检。在牛群接受检测时,所有怀孕母牛都应与处于繁殖期的牛群隔离,直到其体内小牛的 PI 检测呈阴性。在全群检测时多数情况下皮肤样本的免疫组化检测是首选的方法。因为这种检测方法在任何年龄动物上的准确性均较高,且通常只需要采集一次样本。

PI 牛的群体监测也可以采用 PCR 方法检测全血或血清样本。通过混合多个样本,可将 PI 流行率低牛群的筛查成本降至最低。当然,具体的混合样品数量应通过科学的分析方法加以确定。如果 PCR 的初检结果呈阳性,则必须对混合样本中的每个样本进行单独的重新检测,以确定携带病毒的牛。一旦发现有病毒血症的牛,必须在随后的 3 周内通过 PCR、病毒分离、IMPA 或皮肤样本的 IHC,将其归类为一过性感染或 PI 动物。

牛群内 BVD 传播的主要途径是 PI 牛向易感动物的传播。当早期妊娠的血清阴性牛暴露于 PI 牛时,病毒有可能持续存在于牛群中。在成功识别和清除 PI 牛之后,牛群的一过性感染和病毒传播的风险将大幅降低。与大型牧场相比,在小型牧场中 PI 牛的识别和清除相对更容易。而大型牧场的集约化饲养条件通常会增加 PI 牛接触处于妊娠早期母牛的风险。

(二)生物安全体系防止 BVD 的外源性引入

在确认并清除了 PI 牛之后,针对新引入的牛应制定并实施 BVDV 检测方案,确保新引入牛无 BVDV 感染,从而保持原牛群的无病毒状态。多数情况下,在合理的可能范围内,通过选择具有令人信服的血清抗体效价或阴性的动物,以及来自完全阴性的牛群,可以保证引入动物不受感染。明确存在血清抗体或抗体阴性的牛和来源于 BVDV 阴性牧场的牛可以初步认定为非 BVDV 感染牛。然后,可以通过采集和检测足够数量的样本来最终确定其是否存在 BVDV 感染。此外,新引入的抗体阴性牛需要针对性的检测是否患有该病,或使其与血清学阴性的实验动物密切接触,随后进行就地隔离,一段时间后对实验动物进行抗体检测,从而确定新引入牛的 BVDV 感染情况。

另外,实施生物安全措施,对新引入牛进行 BVDV 检测,可以有效防止外源性 BVD 引入导致的原牛群母牛生产性能的损耗。为了扩大养殖规模,养殖户需要从外界购买怀孕母牛。需要注意的是,在引入新母牛之前,必须明确其体内胎儿是否为PI牛。目前,对于在临床上鉴定怀孕母牛体内的胎儿是否为PI牛,还没有可供应用的、简单的检测方法或产品。此外,在没有检测BVDV前,那些没有明确的疫苗接种史的新引入牛均应被视为疑似感染牛。

目前,采用人工授精的牧场已开始采用综合的BVDV检测方案,以鉴别PI公牛和一过性BVDV感染的公牛。可通过从血液中分离出病毒来鉴定PI牛,而不是通过血清学检测。PI公牛的精液通常含有病毒,但精液质量不一定会异常。这也强调了对种畜、人工授精和胚胎转移中心进行病毒学监测的必要性。同样重要的是,需要防止用于体外手术操作和牛胚胎转移的液体被病毒污染。

(三)免疫程序

疫苗接种在减少BVDV传播方面是有效的,但仅通过疫苗接种防控BVD是不合适的。因为,疫苗接种不能提供完全的感染保护或将PI牛从牧场中清除。从历史上看,包括美国在内的许多国家都广泛、非系统性的使用过疫苗防控BVD。但该疾病的总体流行率并没有明显下降。疫苗接种计划的主要目的在于以下两点:①BVDV暴露后临床疾病的预防。②预防PI牛的产生。

考虑到高流行率的BVD会造成严重的经济损失,如果有安全和有效的疫苗,肯定需要对牛群进行疫苗接种。预防BVDV感染的有效方法是预防病毒血症,阻断生殖系统靶细胞和淋巴系统靶细胞的感染,避免胎儿感染和免疫抑制的发生。疫苗接种后会激活体液免疫,机体会产生特异性抗体,这些存在于体循环中的抗体可以有效地中和病毒的传染性,促进病毒的清除,防止胎儿的感染。此外,免疫的目标是激活免疫系统的B淋巴细胞和T淋巴细胞。B淋巴细胞主要负责中和病毒颗粒。这种中和作用主要是通过免疫球蛋白实现的,免疫球蛋白可以中和BVDV的传染性,从而清除病毒。另外,细胞免疫反应中$CD4^+$T细胞对于清除NCP型BVDV急性感染至关重要。

在BVD综合防控措施中至关重要的环节之一就是在繁殖前几周对母牛进行疫苗接种。其目的是确保所有母牛在怀孕前体内都有针对BVDV的抗体。应在繁殖前至少3周接种疫苗,以便繁殖期的母牛在受孕前对病毒呈血清阳性。此外,在育种前6周实验性的将发育期母牛暴露于的BVDV,可刺激其产生SN抗体,预防胎儿的胎盘感染。然而,从保护胎儿的角度来说,免疫接种可能对不同于疫苗中所含的毒株是无效的,而最终的预防措施是防止母牛或小母牛在怀孕前或怀孕前半段接触病毒。

感染模型研究结果表明,当从牛群中消除BVDV后,牛群对新的BVDV感染变得越来越敏感,并且再次暴露BVDV后可能出现严重临床症状,新一轮BVD爆发的可能性大幅增加。因此,在缺乏科学和严谨的生物安全体系情况下,一旦病毒从牛群中消除,预计每隔几年就会出现具有严重临床症状的重复感染。因此,临床上疫苗接种作为 BVD 综合防控措施中的关键一环,应配合生物安全措施同时应用。当从牛群中消除病毒后应继续接种疫苗,同时实施严格的生物安全体系,从而有效防控 BVD 的传播。

综上所述,我们的建议是,首先进行 BVDV 全群筛检,采用 RT - PCR 或 qRT - PCR 检测全血、血清、牛奶或耳组织中的 BVDV,采用 AC - ELISA 和 IHC 方法对血液或牛奶进行皮肤活检。由于初乳中的抗体干扰,AC - ELISA 不得用于 6 个月以下的犊牛。阳性样本间隔 3 ~4 周(对于有价值的动物则是 30 ~40 d)重复测试以区分急性感染和 PI 牛。对小于 3 月龄犊牛 3 个月以后再进行 1 次检疫。全面筛检并淘汰 PI 动物后,应将测试重点放在新出生和新引进的牛身上。新引进的牛需要隔离 4 ~6 周,对引进牛及其后代进行检测,阳性牛淘汰。

筛检呈阴性的牛可用灭活疫苗或者活疫苗进行免疫,要保证 100% 的免疫率。在牛群生物安全计划中,保护怀孕的母牛和小母牛不受病毒感染是 BVDV 控制的关键。所有购买的动物在运送到牛场之前要进行持续感染检测,这是最根本的生物安全标准,避免将本病原引入阴性牛群。由于当前建立的方法不能评估子宫内胎儿感染的状态,因此,小牛出生以后应与母牛隔离,立即检测犊牛的持续感染状态。急性感染或 PI 公牛、胚胎供体和胚胎受体也是 BVDV 的潜在传染源。因此有必要对相关动物进行 BVDV 检测。感染 BVDV 的公牛可能会因精子异常而暂时不育,以及持续数月通过精液排出病毒,从而在交配期间将 BVDV 传播给易感奶牛。通过 PCR 或病毒分离进行精液检测被认为是最佳的检测方法。另外,还要注意防控除了牛以外的动物(如鹿和羊等)传播本病原。妊娠早期的母牛和小母牛应被认为与 PI 胎儿的产生密切相关。这些动物应受到最大程度的保护,以免与外界牛群接触。

三、新型疫苗及其研究

BVDV 疫苗可分为传统疫苗和新型疫苗,而传统疫苗又分为弱毒疫苗和灭活疫苗。虽然,与灭活疫苗相比,活疫苗能诱导更持久的免疫力,但活疫苗存在安全性的问题。因为,需要考虑其毒力返强的可能性。研究发现,接种活疫苗可以实现对胎儿保护,中和抗体至少可持续 18 个月。但由于临床毒株的变异可能使其无法在所有情况下均实现 100% 的免疫保护。使用灭活的完整病毒或病毒的亚基产物无法实现对 BVDV 有效的广泛交叉免疫反应。弱毒疫苗的使用应慎重,存在潜在的暂时性免疫抑制以及对孕牛免疫可能不安全等缺点。灭活疫苗相对安全,主要激活体液免疫反应。但缺点在于其免疫时间较短,需要进行强化免疫接种。实践证明,针对不同基因型的多价疫苗可更有效的预防流产和胎儿感染。

考虑到活疫苗和灭活疫苗在临床应用中存在的诸多问题,我们需要进一步了解BVDV强毒株和弱毒株感染导致动物机体免疫反应和发病的机制。从而开发兼备良好的安全性、免疫原性和免疫保护性的新型BVDV疫苗,如基因缺失减毒活疫苗、亚单位疫苗,基因重组活载体疫苗、核酸疫苗及新型疫苗佐剂等。新型BVDV疫苗已成为BVDV疫苗研发领域的热点。

(一)基因缺失减毒活疫苗

无论在调节细胞免疫或体液免疫免疫反应,还是在调控病毒在特定细胞群中的复制和毒力中,BVDV的一些特定蛋白,如非结构蛋白N^{pro}和囊膜蛋白E^{rns},可能发挥着关键作用,其可成为基因缺失减毒活疫苗的候选研究靶点。通过分子生物学技术将非结构蛋白N^{pro}从BVDV NADL毒株的基因组中删除,从而形成N^{pro}缺失的基因工程BVDV毒株,其复制和生长显著降低。

此外,通过这种基因缺失策略可以进一步去降低病毒毒力,制备基因缺失BVDV减毒株,研发安全性好、免疫原性高的基因缺失减毒活疫苗。BVDV-1型KE-9和BVDV-2型NY-93基因缺失弱毒活疫苗就是基于上述策略研发而成的。通过基因定点突变的方法缺失了BVDV N^{pro}蛋白的编码区(N端4个密码子除外)和E^{rns}蛋白RNA酶活性中心编码区的第349位组氨酸,从而获得了安全性和免疫原性良好的BVDV基因缺失弱毒疫苗。孙艳永等(2021)评估了BVDV 1型KE-9基因缺失活疫苗和BVDV 2型NY-93活疫苗的安全性和垂直传播能能力。结果表明,在疫苗免疫期间,所有实验组怀孕母牛无不良临床症状和流产,胎牛发育良好。病毒检测结果表明,在胎牛的脑、胸腺、肠系膜淋巴结和脾脏组织中未分离到BVDV。两种基因缺失活疫苗对怀孕母牛和胎牛是安全的,且无垂直传播。

(二)亚单位疫苗

病毒亚单位疫苗是指利用病毒的一些组成成分制备而成的疫苗。将其注入动物体内可刺激机体产生特异性抗体。在BVDV的诸多结构或非结构蛋白中E2蛋白的相关研究较多。E2蛋白的免疫原性良好,可刺激机体产生细胞免疫和体液免疫反应,从而为动物提供免疫保护。Pecora等利用哺乳细胞表达系统表达了基因缺失的E2蛋白,并制备了E2蛋白亚单位疫苗。动物免疫实验结果表明,该疫苗的攻毒保护率可达75%。这表明亚单位疫苗提供了与全病毒灭活疫苗相似的保护率。之后,Pecora等又将来源于BVDV 1a、BVDV 1b、BVDV 2a E2蛋白制备成可以靶向抗原递呈细胞的多价E2亚单位疫苗，动物实验结果表明，该疫苗可以诱导豚鼠和牛产生特异性中和抗体。此外，攻毒之后发现在免疫动物体内未检测到 BVDV 1b 病毒株，并且在所有接种了该疫苗的牛中高热与白细胞减少等临床症状有所减少。值得注意的是，Aguirreburualed 等在转基因苜蓿中稳定共表达了基因缺失的 E2 蛋白和可以靶向抗原提成细胞的单链抗体（APCH1），在每克鲜苜蓿叶子中重组 E2 蛋白的含量为 1 μg。利用从苜蓿中浓缩和纯化的重组 E2 蛋白制备了亚单位疫苗。该疫苗可诱导机体产生 BVDV 特异性中和抗体，且剂量为 30 μg/头的重组 E2 蛋白便可为免疫牛提供 100% 的攻毒保护率。

为了进一步提高亚单位疫苗的免疫效果，学者们采取提高蛋白表达量或免疫量，以及配合适合的佐剂或载体等方法。Nelson 等通过烟草植物表达系统表达了 E2 蛋白，表达量为每克新鲜叶子中 20 μg。然后，将含有 20 μg 重组 E2 蛋白的亚单位疫苗接种豚鼠。与 BVDV 全病毒疫苗相比，亚单位疫苗可诱导豚鼠产生更高水平的特异性中和抗体。Zhao 等通过分子技术去除了 BVDV HB - bd 毒株 E2 蛋白的跨膜区基因片段，从而获得了 sE2 基因，并利用毕赤酵母表达了 sE2 融合蛋白。SDS - PAGE 和 Western - Blot 检测结果表明，表达的融合蛋白具有抗原特性，可刺激家兔产生特异性抗体。Patterson 等构建了可表达 BVDV E2 蛋白的重组酿酒酵母。其能诱导牛巨噬细胞产生 CXCL - 8，提高了巨噬细胞刺激 $CD4^+$ T 细胞增殖的能力，但并未刺激巨噬细胞产生 ROS。值得注意的是，热灭活的重组酿酒酵母却提高了巨噬细胞分泌 ROS 和促进 $CD4^+$ T 细胞增殖的能力，但并未影响其 CXCL - 8 的分泌。上述结果表明，重组酿酒酵母作为一种可靶向抗原递呈细胞的 BVDV 疫苗抗原递送载体，可激发细胞介导的免疫反应。

另外，在新型疫苗研发领域二氧化硅纳米颗粒近年来受到广泛关注。由于其具有容量高及缓释等特点，被视为一种良好的病毒抗原载体或疫苗佐剂。Mahony 等以表面氨基功能化二氧化硅纳米颗粒为载体，制备了 E2 纳米颗粒疫苗。将其免疫小鼠后发现，与 Quil A 佐剂相比，以纳米颗粒为佐剂的疫苗能够诱导小鼠体内产生强细胞介导的免疫反应。Mody 等研究表明，以 Quil A 为佐剂制备的 BVDV E2 亚单位疫苗可诱导机体产生滴度为 10^4 的 BVDV 特异性抗体。以二氧化硅纳米颗粒 SV140 为佐剂制备的 BVDV E2 亚单位疫苗可诱导机体产生滴度为 10^5 的 BVDV 特异性抗体。此外，与 Quil A 佐剂相比，以二氧化硅纳米颗粒为佐剂的疫苗可以诱导更高的细胞免疫反应。更有趣的是，以二氧化硅纳米颗粒为佐剂的 E2 亚单位冻干疫苗可刺激机体产生长达 6 个月的抗体反应和免疫记忆反应。由此可见，在无需冷链储存疫苗的研发领域二氧化硅纳米颗粒疫苗具备良好的开发前景。

（三）基因重组活载体疫苗

重组活载体疫苗是指利用分子技术将编码病毒抗原成分的基因序列导入到另外一

种载体微生物中,利用其表达特异性抗原成分,进而制备基因重组活载体疫苗。该疫苗免疫动物后可产生针对病毒抗原成分的特异性抗体。重组卡介苗(BCG)作为一种新疫苗载体,可同时表达多种外源性重组抗原,已成为国内学者在重组活载体疫苗研究领域关注的热点。Liu 等利用重组卡介苗表达了 BVDV E2 基因序列的不同片段,针对各种不同片段制备了 E2 基因重组活载体疫苗,通过小鼠免疫实验评估了其免疫效果。结果表明,当免疫剂量同为 5×10^8 CFU/200 μL 时 rBCG - E2 - 6 疫苗可刺激小鼠产生更高滴度的特异性抗体,并且脾脏中 $CD4^+$ 和 $CD8^+$T 细胞的数量更多,IL - 12 的分泌量上升。

此外,在疱疹病毒活载体 BVDV 疫苗领域国内外学者也取得了诸多进展。Donofrio 等在 BVDV E2 蛋白序列的羧基末端和氨基末端分别插入了一个氨基酸肽和一个 IgK 信号肽,同时去掉了 E2 蛋白的跨膜区结构域。在此基础上制备了以牛疱疹病毒为载体的 BoHV - 4CMV - IgKE2 - 14ΔTK 重组活载体疫苗。动物免疫实验结果表明,该疫苗能刺激兔和羊产生高水平的特异性血清中和抗体。Rosas 等将 BVDV 结构蛋白 C、E^{rns}、E1、E2 基因序列导入 I 型马疱疹病毒载体中,制备了相应的疱疹病毒活载体疫苗。将其免疫牛后发现,该疫苗可诱导牛只产生特异性血清中和抗体。攻毒实验结果表明,该疫苗减少了病毒血症和鼻病毒脱落,提高了白细胞数,可为免疫牛提供针对异源毒株 Ib5508 的攻毒免疫保护。

另外,Thomas 等分别应用杆状病毒载体系统(bre2)和哺乳动物细胞表达系统(mre2)表达了 E2 重组蛋白,并制备了 bre2 - E2 和 mre2 - E2 重组活载体疫苗。应用不同剂量的疫苗免疫牛只后发现,低剂量的 mre2 - E2 便可为免疫牛提供完全的免疫保护,减少发热和白细胞减少等症状,然而只有高剂量的 bre2 - E2 才能产生与 mre2 - E2 类似的免疫保护。此外,两种重组活载体疫苗均能减少鼻病毒脱落,但是低剂量 bre2 - E2 的免疫保护效率较低。Loy 等选用甲病毒作为载体来表达 BVDV 1b E2 蛋白,同时制备了 E2 甲病毒活载体疫苗。应用该疫苗免疫牛后发现,牛只产生了针对 BVDV 1 和 BVDV 2 的中和抗体。此外,与未免疫疫苗的对照组犊牛相比,高剂量疫苗免疫组犊牛的白细胞减少症状有所减少。上述研究发现表明,杆状病毒和甲病毒作为新疫苗载体在 BVDV 重组活载体疫苗研发领域具备良好的开发前景。

(四)核酸疫苗

核酸疫苗是指将含有编码 BVDV 抗原基因序列的真核表达载体导入宿主动物体内,载体在宿主细胞细胞内表达并合成抗原物质,刺激动物机体产生特异性免疫应答,从而防控 BVDV 感染的一种新型疫苗。其具有成本低、安全、可诱导细胞和体液免疫应答等优点,具备良好的开发前景。Zhao 等构建了含有 BVDV E0 基因的重组质粒 pMG36e -

E0,并将其转入嗜酸乳杆菌中,构建了重组的乳酸杆菌 pMG36e - E0 - LA - 5。将其免疫小鼠后发现,试验组小鼠体内的 IgG、sIgA、IL - 12 和 IFN - γ 的表达显著升高。攻毒实验结果表明,重组的乳酸杆菌 pMG36e - E0 - LA - 5 为小鼠提供了更好的免疫保护。郝学斌等(2021)构建了同时表达 BVDV E0 和 IBRV gD 抗原基因的重组质粒 pVAX1 - E0 - IRES - gD,在 293T 细胞中成功表达了 E0 和 gD 蛋白后制备了 pVAX1 - E0 - IRES - gD 二联核酸疫苗,并评估了其免疫效果。结果表明,表达的目的蛋白具有良好反应原性,且能刺激机体产生良好免疫应答。史慧君等(2021)构建了 BVDV 囊膜蛋白 E2 基因不同高可变区缺失型核酸疫苗。小鼠免疫实验结果表明,E2 基因不同 HVR 缺失质粒可显著提高 IgG 抗体水平($p<0.05$ 或 $p<0.01$)。此外,在首次免疫后 42 d,pVAX1 - E2 HVR1 △41 - 64 诱导的 IgG 抗体水平最高,可达到 pVAX1 - E2 的 3.9 倍。

(五)BVDV 疫苗的新型佐剂

一些免疫刺激序列(如未甲基化的 CpG)和佐剂(如细胞因子、RIG - 1 活化剂、中药佐剂等)与核酸疫苗联用,可增强核酸疫苗的免疫效果。Liang 等以 CpG 为佐剂,针对 BVDV - 1a 的 E2 基因制备了核酸疫苗。动物实验结果表明,该疫苗可刺激牛只产生强的体液免疫和细胞免疫反应。此外,攻毒实验结果表明,该疫苗显著减少了排毒量,增加了淋巴细胞数。Nobi - Ron 等研究了细胞因子佐剂 IL - 2 和 GM - GSF 对核酸疫苗免疫效果的影响。结果表明,IL - 2 和 GM - GSF 均能增强 BALB/c 小鼠脾细胞的抗原特异性增殖,其中 GM - CSF 免疫组的指标更高。此外,这两种细胞因子可显著影响抗体滴度,扩大 E2 核酸疫苗的中和谱。El - Attar 等优化了 BVDV E2 和 NSP3 基因的密码子,在此基础上构建了重组质粒 NTCE2t(co)和 NTCNSP3(co)。将 NTCE2t(co)与 RIG - 1 活化剂联合免疫牛只后发现,针对 E2 的特异性抗体反应更强。此外,NTCE2t(co)也增强了机体对 NSP3 的免疫应答。上述结果表明,RIG - 1 活化剂与核酸疫苗的联合应用可以增强核酸疫苗的免疫效果。

此外,在疫苗新型佐剂和免疫增强剂开发领域,由于中药具有良好的免疫增强作用,其可以增强细胞免疫和体液免疫反应,受到了广泛的关注。研究表明,皂苷配合明矾佐剂可以增强疫苗免疫后机体对 BVDV 的特异性免疫反应。Cibulski 等发现,与 Quil A 佐剂相比,巴西栎叶皂苷也可以刺激机体产生体液和细胞免疫反应,但副作用相对较轻。此外,在保证产生类似免疫反应的同时,皂苷可以减少 BVDV 疫苗的免疫剂量。临床上,皂苷的获取较容易,且成本较低,具有良好的产业化开发前景。综上所述,抗病毒化合物和中药作为临床 BVDV 治疗中的重要环节,与 BVDV 疫苗科学的联用将可起到事半功倍的疾病防控效果。

(六)BVDV E2蛋白亚单位纳米佐剂疫苗研究

1.背景

目前,BVD-MD的防控主要依靠弱毒疫苗或灭活疫苗,但上述疫苗在临床应用中存在病毒毒力返强、免疫持续期不足等缺陷。研制具有高效、安全、持久免疫应答等优点的新型疫苗已成为本领域的研究热点。壳聚糖、水凝胶等纳米材料已经成为理想的药物或疫苗抗原递送载体,具有较好的生物相容性、生物降解性及缓释等优点。本团队拟通过将BVDV E2蛋白包封于季胺盐壳聚糖及水凝胶中,制备新型纳米疫苗,免疫小鼠,并评价疫苗的免疫原性。

2.研究方法

首先,进行BVDV E2蛋白原核表达载体的构建及蛋白表达鉴定,表达载体为pGEX-6P-1。其次,应用合成的EFK8八肽水凝胶包裹E2蛋白,制备水凝胶和壳聚糖纳米颗粒为佐剂的E2蛋白亚单位疫苗,检测其包封率、负载率,及疫苗的物理性状和无菌性。最后,选择BALB/c小鼠为实验动物,进行BVDV E2蛋白亚单位疫苗的小鼠免疫原性评价。

3.结果

1)E2蛋白的表达和鉴定

(1)BVDV-E2基因PCR扩增结果

将E2基因的PCR产物经1%琼脂糖凝胶电泳进行鉴定,结果表明:在1044 bp处有明亮且单一目的条带,与E2基因的大小相一致,与预期结果相符。

(2)重组质粒pMD-18T-E2的鉴定

选择BamH I及Xho I限制性内切酶双酶切重组质粒pMD-18T-E2。通过凝胶电泳进行鉴定。结果表明,在3000 bp处可见克隆载体片段,1044bp处可见目的基因片段,并且测序结果和原有序列一致,具体见图10-1。

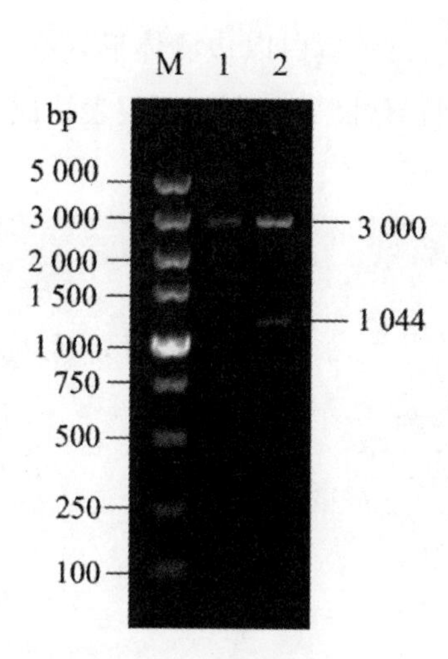

图 10－1　重组质粒 pMD－18T－E2 的双酶切鉴定

M：DL5 000 Marker；1：pMD－18T；2：重组质粒 pMD－18T－E2 的双酶切

(3)原核表达产物 pGEX－6P－1－E2 的鉴定

将重组质粒 pGEX－6P－1－E2 通过双酶切(*Bam* HI 和 *Xho* I)鉴定，在 4984 bp 处可见载体片段，在 1044 bp 处可见目的基因 E2 片段，与预期结果相符合，表明 pGEX－6P－1－E2 质粒构建正确，具体见图 10－2。

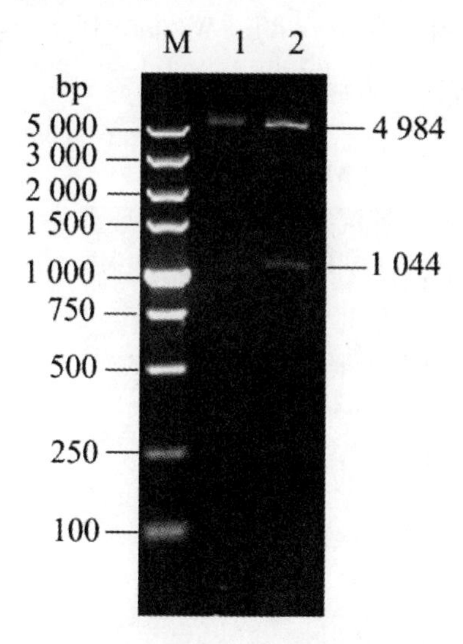

图 10－2　E2 基因的双酶切鉴定

M：DL5000 DNAMarker；1：空载体；2：E2 基因双酶切

(4)BVDV E2 蛋白表达产物的鉴定

SDS－PAGE 结果表明，在 69.5 kDa 处有明显的目的条带(图 10－3)，在诱导前后的上清液中没有对应的目的条带,目的蛋白以包涵体形式存在。Western Blot 结果表明,制备的目的蛋白与E2单体可以特异性结合,表明原核表达成功。

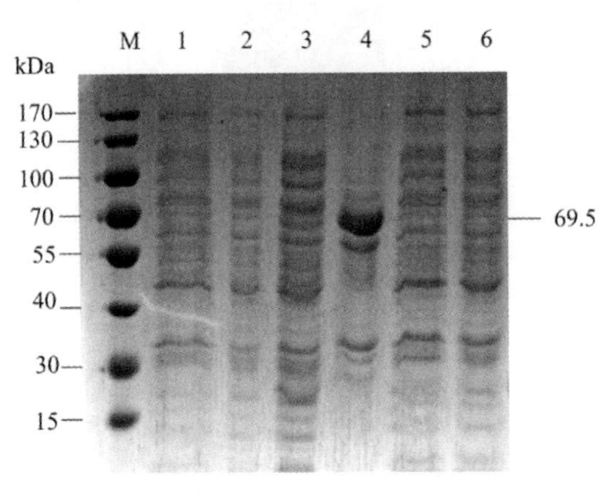

图10-3 重组BVDV E2蛋白表达SDS-PAGE分析

M: Marker; 1: pEGX-P6-1-E2诱导前上清; 2: pEGX-P6-1-E2诱导前沉淀; 3: pEGX-P6-1- E2诱导后上清; 4: pEGX-P6-1-E2诱导后沉淀; 5: pEGX-P6-1诱导后上清; 6: pEGX-P6-1诱导后沉淀

(5)蛋白纯化结果

通过GST柱亲和层析法进行蛋白纯化。SDS-PAGE分析结果表明,蛋白大小约为69.5 kDa,初步确定为目的蛋白(图10-4)。Western Blot 分析结果表明,在69.5 kDa处可见特异性条带,蛋白纯化成功,达到预期效果。

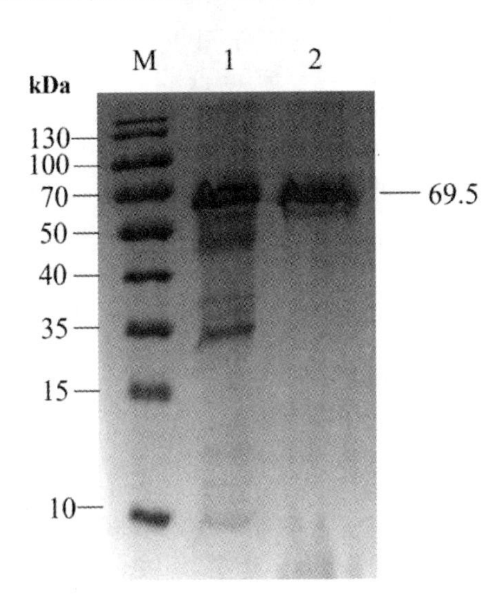

图10-4 蛋白纯化后SDS-PADG分析

M: Marker 1: 蛋白纯化前 2: 蛋白纯化后

2）水凝胶和壳聚糖纳米颗粒佐剂 E2 亚单位疫苗的制备

（1）季胺盐壳聚糖纳米颗粒的鉴定

扫描电子显微镜结果表明，E2 + N－2－HACC－CMCS 纳米粒呈光滑圆润的球型，囊壁较为致密，未见表面有孔洞。粒径大小分布均匀，未见过大或过小的纳米微球。

（2）稳定性检验

疫苗在 3000 r/min 常温离心 15 min 后，没有出现破乳和分层现象，疫苗稳定性较好。

（3）无菌检验

将疫苗接种于普通营养琼脂培养基及血琼脂培养基后，均未出现细菌菌落。

（4）E2 + 水凝胶成胶鉴定

制备好的水凝胶，呈果冻状，流动性变弱；通过扫描电子显微镜扫描发现，所制备的水凝胶在无蛋白包裹时，以水凝膜的形式存在，有蛋白存在时，其稳定性较高，且水凝胶将 E2 蛋白包裹在其内部，呈小杆状的形态存在。

（5）E2 + 水凝胶无菌检验

将疫苗接种于普通营养琼脂培养基及血琼脂培养基后，均未出现细菌菌落。

3）E2 蛋白亚单位疫苗的小鼠免疫原性评价

（1）临床症状

攻毒第 7 d，PBS 组、E2 组、Hydrogels 组、E2 + Hydrogels 组、N－2－HACC－CMCS 组、E2 + N－2－HACC－CMCS 组的采食、饮水、粪便形态、精神状况等均为见明显差异，未表现出明显的临床症状。

（2）小鼠抗体水平检测结果

随着疫苗免疫天数的增加，小鼠血清中 E2 蛋白特异性抗体水平呈上升趋势，第 0 d，血清中几乎检测不到 E2 蛋白特异性抗体。在免疫后第 7－42 d 的小鼠血清中，E2 组、E2 + Hydrogels、E2 + N－2－HACC－CMCS 组的 E2 蛋白特异性抗体水平明显高于 PBS 组、Hydrogels 组、N－2－HACC－CMCS 组。在免疫后第 7－28 d，N－2－HACC－CMCS－E2 组的 E2 蛋白特异性抗体水平低于水凝胶 + E2 蛋白组，42 d 后两组 E2 蛋白特异性抗体水平相当，具体见图 10－5。

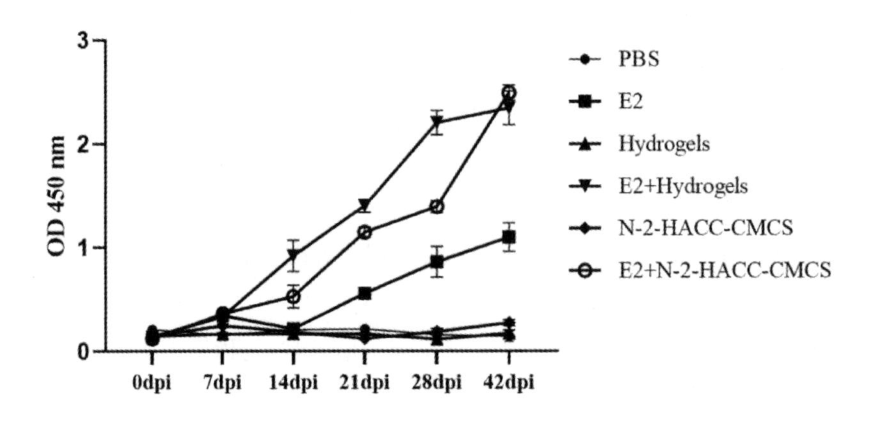

图 10－5　各免疫组小鼠血清 E2 抗体检测结果

(3)T 淋巴细胞增殖试验

结果表明,E2 + Hydrogels 、E2 + N－2－HACC－CMCS 组的刺激指数(SI)高于 E2 蛋白组和 N－2－HACC－CMCS 组,Hydrogels 和 N－2－HACC－CMCS 能有效地辅助 E2 蛋白刺激小鼠淋巴细胞增殖。

(4)病毒荷载量

对感染后第 7d,小鼠十二指肠中 BVDV mRNA 的相对含量进行鉴定。结果显示,与 PBS 组相比,Hydrogels 组和 N－2－HACC－CMCS 组病毒 mRNA 均无明显变化。E2 组病毒 mRNA 差异显著($p<0.005$),E2 + Hydrogels、E2 + N－2－HACC－CMCS 组差异极显著($p<0.001$)。

(5)组织病理变化检测结果

健康组脾脏结构清晰,可见由排列紧密的淋巴细胞构成的脾小结和其周围含有大量红细胞的红髓,以及富含巨噬细胞、淋巴细胞和血管的边缘区。PBS 组、N－2－HACC－CMCS 组、Hydrogels 组与健康组相比,脾脏动脉周围淋巴鞘结构模糊,脾小结显著缩小,其中细胞数量减少且结构模糊,生发中心不明显,边缘区淋巴细胞和巨噬细胞数量也显著减少,红髓与边缘区界限不明显,脾窦变小。与不含 E2 蛋白组相比,E2 + N－2－HACC－CMCS 组、E2 + Hydrogels 组、E2 组保护中 BVDV 攻毒处理所致的病理学损伤明显减轻,其中细胞结构清晰,生发中心明显,红髓与边缘区界限明显。与健康组小鼠十二指肠相比,PBS 组、N－2－HACC－CMCS 组、Hydrogels 组攻毒处理后的小鼠十二指肠黏膜上皮细胞出现变性坏死脱落、间质疏松水肿和炎细胞浸润,E2 + N－2－HACC－CMCS 组和 E2 + Hydrogels 组十二指肠肠黏膜坏死减少,肠绒毛排列呈现连续现象,损伤程度明显减轻。

4. 讨论

E2 的 N 端部分具有多个抗原的结构域，且其 N 端向外延申至病毒囊膜表面，是决定 BVDV 抗原位点的主要部位，也是和抗 BVDV 抗体结合、宿主细胞识别和介导免疫中和反应主要部位。其本身为针对 BVDV 新型亚单位疫苗研制的主要潜在靶标。BVDV E2 特异性单克隆抗体对 BVDV－1 和 BVDV－2 均有明显的病毒中和能力。这些结果都为 BVDV E2 新型亚单位疫苗的研制提供了有力的支撑。因此，BVDV E2 蛋白是 BVDV 疫苗研制的重要靶标。利用不同生物信息学软件或工具对目的蛋白氨基酸序列进行抗原决定簇、信号肽、疏水性等生物信息学分析。结果显示，本试验扩增的 BVDV E2 基因具有较好的免疫原性，可作为 BVDV 亚单位疫苗的主要抗原。

已有许多科研人员以不同的表达系统表达了 BVDV E2 蛋白，其中用大肠杆菌表达系统较多。大肠杆菌表达方法简单、成本低等得到广泛应用，但其表达的外源性蛋白一般以包涵体存在，为了获得具有生物活性好的 E2 蛋白，必须通过不同的复性方法使其重折叠。整个实验的技术难点是怎样使包涵体蛋白重折叠，并且具有天然构象。本试验选取 BVDV E2 基因，并将 E2 基因插入 pGEX－6P－1 表达载体上，成功构建了重组质粒 pGEX－6P－1－E2。将其转化到大肠杆菌表达系统中诱导表达，通过 Western Blot 结果表明，在目的蛋白在 69.5 kDa 处出现了目的条带，结果表明诱导表达成功。同时对诱导表达条件进行了温度、诱导剂浓度的条件优化，而后大量表达。通过大肠杆菌表达系统表达的 E2 蛋白，存在形式为包涵体，先是尝试了 16 ℃低温、低转速过夜诱导表达，发现其没有可溶性蛋白表达的可能，随后进行了包涵体的变性、复性。首先进行了透析复性，发现蛋白在 4 mol/L 转 2 mol/L 的复性液时析出呈蛋花样，随后尝试了稀释复性，发现稀释复性的蛋白终浓度控制在 0.1 mg/mL 时，蛋白不再析出。但稀释后的蛋白体积庞大，对纯化及浓缩造成很大的问题，最终通过稀释复性得到了具有生物活性的蛋白。稀释复性制备 E2 蛋白工作量大，如何获得可溶性、具有生物活性 E2 蛋白有待进一步发掘。

壳聚糖是一种天然存在的聚合物，已用于构建具有生物相容性的纳米粒子（NP），可生物降解、毒性较小、易于制备，并可用作有效的药物递送系统（DDS）。此外，壳聚糖被美国食品和药物管理局（US FDA）普遍认为是安全的（GRAS）。壳聚糖 NPs 已用于口服、眼部、肺部、鼻部、黏膜、口腔等途径的药物递送。它们还被用于基因传递、疫苗传递和晚期癌症治疗。Chowdhury 等人用高度保守的基质蛋白 2（sM2）、黏膜佐剂霍乱毒素亚基 A1（CTA1）和血凝素融合肽（HA2）包裹于聚－γ－谷氨酸（γ－PGA）－壳聚糖 NPs（PC NPs）。研究结果表明，其具有被黏膜吸收的能力作为黏膜佐剂，这种 sM2HA2CTA1/PC NP 制剂的黏膜给药可以触发接种部位的局部免疫（IgA 和 IgG）和远程全身免疫。Zhao 等人研究了由 N－2－羟丙基三甲基氯化铵修饰后的壳聚糖以及 N，O－羧甲基修饰后的壳聚糖作为疫苗接种的载体和佐剂制备的 NP。修饰的壳聚糖 NPs 显示出比未修饰的壳聚糖 NPs 更高的稳定性和更低的细胞毒性，且两种载体都允许稳定释放抗原。

季胺化壳聚糖纳米颗粒由于其巨大的利用潜能被越来越多的学者所重视，它能有效传递免疫原性物质。通过改变反应物浓度、搅拌速度等条件可以制备出不同形状和大小的纳米粒，且可以用表面修饰。该方法工艺简单、成本低廉。在此研究中制备的荷载 BVDV E2 蛋白的 N－2－HACC－CMCS 纳米小球，通过扫描电镜可以观察到制备纳米粒的粒径均一的球形颗粒，且分散性好。包封率也是评价制备的纳米粒成功与否的一个重要指标，只有较高的抗原包封率才能刺激机体产生高效免疫应答。E2＋N－2－HACC－CMCS 纳米小球包封率为 49.83% ±2.13%，符合既往文献中研究标准。E2＋N－2－HACC－CMCS 油乳剂疫苗的物理性状及无菌性试验结果表明，检验剂型是油包水型，油乳剂疫苗的黏度符合要求，有较好的稳定。水凝胶制备胶体的方法简单、快捷，可以作为疫苗的佐剂。单独 EFK8 水凝胶粉末制备的水凝胶，流动性强，无结构支撑，较难形成果冻样的凝胶；添加 BVDV E2 蛋白的 EFK8 水凝胶粉末制备的水凝胶，能够很好的成胶，且抗原能够被水凝胶封装起来，呈小杆状形式存在。

目前，许多获得许可的 BVDV 改良活病毒和灭活病毒疫苗已上市。然而，BVDV 感染水平并未下降。灭活病毒疫苗能够诱导有限的免疫反应，但不能提供有效的免疫保护，且出于生物安全性的原因，它们通常优于改良的活病毒疫苗。亚单位疫苗结合了灭活疫苗的安全性和亚单位疫苗特有的优势。亚单位疫苗也可以通过改变抗原免疫原性或选取适当的免疫佐剂，增强这种疫苗的免疫原性。Wang 等人将补体片段 C3d 与 2 型牛病毒性腹泻病毒 E2 糖蛋白融合，结果表明，当同样低浓度的 E2s－C3d 用于引发和增强免疫反应，可以引发高水平的抗 E2s 和中和抗体。Jia 等人以霍乱毒素 B 亚基（ctxB）为佐剂组成型表达 BVDV E2 蛋白的重组乳杆菌疫苗，结果表明该疫苗在小鼠体内具有较强的免疫原性，可诱导黏膜、体液和细胞免疫反应，提供有效的抗 BVDV 免疫保护。Snider 等人开发了的新型佐剂，由聚［二（羧乙基苯氧基钠）］－磷腈（PCEP）、CpG ODN 和聚（I:C）合免疫防御调节剂肽（IDR）组成，与 E2 蛋白配置免疫小牛，结果发现其诱导了强大的病毒中和抗体以及细胞介导的免疫反应，包括 CD8＋细胞毒性 T 细胞（CTL）反应。此外，与具有严重临床疾病的对照动物相比，在用高剂量的毒性 BVDV－2 攻毒后，接种疫苗的小牛几乎没有表现出温度反应、体重减轻、白细胞减少或病毒复制。本试验利用 N－2－HACC－CMCS 纳米颗粒负载 BVDV E2 蛋白，及水凝胶的自组装性质将 BVDV E2 蛋白包裹于水凝胶内，应用以上两种佐剂制备 BVDV 亚单位疫苗，均能诱导机体产生了较强的体液免疫，且减少了 BVDV 在机体内的复制。

试验中 E2＋N－2－HACC－CMCS、E2＋Hydrogels 和 E2 组均诱导小鼠产生较高的

抗体水平，其中 E2 + Hydrogels 疫苗组小鼠血清中抗体水平在免疫后 0 ~ 28 d 迅速上升，之后上升趋势较为平缓，E2 + N - 2 - HACC - CMCS 疫苗组免疫后 14d 抗体水平上升较快，在免疫后 28 d 快速升高，表现出其较强的缓释功能。单独使用 E2 蛋白作为亚单位疫苗也可诱导产生体液免疫应答，单独 E2 蛋白组抗体水平明显低于 E2 + N - 2 - HACC - CMCS 和 E2 + Hydrogels 组。负载 BVDV E2 蛋白 N - 2 - HACC - CMCS 纳米颗粒和 E2 + Hydrogels 可产生比游离可溶性抗原更高的抗体水平。因此，N - 2 - HACC - CMCS 和 Hydrogels 可以作为一种有效的载体，促进可溶性抗原向动物靶器官的快速传递，产生良好的免疫应答。可溶性抗原和载体固定化抗原的结合对于基于抗原载体系统的疫苗设计非常重要。这是一种简单有效的免疫方法。

5. 结论

我们成功制备了 BVDV 亚单位疫苗 E2 + N - 2 - HACC - CMCS 及 E2 + Hydrogels。此外，N - 2 - HACC - CMCS 和 Hydrogels 可以作为一种良好的疫苗佐剂，提高可溶性蛋白的免疫应答。本研究为季胺盐壳聚糖纳米粒携带抗原和水凝胶作为免疫佐剂在疫苗开发中的应用提供了新的思路。

四、治疗药物及其研究

疫苗接种是预防 BVDV 传播的重要手段之一。然而，即使结合健全的饲养管理和科学的生物安全程序，疫苗接种往往也不足以预防或控制 BVDV 的传播。临床上在应用疫苗防控的同时，及时和合理的使用抗病毒药物治疗被认为是控制 BVDV 传播，减少经济损失和牛只死亡的有效措施之一。BVDV 不仅是一种重要的牛传染病病原，同时，也是人类抗病毒研究的模式病毒。尽管如此，仍没有可应用于牛的商业许可的抗 BVDV 药物产品。目前，许多药物成分已被证实在体外具有抗 BVDV 活性，但多数药物在体内的有效性尚未被证实，仅有少数药物可用于体内感染的防治，在产业化开发方面仍然任重道远。

（一）抗 BVDV 药物的治疗靶点

针对 BVDV 的潜在抗病毒治疗靶点有很多，其中最常见的靶点包括：RNA 依赖的 RNA 聚合酶（RdRP）和非结构蛋白 NS5B。一些具有体外抗 BVDV 活性的化合物已被证明是通过拮抗 RdRP 而发挥作用的。此外，NS3 是病毒 RNA 复制所需的复制复合体的必要组成部分，其具有解旋酶和丝氨酸蛋白酶结构域，因此，该蛋白已成为又一个特定的抗 BVDV 治疗靶点。内质网葡萄糖苷酶作为一种非特异性的抗病毒药物治疗靶点，是病毒粒子加工和包装所必需的，其在抗病毒药物研发领域也备受关注。另外，肌苷一磷酸脱氢酶（IMPDH）也是体外抗病毒药物研究的靶点之一。除了上述已知的靶点外，国内外学者还发现了一些具有抗 BVDV 活性的化合物,它们的作用靶点和抗病毒机制仍有待阐明。

(二)抗 BVDV 药物的药效研究

1 体外研究

1)抗 BVDV 化合物

在评估抗病毒药物治疗效果的研究领域,BVDV 是丙型肝炎病毒的替代模型。因此,与其他病毒相比,针对 BVDV 的抗病毒药物的相关研究更多,也有很多化合物已被证实在体外具有抗病毒效果。抗 BVDV 化合物的已知作用机制主要包括:链终止、IMPDH 酶的抑制、内质网葡萄糖苷酶的抑制、RdRP 的抑制以及与病毒或宿主细胞蛋白的相互作用。然而,由于大多数化合物还没有被确定可以用于产业化开发,在为临床推荐和提供相关可销售的产品之前,有必要进行大量的研究。随着人们不断的鉴定出在体外具有抗病毒活性的化合物,深入了解这些化合物的抗病毒作用机制,将有助于相关药物产品的开发。Birk 等研究发现,一种氨基糖苷类抗生素(G418)可在体外保护 MDBK 细胞免受 CP 型 BVDV NADL 株导致的细胞病变,并抑制 CP 型 BVDV NADL 株和 NCP 型 BVDV NY－1株的产生。G418 的结构功能分析表明,与其结构相似的卡那霉素和庆大霉素相比,只有 G418 具有抗 CP 型 BVDV 活性。值得注意的是,G418 的抗病毒活性可能来自于对病毒组装或释放的干扰,而不是对病毒翻译和复制的抑制。由此可见,G418 在治疗和预防 BVDV 感染方面具备潜在的应用与开发前景。

西药苯并咪唑及其衍生物具有广泛的抗病毒作用,如丙肝病毒、黄热病毒和疱疹病毒等。Tonelli 等合成了多种苯并咪唑衍生物,鉴定了它们对 BVDV 的抗病毒作用。研发发现,有 3 种苯并咪唑衍生物可以针对 BVDV 的 NS5B 来抑制病毒活性,抑制作用呈剂量依赖性,并且这 3 种衍生物对 MDBK 及 MT－4 细胞均具有较低的细胞毒性。5－[(4－溴苯基)甲基－2－苯基－5H－咪唑并[4,5－c]吡啶(BPIP)已被证实在体外具有抗 BVDV 活性。目前,其已被广泛用于抗瘟病毒属病毒感染的体内研究。Paeshuyse 等研究发现,BPIP 可以抑制 BVDV 诱导的细胞病变,减少病毒 RNA 合成和传染性病毒颗粒的形成。Chezal 等研究发现多种苯并咪唑衍生物具有良好的抗 BVDV 活性,半数效应浓度范围为 1.1～2.1 μmol/L。Enguehard－Gueiffier 等合成了 3－联苯咪唑－(1,2－a) 吡啶及 3－联苯咪唑－(1,2－b)哒嗪衍生物,评估了其对 BVDV 复制的影响。研究结果表明,该衍生物可以显著抑制 BVDV 复制,且与已知的多种抗病毒化合物,如 BPIP、VP32947、AG110 等,无交叉耐药性。这也表明,该衍生物可能与 BPIP 等抗病毒化合物具有不同的结合位点。

另外，Loddo 等发现，当半数效应浓度范围为 1.2～28 μmol/L 时，苯基咪唑吡啶类和 N－苄基喹啉胺衍生物具有显著的抗 BVDV 活性。Musiu 等研究了化合物 3－（咪唑并[1,2－A:5,4－B′]二吡啶－2－基）－苯胺对 BVDV 感染导致的细胞病变、病毒 RNA 合成和病毒增殖的影响。结果表明，当半数效应浓度为 13.0±0.6 μmol/L 时该化合物能显著抑制细胞病变的产生，当半数效应浓度为 2.6±0.9 μmol/L 时该化合物能显著抑制 BVDV RNA 的合成，当半数效应浓度为 17.8±0.6 μmol/L 时该化合物能显著抑制病毒复制。此外，包括 N－烷基脱氧野尻霉素衍生物、9－氨基吡啶类化合物、5－苄－2 苯基－5H－咪唑－[4,5c]吡啶、吖啶衍生物等在内的多种化合物也被证实具有显著的抗 BVDV 活性，并且其中一些化合物同 IFN－α 在抗 BVDV 方面具有协同作用。

2）抗 BVDV 中药

不同中药的抗 BVDV 效果截然不同，这与其有效成分的中各类和含量密切相关。目前，关于中药有效成分抗 BVDV 的相关研究主要集中在体外研究，体内研究相对较少。作为一种萘骈二蒽酮类化合物，金丝桃素具有良好的抗病毒活性，其为中药贯叶连翘的有效成分。研究表明，浓度为 0.3～2.5g/L 的金丝桃素可在体外杀灭 BVDV，并且可以防止 BVDV 感染导致的 MDBK 细胞病变。高新磊等研究了西藏茎直黄芪的有效成分苦马豆素在体外对 BVDV 活性的影响。结果表明，苦马豆素可以抑制 BVDV 的复制。郝宝成等分析了苦马豆素抗 BVDV 的作用机制。结果表明，苦马豆素不仅可以在细胞内部抑制 BVDV 复制，还可以直接杀灭游离的 BVDV 病毒颗粒。

黄酮类与生物碱类是中药沙冬青的主要成分，其中生物碱类主要包括左旋黄花木碱、鹰爪豆碱、黄花碱、异黄花碱等。研究发现，沙冬青的主要成分具有良好的病毒活性，其中，黄酮类成分可以直接杀伤 BVDV，杀伤率可达 89.44%，生物碱类成分可有效抑制 BVDV 复制，有效率可达 79.80%。周建胜等研究发现，当浓度为 0.188 mg/mL 时沙冬青的总黄酮对 BVDV 复制的抑制作用最强，且杀伤作用也最明显。此外，陈慧等证实，当浓度为 0.32g/L 时沙冬青总生物碱对 BVDV 复制的抑制率最高，此外，当浓度低于0.39 g/L 时，生物碱对细胞增殖还具有促进作用。

另外，连翘脂苷 A 来源于植物连翘的干燥果实，能够抑制 BVDV 的复制，具有良好的抗 BVDV 活性。宋泉江等研究了连翘脂苷 A 体外抗 BVDV 的作用机制。结果表明，在 BVDV 感染牛外周血单个核细胞的过程中连翘脂苷 A 可以上调 IFN－γ 的分泌和 TRAF－2的表达，促进淋巴细胞的活化和增殖，减少 BVDV 感染导致的细胞凋亡。

多项研究表明，黄芩苷、五味子乙素、人参皂苷、鹿角盘多糖等中药成分具有显著的抗 BVDV 作用。周红潮等研究了黄芩苷及其酯类衍生物对 BVDV 复制及活性的影响。结果表明，黄芩苷及其酯类衍生物可以显著抑制 NCP 型 BVDV 在 MDBK 细胞中的复制，以及 CP 型 BVDV 对 MDBK 细胞的细胞病变效应。王英范等研究了五味子乙素的抗 BVDV 活性及其对 MDBK 细胞的毒性。结果表明,五味子乙素可在体外抑制 BVDV 的活性,且这种抑制作用呈剂量依赖性。当浓度控制在 19.53 μg/mL 以下时,五味子乙素对 MDBK 细胞的活性无显著影响,且不会造成 MDBK 细胞的损伤。李玉赜等在 MDBK 细胞中研究了人参皂苷的抗 BVDV 活性及其细胞损伤作用。结果表明,当浓度控制在 1.60 ~ 12.80 μg/mL 范围内时,人参皂苷可在 MDBK 细胞中抑制 BVDV 的活性,且这种抑制作用呈剂量依赖性。当浓度控制在 12.80 μg/mL 以下时,人参皂苷不会造成 MDBK 细胞的损伤。郜玉钢等研究了鹿角盘多糖的体外抗 BVDV 活性及其对 MDBK 细胞的毒性。结果表明,当浓度控制在 19.53 μg/mL 以下时,鹿角盘多糖不会造成 MDBK 细胞损伤,当浓度控制在 2 ~ 39 μg/mL 时鹿角盘多糖表现出了良好的抗 BVDV 活性。

3)植物提取物

在抗病毒药物开发领域植物中提取的天然产物,如植物精油,是开发新药的一个重要来源。研究表明,植物精油具有广泛的抗病毒活性,如非典型性肺炎病毒、流感病毒、HIV 等。植物精油还具有较高的生物相容性和安全性,在抗病毒新药研发领域拥有巨大的潜力。Kubiça 等研究发现,植物精油中的单萜类化合物可以直接作用与病毒颗粒,在体外表现出良好的抗 BVDV 活性。Madeddu 等报道了鼠尾草精油的活性成分 α - 葎草烯可在体外降低病毒滴度,且无细胞毒性。百里香属植物作为一种药用植物已被广泛应用于抗病毒药物的研发,其提取物的主要成分为香芹酚。为了评价百里香属植物提取物对牛冠状病毒、牛副流感病毒 -3 型、牛呼吸道合胞体病毒、牛病毒性腹泻病毒和牛疱疹病毒的抗病毒活性及杀灭效果,Toker 等采用包含不同含量香芹酚的无细胞毒性百里香属植物提取物在体外处理病毒感染的细胞,然后测定病毒复制及感染性病毒颗粒。研究结果表明,当香芹酚含量为 1.5% 时牛冠状病毒、牛副流感病毒 -3 型、牛呼吸道合胞体病毒、牛病毒性腹泻病毒和牛疱疹病毒的感染性病毒颗粒数量分别减少了 99.44%、100.0%、94.38%、99.97% 和 99.87%,并且以剂量依赖的方式强烈抑制上述病毒的复制。此外,该提取物对上述病毒还具有直接灭活功效,并呈时间依赖性。

4)分子药物

作为一种新型抗 BVDV 疗法,反义寡核苷酸治疗是通过使用小干扰 RNA(siRNA)或短发夹 RNA(shRNA)干扰病毒翻译过程,抑制病毒复制。研究表明,反义寡核苷酸治疗可以抑制诸多病毒的复制和活性,如丙肝病毒、人类免疫缺陷病毒、甲型流感病毒、口蹄疫病毒等。在抗 BVDV 研究领域,Mishra 等分别设计了可以靶向 BVDV E^{rns}、E1 和 E2 蛋白,以及 5′UTR 的 siRNA。体外研究结果表明,siRNA 可以降低病毒滴度和拷贝数,其中靶向 5′UTR 的 siRNA 对 BVDV 复制的抑制作用更强。此外,Lambeth 等发现,siRNA 可以靶向 BVDV 的 5′UTR，以及 Core、NS4B 和 NS5A 蛋白，从而在体外培养的细胞中减少 BVDV 诱导的细胞病变效应和病毒滴度，并且 shRNA 对 BVDV 的复制也具有较强的抑制作用。鉴于 siRNA 和 shRNA 具备良好的抗 BVDV 活性，其在抗 BVDV 药物开发领域越来越受到人们的关注。综上所述，虽然关于 BVDV 抗病毒药物鉴定的体外数据非常多。但相关药物的体内抗 BVDV 有效性仍有待于进一步证实。

2. 体内研究

1）抗 BVDV 化合物

由于临床上 PI 牛存在病毒血症和持续高水平的排毒，选择 PI 牛来评估新型抗 BVDV 化合物的体内抗病毒效果是而非常必要的。Newcomer 等采用一种具有抗病毒活性的芳香族阳离子化合物（DB772），对 4 只 BVDV PI 杂交肉牛进行静脉注射治疗。结果表明，在治疗性试验中 DB772 显著降低了 PI 牛的病毒血症，并且所有接受治疗的 PI 牛体内的病毒滴度均降低到病毒分离技术可检测到的水平以下。在预防性试验中 DB772 成功地预防了犊牛的 BVDV 感染，但在 DB772 的保护水平下降后，攻毒实验牛更容易被感染。Givens 等研究发现，DB772 和其他相关的芳香族阳离子化合物还可以清除的胎牛成纤维细胞的 BVDV 感染。值得注意的是，在含有该化合物的培养基中培养的胚胎所生的小母牛是健康的，且具有正常的生育能力。然而，后续研究发现，该化合物与氮血症和肾脏毒性有关，这在之前的体内研究中并未出现。因此，关于该药物毒性的更深入研究是至关重要的，同时，应开发出一种经济、实用的药物配方，以供后续更广泛的产业化开发。

2）抗 BVDV 中药

在中药临床治疗 BVDV 感染方面，中药组方多以解热燥湿、凉血解毒、泻火止泻的配伍原则为主。Wang 等在前期证实了黄芩、栀子等中药对 BVDV 体外抑制作用的基础上，研究了复方中药（黄芩、秦皮、栀子、大黄、牡丹皮、生地黄、诃子、石榴皮、厚朴、枳壳）对 BVDV 感染导致牛腹泻的治疗效果。结果表明，经灌胃治疗后，复方中药汤剂对犊牛腹泻的有效率可达 90%，治愈率为 70%，对成年母牛的有效率高达 95%，治愈率为 75%。马跃民等报道了，两组临床治疗牛病毒性腹泻的中药组方，组方一包括：白芍、车前子、地榆炭、金银花、滑石、大黄、白头翁、茯苓、甘草等 9 味中药，组方二包括：赤芍、黄芩、黄连、木香、大黄、金银花、连翘、茯苓、白术、甘草等 10 味中药。

3）干扰素

作为一类非特异性抗病毒物质，人源和牛源干扰素已被广泛应用于抗 BVDV 的研究。无论 CP 型 BVDV 还是 NCP 型 BVDV 在体外均对干扰素处理非常敏感。Kohara 等研究发现，PI 牛经皮下注射牛源干扰素后病毒载量略有下降，注射剂量为 10^6 U/kg，2 周内注射 10 次。停止治疗后，病毒载量并未持续下降，并且在低剂量或使用人源干扰素时对病毒载量并未产生显著影响。Peek 等也发现了上述类似的结果,区别在于注射方法为间隔 1 d 为 5 头荷斯坦 PI 小母牛注射一次重组人源干扰素,持续注射 84 d。这种干扰素治疗方法没有产生明显的抗病毒效果,但在治疗期间导致了小红细胞性贫血,并产生了干扰素抗体。此外,Elsheikh 等研究发现,人源 IFN-α 对不同生物型和基因型 BVDV 的复制均有明显的抑制作用,其中,与 NCP 型 BVDV 相比,IFN-α 对 CP 生物型的抑制作用更明显。IFN-α 对 BVDV 的影响在感染早期(0~20 h)最大,且呈有剂量依赖性增大,然而,干扰素在体内对 BVDV 感染的治疗效果尚未得到证实。

(三)抗病毒药物与 BVDV 疫苗

众所周知,在疫苗刚接种和开始产生免疫保护之间这段时间是病毒传播的一个重要窗口期。研究表明,对血清抗体阴性的犊牛预防性注射抗病毒化合物,可以使其在注射该化合物后的 24 h 内得到对 BVDV 攻毒的保护。因此,抗病毒药物的应用可以作为预防牛感染 BVDV 的一种重要措施,有利于临床上 BVDV 防控和牛病毒性腹泻—黏膜病的根除。目前,一些国家或地区已不再允许牛群接种 BVDV 疫苗。在这样的背景下如果饲养管理或生物安全体系不健全,牛群就会遭受到 BVDV 的感染。在这种情况下合理的使用抗 BVDV 药物可以有效的限制病毒传播,减少病毒感染导致的经济损失。抗病毒药物的应用也可以用来限制受病毒污染的生物制品传播 BVDV。由于 NCP 型 BVDV 没有致细胞病变的特性,如果不对商品化的生物制品进行必要的检测,就可能导致 BVDV 的传播。无论在人医还是兽医领域都已发现多种疫苗或其他生物制品被 BVDV 污染。然而,抗病毒药物已被成功用于预防和清除被 BVDV 污染细胞系或培养基中 BVDV。

综上所述,本病尚无有效的治疗方法。因此,需要通过全群筛检,识别和淘汰 PI 牛。对于确实需要治疗的病牛,应在隔离的条件下对症治疗,对已经污染的环境、用具进行严格消毒,对无感染的牛群进行免疫接种。急性感染,且临床症状较轻的病牛不需要特殊的治疗,但应提供新鲜的饲料和饮水,加强饲养管理,减少应激。对于存在血小板减少症和出血的病牛,可以采用新鲜全血输血治疗。此外,由于黏膜病可导致整个消化道黏膜溃疡或者坏死,造成饮食困难,腹泻等症状,因此,对于存在持续腹泻、脱水或厌食症的病牛需要口服或静脉输液,强心、补液和补充电解质,同时应用抗生素防止细菌继发感染。选择复方氯化钠液或生理盐水补液为宜,还可输注 5% 葡萄糖生理盐水,或输注一定量的 10% 低分子右旋糖酐液。通常应用 5% 碳酸氢钠液 300~600 mL 或 11.2% 乳酸钠缓解酸中毒。在补液时适当选用西地兰、洋地黄毒苷、毒毛旋花苷 K 等强心剂。止泻使用的收敛剂,如碱式硝酸铋 15~30 g,其可形成一层薄膜,起到保护肠壁作用。防止细菌继发感染可使用广谱抗菌素,如喹诺酮类、氨基糖苷类、头孢类抗菌素和磺胺类药物等。患急性

BVDV 感染的牛禁使用皮质类固醇和非甾体抗炎药。

（四）以 BVDV－NS5B 为靶点的中药单体筛选

1. 背景

目前，BVD－MD 的防控方法主要是围绕生物安全和疫苗接种计划。然而，尽管进行了高水平的疫苗接种，病毒仍在牛群中持续存在，持续开发靶向抗病毒药物可能是预防 BVDV 相关损失的重要手段。在新药发现过程中，分子对接已成为新药发现的重要方法。因此，我们以 BVDV 复制有关的 RNA 聚合酶 NS5B 为靶蛋白，基于分子对接技术和体内外试验筛选抗病毒药物。

2. 研究方法

首先，基于分子对接技术。以 BVDV－NS5B 为作用靶点，通过 PDB 数据库检索其蛋白三维晶体结构，并对结构进行适当处理。检索 TCMSP 数据库中 10 种中药结构，应用 Autodock 进行分子对接及结合能打分，初步筛选抗 BVDV 的中药单体。其次，采用 CCK－8法确定青蒿素、大豆苷元、芹菜素和姜黄素对 MDBK 细胞的最大安全浓度。采用先加病毒后加药、先加药后加病毒、药和病毒同时作用的 3 种不同加药方式进行药物抗病毒抑制试验，分别测定出最佳药物抑制浓度、预防浓度和杀灭浓度。应用 qPCR 和免疫印迹试验确定中药单体对病毒复制的影响，从而确定定中药单体对 BVDV 复制的影响。最后，分别设定病毒对照组、健康对照组、药物预防组、药物抑制组和药物对照组，每天按时对小鼠进行灌胃处理以及健康情况监测，感染及治疗完成后第 4 d 处死，采集血液进行 BVDV 载量等检测，从而明确中药单体的体内抗病毒活性明。

3. 结果

1）抗 BVDV 中药单体的筛选

（1）分子对接结果分析

当结合能量（Binding Energy）低于 0 kcal/mol 时视为一种高效的对接，当此数值较低时，则具有较好的黏附性能。每个小组分别进行 10 次对接，每种药物 10 次对接结果不同，结合能从高到低排序，结合能从强到弱，现将每种药物结合能最高靶点结果统计如表 10－1 所示。配体构象的结合自由能愈小，则其构象愈稳定，愈能与蛋白受体结合。对蛋白质受体可能具有抑制活性。结果表明 10 种药单体均可与 BVDV NS5B 靶点结合：①测定青蒿素的 10 个位点与 BVDV NS5B 蛋白质的结合能，发现 5 个对接能 < －5 kcal/mol，5 个连接能在 －5 ~ －4 kcal/mol 范围内。②测定大豆苷元与 BVDV NS5B 蛋白 10 次对接结果，进行结合能分析，所有结合能均 < －4.5kcal/mol，其中有 3 次结合能 < －5 kcal/mol。③综合分析姜黄素与 BVDV NS5B 蛋白 10 次对接结果的结合能，最高结合能为

-5.43 kcal/mol。最低结合能为-3.05 kcal/mol。④对芹菜素与BVDV NS5B蛋白的10次对接结果的结合能进行分析,最高结合能-4.73 kcal/mol。其余均>-4kcal/mol。⑤对杨梅素与BVDV NS5B蛋白的10次对接结果的结合能进行分析,最高结合能均-4.66 kcal/mol。其余均>-3.7kcal/mol。⑥对桑色素与BVDV NS5B蛋白的10次对接结果的结合能进行分析,最高结合能-4.65 kcal/mol。其余均>-4.19kcal/mol。⑦对山奈酚与BVDV NS5B的10次对接结果的结合能进行分析,最高结合能-4.45 kcal/mol,最低为均-2.59kcal/mol。⑧对黄芩苷与BVDV NS5B蛋白10次对接结果的结合能进行分析,最高结合能-4.41 kcal/mol。其余均>-4kcal/mol。⑨对槲皮素与BVDV NS5B蛋白的10次对接结果的结合能进行分析,最高结合能均-4.4 kcal/mol。其余均>-4kcal/mol。⑩对二氢槲皮素与BVDV NS5B蛋白的10次对接结果的结合能进行分析,最高结合能均-4.29 kcal/mol。其余均>-4kcal/mol。

表10-1　中药单体与BVDV NS5B结合能统计情况表

药物名称	结合能	结合排序
青蒿素	-6.68	1
大豆苷元	-5.64	2
姜黄素	-5.43	3
芹菜素	-4.73	4
杨梅素	-4.66	5
桑色素	-4.65	6
山奈酚	-4.45	7
黄芩苷	-4.41	8
槲皮素	-4.4	9
花旗松素	-4.29	10

2)四种中药单体体外抗BVDV研究

(1)中药最大安全浓度

将研究了4种不同中药的不同剂量对MDBK细胞活性的影响,发现4种药物对MDBK的活性影响差异相近时,选用对MDBK细胞生长的影响最低的药剂,以达到最好的治疗效果。结果发现,4种中药作用细胞72 h时,大豆苷元的药物浓度为200 μmol/L时其存活率并没有明显得下降趋势,青蒿素的药物浓度为40 μmol/L细胞存活率上升到最高随着浓度进一步得升高存活率逐渐下降,但当浓度上升到200 μmol/L时存活率与对照组相近,随着姜黄素的药物浓度得升高与对照组相比细胞的存活率呈现一个递增趋势,芹菜素的药物浓度为 10 μmol/L 细胞存活率达到最高随后开始下降当浓度为 150 μmol/L 时细胞存活率小于对照组。不同的药剂和浓度对 MDBK 均有影响,只有某一特定浓度时才会对细胞影响最小,对细胞存活率没有较大影响,此药物浓度则 MDBK 细胞的最大安全浓度,选定大豆苷元 3 μmol/L、青蒿素 100 μmol/L、芹菜素 60 μmol/L、姜黄素 40 μmol/L为最大安全浓度。

(2)中草药抗 BVDV 作用效果

①药物抑制 BVDV 效果。

在先加病毒再加药的给药方式下,0.1 MOI 病毒感染细胞后将药物作用于细胞,计算药物对感染 BVDV 的 MDBK 细胞的保护率,各加药组的细胞存活率较病毒对照组明显差距。先加病毒后加中药,反映的是药物对病毒的抑制作用。4 种药物对 BVDV 感染后的 MDBK 细胞有保护作用,在安全浓度范围内,有效地抑制了 BVDV 在细胞上的复制。结果中的 C1、C2、C3、C4、C5 表示从中药的最大安全浓度开始依次做 2 倍稀释,稀释成 5 个不同浓度,细胞活性检测结果显示,所选的各个药物及浓度对 BVDV 均有抑制作用,但同种药物的不同浓度组对 BVDV 抑制效果不同,相比同种药物的其他浓度组,大豆苷元、青蒿素、芹菜素、姜黄素在最大药物安全浓度范围内有较高的有效抑制率的浓度分别为 3 μmol/L、100 μmol/L、7.5 μmol/L、20 μmol/L,且对 BVDV 抑制效果最好的药物大豆苷元,质量浓度均为最大安全质量浓度,随着质量浓度越来越低,其抑制作用逐渐变弱。

②药物预防 BVDV 效果。

在先加药再加病毒的给药方式下,0.1 MOI 病毒感染细胞后将药物作用于细胞,计算药物对感染 BVDV 的 MDBK 细胞的保护率,各加药组的细胞存活率较病毒对照组明显差距。先加中药后加病毒,反映的是病毒对中药的预防作用。4 种药物对 BVDV 感染后的 MDBK 细胞有预防作用,在安全浓度范围内,有效的抑制了 BVDV 在细胞上的复制。结果中的 C1、C2、C3、C4、C5 表示从中药的最大安全浓度开始依次做 2 倍稀释,稀释成 5 个不同浓度,细胞活性检测结果显示,所选的各个药物及浓度对 BVDV 均有预防作用,但同种药物的不同浓度组对 BVDV 预防效果不同,相比同种药物的其他浓度组,大豆苷元、青蒿素、芹菜素、姜黄素在最大药物安全浓范围内有较高的有效预防率的浓度分别为 3 μmol/L、100 μmol/L、7.5 μmol/L、5 μmol/L,且对 BVDV 预防效果最好的药物大豆苷元。

③药物与病毒同时杀灭效果。

在药物与病毒同时作用的给药方式下,0.1 MOI 病毒感染细胞后将药物作用于细胞,计算药物对感染 BVDV 的 MDBK 细胞的保护率,各加药组的细胞存活率较病毒对照组明显差距。将中药与毒以 1:1 比例同时作用在细胞上,观察中药在细胞上对病毒的直接杀伤作用。4 种药物对 BVDV 感染后的 MDBK 细胞有保护作用，在安全浓度范围内，有效的抑制了 BVDV 在细胞上的复制。结果中的 C1、C2、C3、C4、C5 表示从中药的最大安全浓度开始依次做 2 倍稀释，稀释成 5 个不同浓度，细胞活性检测结果显示，所选的各个药物及浓度对 BVDV 均有杀灭作用，但同种药物的不同浓度组对 BVDV 杀灭效果不同，相比同种药物的其他浓度组，大豆苷元、青蒿素、芹菜素、姜黄素在最大药物安全浓度范围内有较高有效杀灭率的浓度分别为 3 μmol/L、100 μmol/L、7.5 μmol/L、10 μmol/L，且对 BVDV 杀灭效果最好的药物青蒿素和大豆苷元。

3）中药单体对 BVDV 复制的影响

（1）荧光定量 PCR 检测结果

①先加病毒后加中药（抑制作用）。

在感染后 48 h 和 72 h，大豆苷元组病毒拷贝数分别为 2.48×10^4 copies/mL，3.9×10^4 copies/mL。病毒组拷贝数 13.05×10^5 copies/mL。阴性对照组中拷贝数为 0.4×10^4 copies/mL。BVDV 组中的病毒 RNA 拷贝数显著地高于大豆苷元组，两者差异极其显著。大豆苷元显著抑制了细胞中病毒的复制，进而有效的起到了抗病毒作用。青蒿素病毒拷贝数分别为 1.6×10^4 copies/mL，1.8×10^4 copies/mL。病毒组拷贝数 13.05×10^5 copies/mL。阴性对照组中拷贝数为 0.4×10^4 copies/mL。BVDV 组中的病毒 RNA 拷贝数较显著地高于青蒿素组，两者差异极其显著。青蒿素显著地抑制了细胞中病毒的复制，进而有效的起到了抗病毒作用。姜黄素组中的病毒 RNA 拷贝数分别为 4.4×10^4 copies/mL，1.09×10^4 copies/mL。病毒组拷贝数 13.05×10^5 copies/mL。阴性对照组中拷贝数为 0.4×10^4 copies/mL。BVDV 组中的病毒 RNA 拷贝数显著地高于姜黄素组，差异极其显著。姜黄素显著抑制了细胞中病毒的复制，进而有效的起到了抗病毒作用。芹菜素组中的病毒拷贝数分别为 2.27×10^4 copies/mL，2.38×10^4 copies/mL。病毒组拷贝数 13.05×10^5 copies/mL。阴性对照组中拷贝数为 0.4×10^4 copies/mL。BVDV 组中的病毒 RNA 拷贝数较显著高于芹菜素组，差异极其显著。芹菜素显著抑制了细胞中病毒的复制，进而有效地起到了抗病毒作用，具体结果见图 10－6。

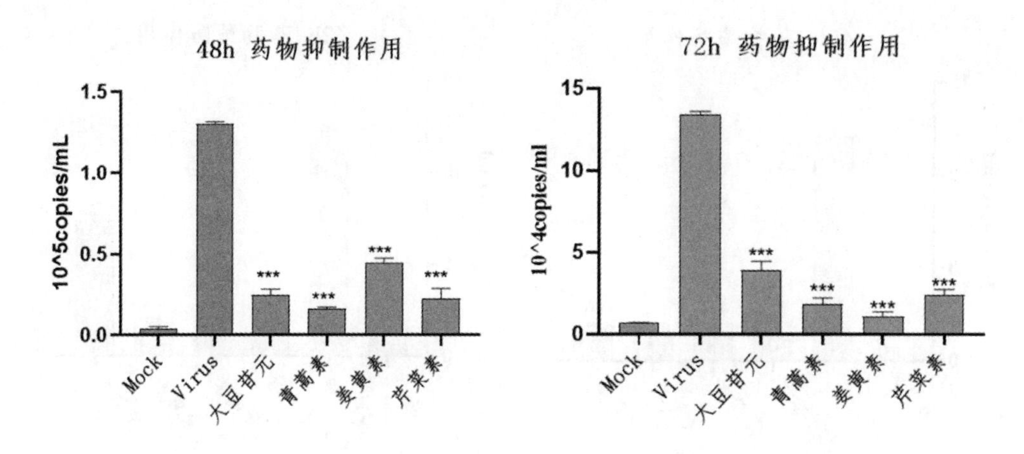

图 10 - 6　48 h 与 72 h 药物抑制作用

②先加中药后加病毒(预防作用)。

感染后 48 h 和 72 h,大豆苷元组病毒拷贝数分别为 2.19×10^4 copies/mL、0.95×10^4 copies/mL。病毒组拷贝数 12.15×10^5 copies/mL。阴性对照组中拷贝数为 0.6×10^4 copies/mL。BVDV 组中的病毒 RNA 拷贝数显著地高于大豆苷元组,两者差异极其显著。大豆苷元显著预防了细胞中病毒的复制,进而有效的起到了抗病毒作用。青蒿素组病毒拷贝数分别为 2.08×10^4 copies/mL,1.89×10^4 copies/mL。病毒组拷贝数 12.15×10^5 copies/mL。阴性对照组中拷贝数为 0.6×10^4 copies/mL。BVDV 组中的病毒拷贝数显著地高于青蒿素组,两者差异极其显著。青蒿素组显著地预防了细胞中病毒的复制,进而有效地起到了抗病毒作用。姜黄素组的病毒拷贝数分别为 1.26×10^4 copies/mL,2.10×10^4 copies/mL。病毒组拷贝数 12.15×10^5 copies/mL。阴性对照组中拷贝数为 0.6×10^4 copies/mL。BVDV 组中的病毒 RNA 拷贝数地显著高于姜黄素组,差异极其显著。姜黄素素显著预防了细胞中病毒的复制,进而有效的起到了抗病毒作用。芹菜素组的病毒拷贝数分别为 1.94×10^4 copies/mL,7.37×10^4 copies/mL。病毒组拷贝数 13.05×10^5 copies/mL。阴性对照组中拷贝数为 0.4×10^4 copies/mL。BVDV 组中的病毒 RNA 拷贝数显著地高于芹菜素组,差异极其显著。48h 时芹菜素预防了细胞中病毒的复制,进而有效地起到了抗病毒作用。具体结果见图 10 - 7。

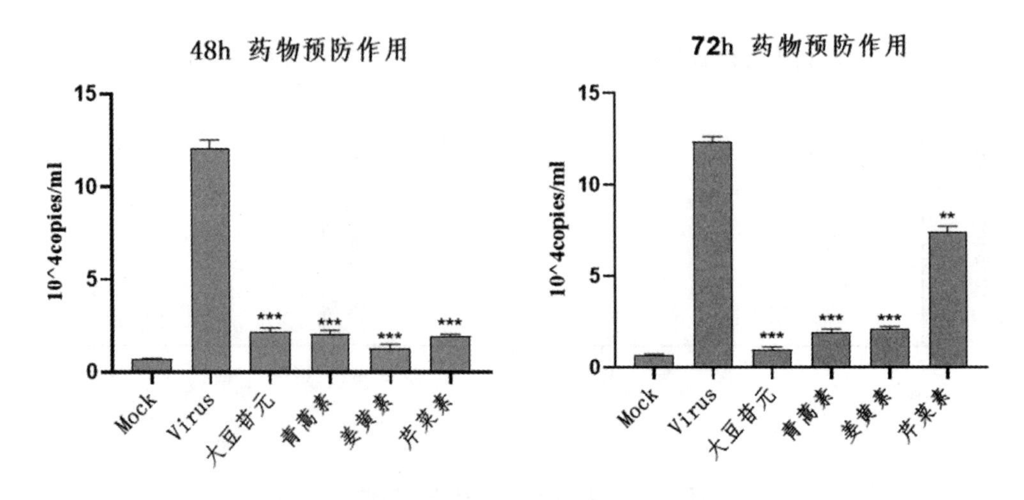

图 10－7　48 h 与 72 h 药物预防作用

③中药与病毒同时作用(杀灭作用)。

感染后 48 h 和 72 h 时大豆苷元组病毒拷贝数分别为 4.63 × 10^4 copies/mL，0.78 × 10^4 copies/mL。病毒组拷贝数 12.5 × 10^5 copies/mL。阴性对照组中拷贝数为 0.5 × 10^4 copies/mL。BVDV 组中的病毒拷贝数显著地高于大豆苷元组，两者差异极其显著。大豆苷元显著杀灭了细胞中病毒，进而有效地起到了抗病毒作用。青蒿素病毒拷贝数分别为 1.86 × 10^4 copies/mL，5.09 × 10^4 copies/mL。病毒组拷贝数 12.5 × 10^5 copies/mL。阴性对照组中拷贝数为 0.5 × 10^4 copies/mL。BVDV 组中的病毒拷贝数显著高于青蒿素组，两者差异极其显著。青蒿素显著杀灭了细胞中病毒的复制，进而有效的起到了抗病毒作用。姜黄素的病毒拷贝数分别为 2.35 × 10^4 copies/mL，6.82 × 10^4 copies/mL。病毒组拷贝数 12.5 × 10^5 copies/mL。阴性对照组中拷贝数为 0.5 × 10^4 copies/mL。BVDV 组中的病毒拷贝数显著高于姜黄素组，差异极其显著。姜黄素显著减少了细胞中病毒的复制，进而有效的起到了抗病毒作用。芹菜素组中的病毒 RNA 拷贝数分别为 2.76 × 10^4 copies/mL，4.92 × 10^4 copies/mL。病毒组拷贝数 13.05 × 10^5 copies/mL。阴性对照组中拷贝数为 0.4 × 10^4 copies/mL。BVDV 组中的病毒拷贝数较显著高于芹菜素组，差异极其显著。感染后 48 h 时芹菜素影响了细胞中病毒的复制，进而有效地起到了抗病毒作用。具体结果见图 10－8。

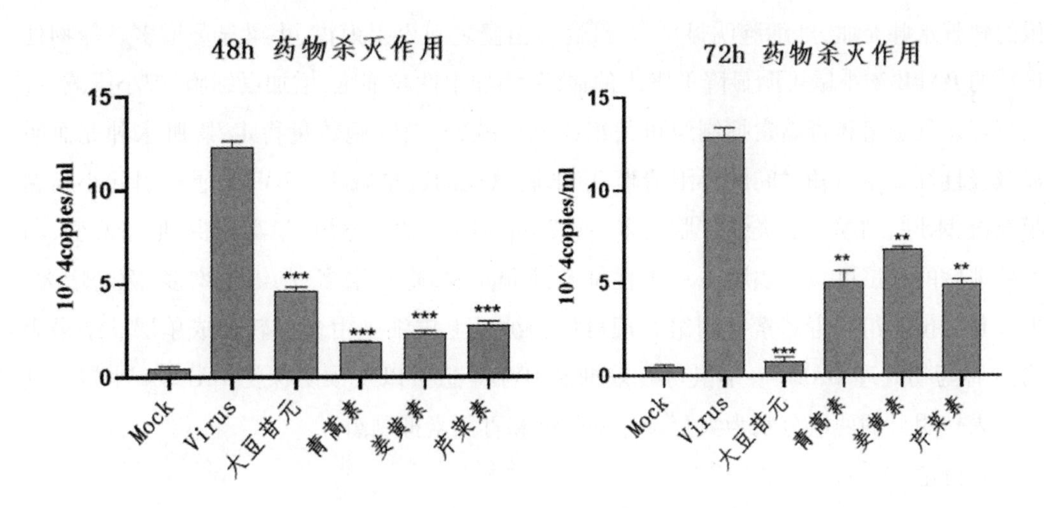

图 10－8　48 h 与 72 h 药物杀灭作用

（2）Western Blot 结果

4 种药物在先加病毒后加中药，先加中药后加病毒还是药物与病毒同时作用的条件下，分别检测大豆苷元、青蒿素、姜黄素、、芹菜素 4 种药物作用后 E0 蛋白表达量与 BVDV 组进行比对。结果表明：E0 蛋白的表达量在 48 h 和 72 h 时与对照组相比明显减少。

4）三种中药单体体内抗病毒作用研究

（1）药物对 BVDV 感染的治疗效果

病毒对照组小鼠在腹腔注射 BVDV 后表现出现精神沉郁、聚集成堆、被毛粗糙等 BVDV 感染后的典型症状。对小鼠进行解剖，发现其脾脏及肝有显著的出血处，其周围有显著的肿块，周围有紫癜，肾组织有大量的淤血，内脏水肿，软化，大部分的肠腔都是黄色的。实验过程中，健康对照组，药物对照组小鼠均无明显的临床变化及病理变化。在第 4 d时病毒对照组中的 BVDV 病毒含量较三种药物组有显著升高；其中青蒿素通过对 BVDV 进行预处理后，经肝脏、脾脏、肾脏、小肠等部位的出血点明显减少各组织中 BVDV 的病毒含量较病毒对照组有显著降低，其他两药物组，小鼠的心理状况良好，但毛发杂乱无章，病理切片显示肝脏、脾脏、肾脏、小肠等器官有少许出血，同病毒对照组相比 BVDV 病毒含量均出现显著性降低。

（2）组织病理切片检测组织病变结果

根据 3 种中药不同的用药方式和药物吸收代谢机理，灌胃后药物经肠吸收后再进行代谢。同时，因为 BVDV 感染特性严重影响机体免疫功能，故选择免疫器官脾组织切片，根据 QPCR 结果显示，血液中 BVDV 的检出率同脾脏检出率相差无几，故推测脾脏可能是 BVDV 复制的主要器官。取脾脏和小肠两个组织进行 HE 染色，BVDV 感染可引起小鼠的脾脏水肿充血，红细胞明显增多，红髓与白髓之间界限模糊，小梁显著增多。药物处理后的BALB/c小鼠可明显降低脾内的血流，增加中性粒细胞，增加巨细胞，脾小梁减少，大豆苷元预防组和青蒿素抑制组可使组织充血减轻，白细胞数量稳定，脾脏水肿充血明显减轻且红髓与白髓之间的界限清晰，巨细胞出现的数量减少。BVDV感染引起小肠黏膜充血、水肿、黏膜下层炎性细胞增多、肠绒毛代偿性增宽、缩短、隐窝减少、形态改变，药物处理后的小鼠可减少黏膜下层炎性细胞浸润减少，隐窝增多，肠绒毛增多，隐窝增大，大豆苷元预防组和青蒿素抑制组处理可使肠绒毛上皮细胞由多层转变成单层。结果表明，3种药物处理BALB/c小鼠可有效抑制BVDV感染以及预防保护BALB/c小鼠。其中效果较明显的两组分别为大豆苷元预防组和青蒿素抑制组。

4. 讨论

中医药物是否可以在临床上用于抗病毒感染取决于两个方面。一方面是患者的临床症状和体征。另一方面是中医药物的类型及其传统适应症。中药配方在中国已经使用了2000多年。根据其有效性，中医疗法分为各种类型，每种类型对应一组疾病。研究表明，许多中药都含有抗病毒成分。根据疾病症状和病因，通过综合方法选择特定的中药配方，将大大增加临床潜力。然而，在短时间内通过实验筛选出许多有效抗BVDV的中药仍然是一个挑战。

在选定的10种中药单体中，青蒿素、大豆苷元、芹菜素、姜黄素与BVDV NS5B蛋白的结合能力更强，有更大的可能通过与BVDV NS5B蛋白的结合对病毒的复制和逆转录过程起重要的作用。NS5B是BVDV的主要载体，它能调控BVDV的RNA的增殖。因为没有相似的蛋白质，非受病毒侵入的细胞不能表现出NS5B，因此NS5B的抑制不会引起宿主的毒性。NS5B的多聚体具有人类的右臂构造，由手掌区〔最保守的粉色区域，促进三磷酸酯（NTP）的传递〕、手指区（蓝色区域，与三磷酸核酸发生交互作用）以及拇指区（红色区域，涉及RNA开始和扩展）。活动部位在手掌区，由拇指区和手指区围绕。但是，通过虚拟连接，可以推断出其分子之间的结合性能，而无法判断其是否具有抑制或活化的功能。由于分子对接只能在最优条件下进行，所以其抑制系数并不高，具体的效应和浓度还有待于进一步的细胞试验来决定。从10种药物与BVDV NS5B蛋白的结合能力强弱，且不同的作用位点与BVDV NS5B蛋白特异性结合的综合分析来看，不同中药单体不同位点与其结合时，结合常数均不一致，有些位点结合能达到 -6 kcal/mol左右，而有些则为 -2 kcal/mol，故推断不同药物对BVDV NS5B均有抑制作用，但是效果不一，可能与药物自身结构有关，也可能与靶点结构有关。

以选定的10种中药单体成分为受体，先后进行3D结构转化，获取的小分子化合物sdf格式3D结构文件。可视窗运算可以计算出目标化合物的能量，选择能量最低的受体小分子的结构,并将其储存为 mol 格式的文档,进行质子化和加减的过程,以便在以后的分子对接试验中利用。此外,在 PDB 数据库中选定目标靶蛋白 BVDV NS5B,下载其 3D 结构,通过 PyMOL 对从数据库中获得的蛋白质进行开放,并通过自定义指令将已被连接的配体分子进行清除。设置命令去除目标靶蛋白结构中的结晶水结构。通过 X 线晶体的衍射分析,确定了其晶体的结构,并将其转化为已加工的蛋白,并将其作为 mol2 的形式存储,以备以后的分子对接试验。另外,本研究采用 AutoDock 软件进行目标蛋白与小分子蛋白的结合和虚拟对接,在对接结果中,有效对接的结合能(Binding Energy)应小于 0 kcal/mol,而且该值越小,说明结合能力越强。

目前,筛选抗病毒药物试验方法主要分为体外和体内试验,体内试验的干扰因素复杂。例如,动物体内是由神经调控和体液调控的,所以很难对药效的性质和原因进行详细的研究,再加上中草药的成分很少是单一的,所以通过体内实验很难控制其机制,通过体外实验可以更精确的理解各种药物的作用机制,从而更好地进行详细的研究,实验重复性高。按照现在的研究进展来说,国际上对抗病毒药物的治疗效果所采用的公认检测方法为 CPE 法、CCK8 法、MTT 比色法。而 CCK8 这种方法经试验验证后发现,不仅过程安全、操作快捷简单、而且灵敏度高。

中国的中药具有悠久的发展历程,近年来在抗病毒方面的研究也有了飞跃的进步。通过对 HIV - 1、HSV - 1、流感病毒、柯萨奇病毒 B3 和 B5 (CVB3,CVB5)等进行了实验,发现诃子的种子提取物均具有一定抑制作用,其他实验结果表明:甘青乌头浸膏能抑制 HSV - 2 病毒的复制循环,其二萜生物碱能显著地对 H1N1 进行体外的 H1N1 的活性,而从紫堇中分离出的生物碱组分也能起到一定的抗病毒效果。为深入探讨 4 种中药的抗 BVDV 作用,本研究对 4 种药物在 3 种不同作用方式的体外药效性进行了实验。结果显示:4 种药物对病毒的直接杀灭活性都有不同程度的抑制,表明 4 种药物对 BVDV 均具有一定的直接杀伤作用;而在先加药后加病毒、先加病毒后加药两种作用方式下的病毒拷贝数明显下降,表明 4 种药物对病毒的抑制与预防作用更为显著。利用体外细胞培养技术、CCK - 8 细胞活性试验探讨了 4 种中药的体外抗 BVDV 作用。结果表明,4 种中药对 BVDV 均有一定的抑制作用,并且,其对病毒的抑制和防治效果比杀灭效果好。实验证明,中药单体或复合制剂能抑制病毒引起的细胞病变,抑制细胞内病毒的增殖,调节机体的细胞免疫功能。目前,我国针对牛病毒性痢疾的中药研究还处于细胞层面,实验用的主要成分为粗提物,而非精制物。由于中药制剂中存在着大量的化学成分,而且其药理活性和作用靶点较多,因此其抗病毒的分子机理尚不清楚。单独应用一种药物具有显著的抗病毒活性,如果两者结合,能否有效地抑制 BVDV 的复制,因此,对其进行深入地研究将成为解决上述问题的关键。此外,目前我国对 BVDV 的中成药临床试验还存在着标准不严格、观察指标和指标不够健全等问题,需要对其进行系统、全面地深入研究。进一步探索和阐明 BVDV 感染的中医优势机理,是当前的一个新的发展方向。

本研究发现,大豆苷元、青蒿素、姜黄素、芹菜素均具有明显的抗 BVDV 作用,并证明了 4 种药物在体外对 BVDV 有显著抑制作用。无论是抑制,预防还是杀灭作用 4 种中药均对 BVDV 都有抑制作用,且在不同时间段,对 BVDV 的作用效果不断增强。根据蛋白图,也可以看出四种药物均具有抗病毒活性,抑制了病毒的复制,从而减少了病毒蛋白的表达量,药物处理组 E0 的表达量相比病毒对照组中的 E0 含量有所降低。相比而言,芹菜素在预防抑制以及杀灭作用时,抗 BVDV 的能力都不如其他三种,因此,大豆苷元、姜黄素、青蒿素对 BVDV 具有良好的综合抑制作用效果。因此,大豆苷元、姜黄素、青蒿素具有更为良好的抗 BVDV 作用,并具有重要的开发利用价值。

牛的病毒性腹泻是影响呼吸系统、腹泻系统和繁殖系统的疾病,而且 BVDV 在全球范围内都会造成巨大的经济损害。已有的有关实验显示,BVDV 疫苗在受孕绵羊或胎儿体内发生了十分显著和具有代表性的临床表现。有调查显示,兔子在进食了被 BVDV 病毒污染过的饲料后,大多数器官均检测出阳性,淋巴器官也发生相应改变,出现了典型组织病理学的改变。相关文献报道,使用实验级小鼠作为研究 BVDV 的实验动物更为方便简单。在研究过程中,感染 BVDV 的方式使用腹腔注射方式更容易成功感染小鼠。因此,我们选用了 BALB/C 小鼠进行实验性实验,并选用了腹腔内的方法进行了实验。感染 BVDV 病毒后,小鼠表现为背部毛毛躁,聚集、无精打采等一系列的临床表现,偶尔还出现了腹泻的临床症状,本研究经 BVDV 注射后, BALB/c 组的老鼠大多表现为背部毛毛躁,聚集、无精打采等临床表现,腹泻症状有但是较少,这可能是腹泻和病毒强度、注射病毒量、注射方式不同有关。实验小鼠剖检后可观察到脾脏、肾脏、肝脏、心脏和肺脏的出血情况以及水肿情况,我们可根据这些病理特征进行 BVDV 含量的初步断定。进行荧光定量 PCR 后可发现,三种药物的预防作用均显著降低 BVDV 含量,其中大豆苷元的作用效果更明显,这可能与大豆苷元自身的药物特性有关。三种药物的抑制作用下,青蒿素组十分显著的降低了小鼠体内 BVDV 的含量,作用效果同其他两种药物相比也十分显著。

5. 结论

我们通过分子对接技术将 10 种中药与 BVDV NS5B 进行分子对接,根据结合能打分,确定青蒿素、芹菜素、大豆苷元和姜黄素可能作为 BVDV 复制的候选抑制剂药物。体外试验发现,大豆苷元、姜黄素、青蒿素对 BVDV 复制具有良好的综合抑制作用效果。体内试验发现,大豆苷元、姜黄素、青蒿素 3 种药物均可有效地预防和抑制 BALB/c 小鼠感染 BVDV。其中大豆苷元预防保护 BALB/c 小鼠感染 BVDV 的效果最佳,青蒿素对

BVDV感染的治疗效果最佳。

参考文献

[1] Madeddu S, Marongiu A, Sanna, G, et al. Bovine Viral Diarrhea Virus (BVDV): A Preliminary Study on Antiviral Properties of Some Aromatic and Medicinal Plants[J]. Pathogens, 2021, 10(4).

[2] Evans C A, Pinior B, Larska M, et al. Global knowledge gaps in the prevention and control of bovine viral diarrhoea (BVD) virus[J]. Transbound Emerg Dis, 2019, 66(2): 640 - 652.

[3] 周红潮，王慧，张旭，等. 药物抗牛病毒性腹泻病毒的研究进展[J]. 黑龙江畜牧兽医，2019，(9)：5.

[4] 周红潮. 黄芩苷及其酯类衍生物抗牛病毒性腹泻病毒及抑菌活性研究[D]. 吉林农业大学，2019.

[5] Walz P H, Riddell K P, Newcomer B W, et al. Comparison of reproductive protection against bovine viral diarrhea virus provided by multivalent viral vaccines containing inactivated fractions of bovine viral diarrhea virus 1 and 2[J]. Vaccine, 2018, 36(26): 3853 - 3860.

[6] Scharnböck B, Roch F - F, Richter V, et al. A meta - analysis of bovine viral diarrhoea virus (BVDV) prevalences in the global cattle population[J]. Sci Rep, 2018, 8(1): 14420.

[7] Moennig V, Becher P. Control of Bovine Viral Diarrhea[J]. Pathogens, 2018, 7(1).

[8] Marschik T, Obritzhauser W, Wagner P, et al. A cost - benefit analysis and the potential trade effects of the bovine viral diarrhoea eradication programme in Styria, Austria[J]. Vet J, 2018, 231: 19 - 29.

[9] Feriotto G, Marchetti N, Costa V, et al. Chemical Composition of Essential Oils from Thymus vulgaris, Cymbopogon citratus, and Rosmarinus officinalis, and Their Effects on the HIV - 1 Tat Protein Function[J]. Chem Biodivers, 2018, 15(2).

[10] Büttner K, Salau J, Krieter J. Effects of data quality in an animal trade network and their impact on centrality parameters[J]. Social Networks, 2018, 54: 73 - 81.

[11] 李世芳，龚美娇，邵军军，等. 牛病毒性腹泻疫苗的研究进展[J]. 中国兽医学报，2018，38(4)：5.

[12] Wernike K, Gethmann J r, Schirrmeier H, et al. Six Years (2011 - 2016) of Mandatory Nationwide Bovine Viral Diarrhea Control in Germany - A Success Story[J]. Pathogens, 2017, 6(4).

[13] Walz P H, Givens M D, Rodning S P, et al. Evaluation of reproductive protection against bovine viral diarrhea virus and bovine herpesvirus - 1 afforded by annual revaccination with modified - live viral or combination modified - live/killed viral vaccines after primary vaccination with modified - live viral vaccine[J]. Vaccine, 2017, 35(7): 1046 - 1054.

[14] Tratalos J A, Graham D A, More S J. Patterns of calving and young stock movement in Ireland and their implications for BVD serosurveillance[J]. Prev Vet Med, 2017, 142: 30 - 38.

[15] Thomann B, Tschopp A, Magouras I, et al. Economic evaluation of the eradication program for bovine viral diarrhea in the Swiss dairy sector[J]. Prev Vet Med, 2017, 145: 1 - 6.

[16] Platt R, Kesl L, Guidarini C, et al. Comparison of humoral and T - cell - mediated immune responses to a single dose of Bovela live double deleted BVDV vaccine or to a field BVDV strain[J]. Veterinary Immunology and Immunopathology, 2017, 187: 20 - 27.

[17] Newcomer B W, Chamorro M F, Walz P H. Vaccination of cattle against bovine viral diarrhea virus[J]. Veterinary Microbiology, 2017: 78 - 83.

[18] 宋泉江. 连翘酯苷 A 对 BVDV 复制影响及 BVDV DNA 疫苗初步制备和小鼠免疫效果评价[D]. 中国农业大学, 2017.

[19] Stalder H, Hug C, Zanoni R, et al. A nationwide database linking information on the hosts with sequence data of their virus strains: A useful tool for the eradication of bovine viral diarrhea (BVD) in Switzerland[J]. Virus research, 2016, 218: 49 - 56.

[20] Setzer W N. Essential oils as complementary and alternative medicines for the treatment of influenza[J]. 2016.

[21] Schoepf K, Revilla - FernÃ ndez S, Steinrigl A, et al. Retrospective epidemiological evaluation of molecular and animal husbandry data within the bovine viral diarrhoea virus (BVDV) control programme in Western Austria during 2009 - 2014[J]. Berl Munch Tierarztl Wochenschr, 2016, 129(5 - 6): 196 - 201.

[22] Newcomer B W, Givens D. Diagnosis and Control of Viral Diseases of Reproductive Importance: Infectious Bovine Rhinotracheitis and Bovine Viral Diarrhea[J]. Vet Clin

North Am Food Anim Pract, 2016, 32(2): 425 -441.

[23] Musiu S, Leyssen P, Froeyen M, et al. 3 - (imidazo[1,2 - a:5,4 - b']dipyridin -2 - yl)aniline inhibits pestivirus replication by targeting a hot spot drug binding pocket in the RNA - dependent RNA polymerase[J]. Antiviral Res, 2016, 129.

[24] Jewell C P, van Andel M, Vink W D, et al. Compatibility between livestock databases used for quantitative biosecurity response in New Zealand[J]. N Z Vet J, 2016, 64(3): 158 -164.

[25] Chamorro M F, Walz P H, Passler, T, et al. Efficacy of four commercially available multivalent modified - live virus vaccines against clinical disease, viremia, and viral shedding in early - weaned beef calves exposed simultaneously to cattle persistently infected with bovine viral diarrhea virus and cattle acutely infected with bovine herpesvirus 1[J]. Am J Vet Res, 2016, 77(1): 88 -97.

[26] 马跃民. 牛病毒性腹泻的中药复方治疗效果研究[J]. 农业开发与装备, 2016, (2): 1.

[27] 马莉莉, 常敬伟, 王宇婷, 等. 牛病毒性腹泻黏膜病疫苗的研究进展[J]. 现代畜牧兽医, 2016, (12): 3.

[28] Zhao Y, Jiang L, Liu T, et al. Construction and immunogenicity of the recombinant Lactobacillus acidophilus pMG36e - E0 - LA - 5 of bovine viral diarrhea virus[J]. J Virol Methods, 2015, 225: 70 -75.

[29] Walz P H, Edmondson M A, Riddell K P, et al. Effect of vaccination with a multivalent modified - live viral vaccine on reproductive performance in synchronized beef heifers[J]. Theriogenology, 2015, 83(5): 822 -831.

[30] Theurer M E, Larson R L, White B J. Systematic review and meta - analysis of the effectiveness of commercially available vaccines against bovine herpesvirus, bovine viral diarrhea virus, bovine respiratory syncytial virus, and parainfluenza type 3 virus for mitigation of bovine respiratory disease complex in cattle[J]. Journal of the American Veterinary Medical Association, 2015, 246(1): 126 -142.

[31] R El - Attar L M, Thomas C, Luke J, et al. Enhanced neutralising antibody response to bovine viral diarrhoea virus (BVDV) induced by DNA vaccination in calves[J]. Vaccine, 2015, 33(32): 4004 -4012.

[32] Pecora A, Malacari D A, Perez Aguirreburualde M S, et al. Development of an APC - targeted multivalent E2 - based vaccine against Bovine Viral Diarrhea Virus types 1 and

2[J]. Vaccine, 2015, 33(39): 5163 -5171.

[33] Newcomer B W, Walz P H, Givens M, et al. Efficacy of bovine viral diarrhea virus vaccination to prevent reproductive disease: A meta - analysis[J]. Theriogenology, 2015, 83(3): 360 -365. e1.

[34] Grissett G P, White B J, Larson R L. Structured Literature Review of Responses of Cattle to Viral and Bacterial Pathogens Causing Bovine Respiratory Disease Complex[J]. Journal of Veterinary Internal Medicine, 2015, 29(3): 770 -780.

[35] Chamorro M F, Walz P H, Passler T, et al. Efficacy of multivalent, modified - live virus (MLV) vaccines administered to early weaned beef calves subsequently challenged with virulent Bovine viral diarrhea virus type 2[J]. BMC veterinary research, 2015, 11: 29.

[36] Wang W, Shi X, Wu Y, et al. Immunogenicity of an inactivated Chinese bovine viral diarrhea virus 1a (BVDV 1a) vaccine cross protects from BVDV 1b infection in young calves[J]. Veterinary immunology and immunopathology, 2014, 160(3 -4): 288 -292.

[37] Palomares R A, Hurley D J, Woolums A R, et al. Analysis of mRNA expression for genes associated with regulatory T lymphocytes (CD25, FoxP3, CTLA4, and IDO) after experimental infection with bovine viral diarrhea virus of low or high virulence in beef calves[J]. Comp Immunol Microbiol Infect Dis, 2014, 37(5 -6): 331 -338.

[38] Newcomer B W, Walz P H, Givens M D. Potential applications for antiviral therapy and prophylaxis in bovine medicine[J]. Animal health research reviews, 2014, 15(1): 102 -117.

[39] Mody K T, Mahony D, Zhang J, et al. Silica vesicles as nanocarriers and adjuvants for generating both antibody and T - cell mediated immune resposes to Bovine Viral Diarrhoea Virus E2 protein[J]. Biomaterials, 2014, 35(37): 9972 -9983.

[40] Mahony D, Cavallaro A S, Mody K T, et al. In vivo delivery of bovine viral diahorrea virus, E2 protein using hollow mesoporous silica nanoparticles[J]. Nanoscale, 2014, 6(12): 6617 -6626.

[41] Loddo R, Briguglio I, Corona P, et al. Synthesis and antiviral activity of new phenylimidazopyridines and N - benzylidenequinolinamines derived by molecular simplification of phenylimidazo[4,5 - g]quinolines[J]. Eur J Med Chem, 2014, 84.

[42] Liu D, Lu H, Shi K, et al. Immunogenicity of recombinant BCGs expressing predicted

antigenic epitopes of bovine viral diarrhea virus E2 gene[J]. Research in veterinary science, 2014, 97(2): 430-438.

[43] Grooms D L, Brock K V, Bolin S R, et al. Effect of constant exposure to cattle persistently infected with bovine viral diarrhea virus on morbidity and mortality rates and performance of feedlot cattle[J]. Journal of the American Veterinary Medical Association, 2014, 244(2): 212-224.

[44] Falkenberg S M, Johnson C, Bauermann F V, et al. Changes observed in the thymus and lymph nodes 14 days after exposure to BVDV field strains of enhanced or typical virulence in neonatal calves[J]. Veterinary immunology and immunopathology, 2014, 160(1-2): 70-80.

[45] F, K T, Alves, S H, Weiblen, R, et al. In vitro inhibition of the bovine viral diarrhoea virus by the essential oil of Ocimum basilicum (basil) and monoterpenes[J]. Braz J Microbiol, 2014, 45(1): 209-214.

[46] Chamorro M F, Walz P H, Haines D M, et al. Comparison of levels and duration of detection of antibodies to bovine viral diarrhea virus 1, bovine viral diarrhea virus 2, bovine respiratory syncytial virus, bovine herpesvirus 1, and bovine parainfluenza virus 3 in calves fed maternal colostrum or a colostrum-replacement product[J]. Canadian journal of veterinary research = Revue canadienne de recherche veterinaire, 2014, 78(2): 81-88.

[47] 郝宝成，武凡琳，邢小勇，等．苦马豆素抗牛病毒性腹泻病毒的研究[J]．中国农业科学，2014，47(1)：170-181.

[48] Woolums A R, Berghaus R D, Berghaus L J, et al. Effect of calf age and administration route of initial multivalent modified-live virus vaccine on humoral and cell-mediated immune responses following subsequent administration of a booster vaccination at weaning in beef calves[J]. Am J Vet Res, 2013, 74(2): págs. 343-354.

[49] Peréz Aguirreburualde M S, Gómez M C, Ostachuk A, et al. Efficacy of a BVDV subunit vaccine produced in alfalfa transgenic plants[J]. Veterinary immunology and immunopathology, 2013, 151(3-4): 315-324.

[50] Newcomer B W, Neill J D, Marley M S, et al. Mutations induced in the NS5B gene of bovine viral diarrhea virus by antiviral treatment convey resistance to the compound[J]. Virus research, 2013, 174(1-2).

[51] Newcomer B W, Marley M S, Galik P K, et al. Effect of treatment with a cationic anti-

viral compound on acute infection with bovine viral diarrhea virus[J]. Canadian journal of veterinary research = Revue canadienne de recherche veterinaire, 2013, 77(3): 170 - 176.

[52] Maclachlan N J, Mayo C E. Potential strategies for control of bluetongue, a globally emerging, Culicoides - transmitted viral disease of ruminant livestock and wildlife[J]. Antiviral Res, 2013, 99(2): 79 - 90.

[53] Loy J D, Gander J, Mogler M, et al. Development and evaluation of a replicon particle vaccine expressing the E2 glycoprotein of bovine viral diarrhea virus (BVDV) in cattle [J]. Virology journal, 2013, 10: 35.

[54] Lawitz E, Sulkowski M, Jacobson I, et al. Characterization of vaniprevir, a hepatitis C virus NS3/4A protease inhibitor, in patients with HCV genotype 1 infection: safety, antiviral activity, resistance, and pharmacokinetics[J]. Antiviral Res, 2013, 99(3): 214 - 220.

[55] González Altamiranda E A, Kaiser G G, Mucci N C, et al. Effect of Bovine Viral Diarrhea Virus on the ovarian functionality and in vitro reproductive performance of persistently infected heifers[J]. Veterinary microbiology, 2013, 165(3 - 4): 326 - 332.

[56] Giangaspero M. Pestivirus Species Potential Adventitious Contaminants of Biological Products[J]. Tropical Medicine & Surgery, 2013, 01(6).

[57] Enguehard - Gueiffier C, Musiu S, Henry N, et al. 3 - Biphenylimidazo[1,2 - a]pyridines or [1,2 - b]pyridazines and analogues, novel Flaviviridae inhibitors[J]. Eur J Med Chem, 2013, 64: 448 - 463.

[58] Dubovi E J. Laboratory diagnosis of bovine viral diarrhea virus[J]. Biologicals : journal of the International Association of Biological Standardization, 2013, 41(1).

附录彩图

第一章 概 述

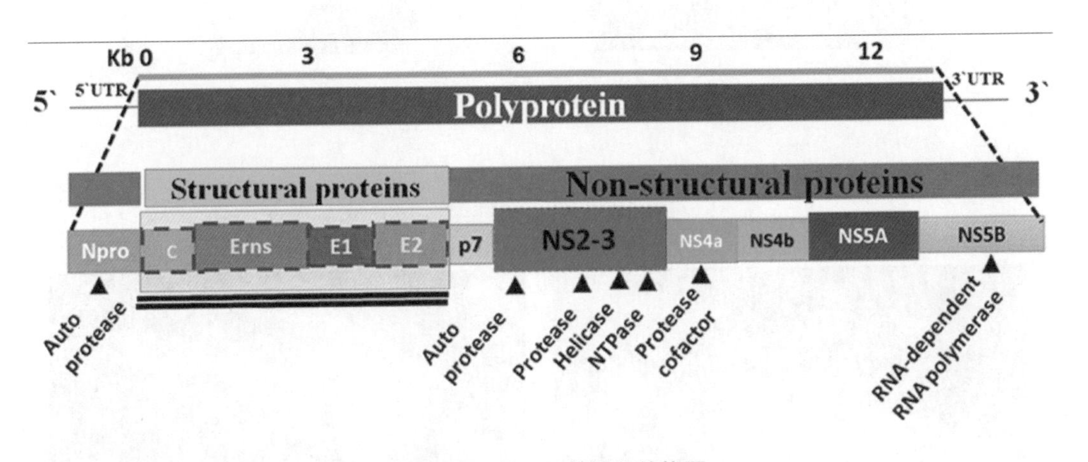

附图 1－1 BVDV 基因组结构图

第五章 临床症状

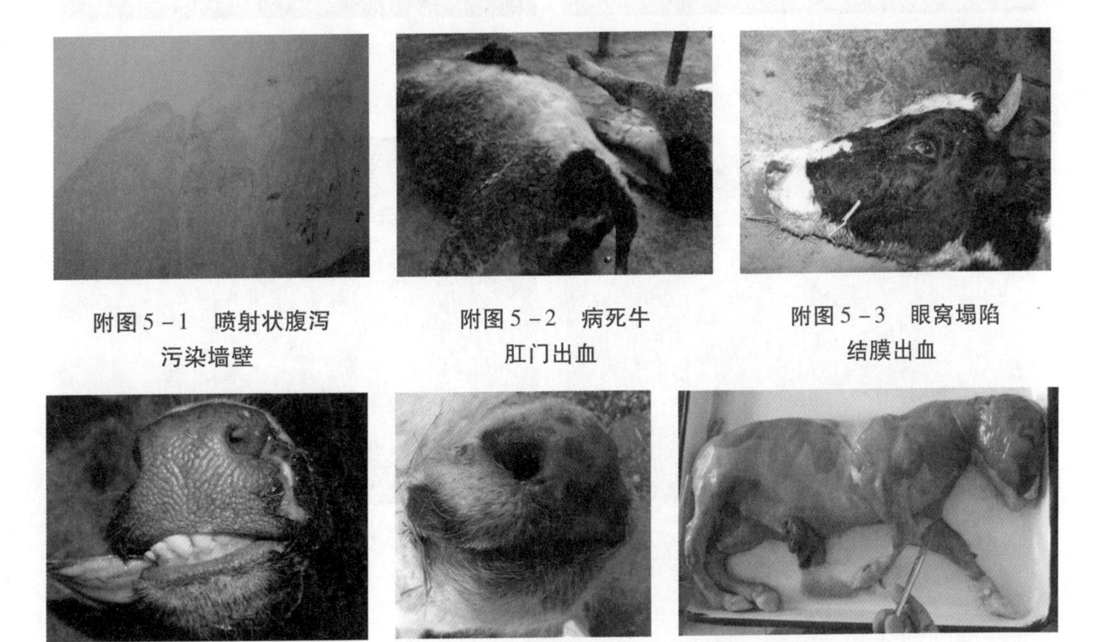

附图 5－1 喷射状腹泻污染墙壁

附图 5－2 病死牛肛门出血

附图 5－3 眼窝塌陷结膜出血

附图 5－4 鼻腔流脓性鼻液

附图 5－5 鼻镜糜烂图

附图 5－6 早期流产胎儿

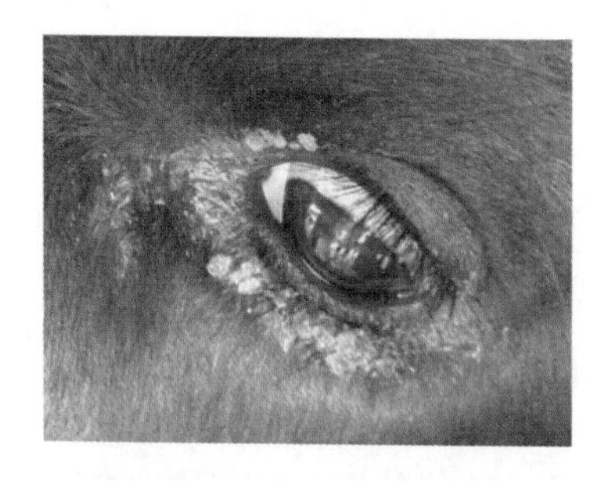

附图5－7　眼分泌物增加

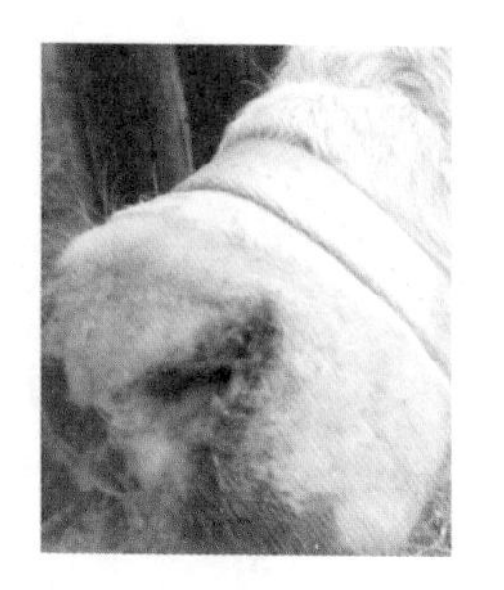

附图5－8　鼻腔分泌物增加

第六章　病理学

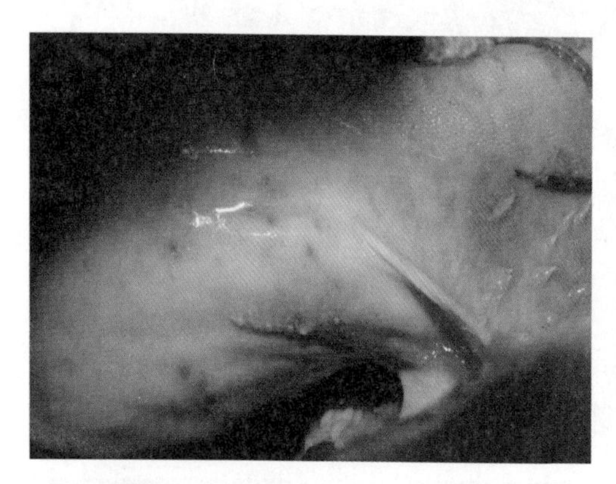

附图6－1　齿龈、上腭坏死、溃疡

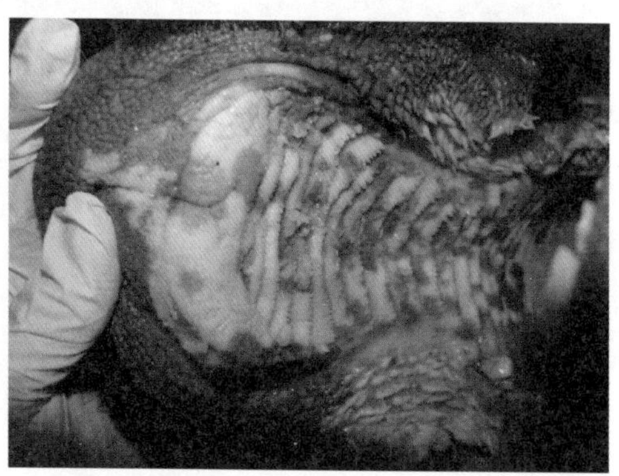

附图6－2　舌腹面出血、坏死、溃疡灶

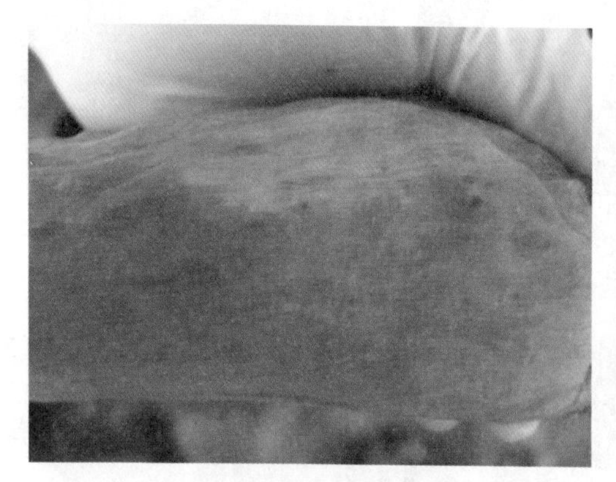

附图6－3　食道黏膜线性排列的糜烂溃疡灶

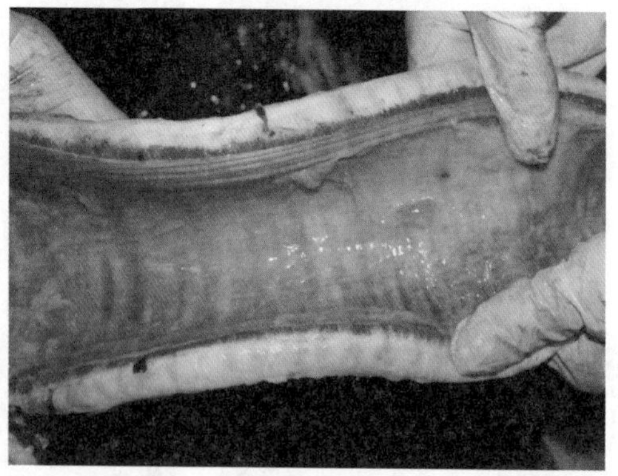

附图6－4　气管黏膜出血、坏死

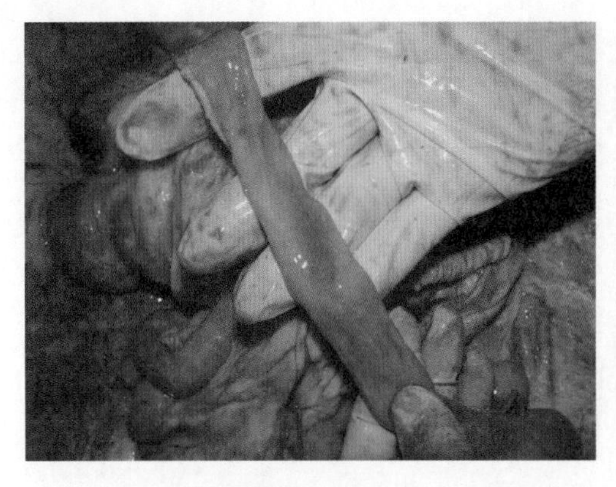

附图 6 - 5　小肠浆膜可见深褐色斑及出血点

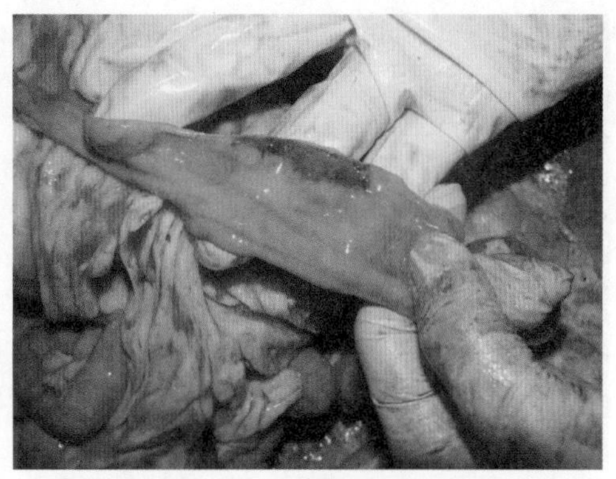

附图 6 - 6　小肠黏膜坏死、出血溃疡灶

附图 6 - 7　十二指肠黏膜出血坏死、肠栓

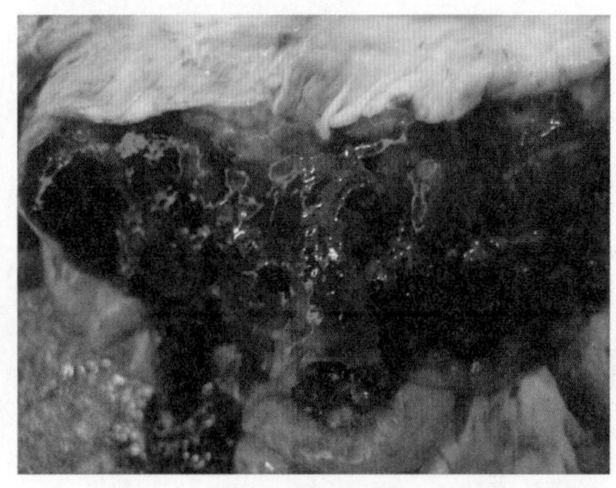

附图 6 - 8　回肠黏膜出血坏死,肠栓

附图 6 - 9　结肠黏膜出血坏死

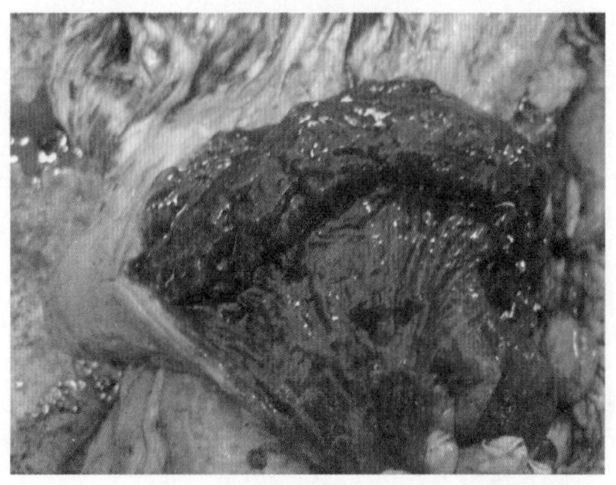

附图 6 - 10　大肠黏膜出血坏死、肠栓

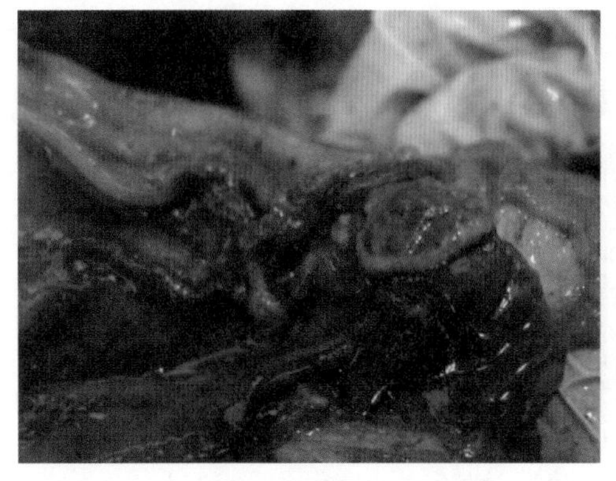

附图 6－11　真胃黏膜出血坏死，溃疡灶

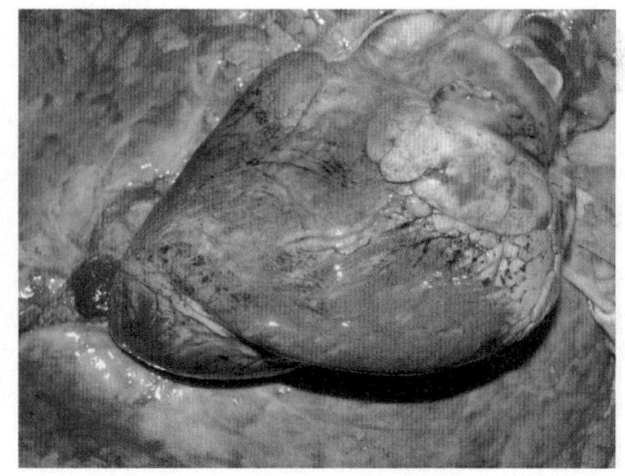

附图 6－12　心肌出血

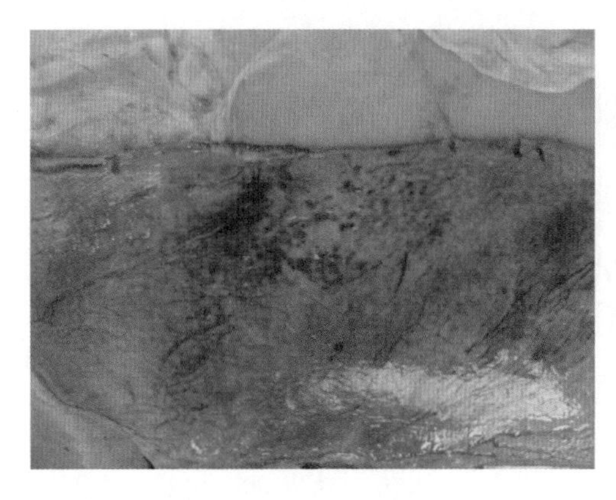

附图 6－13　脾脏出血

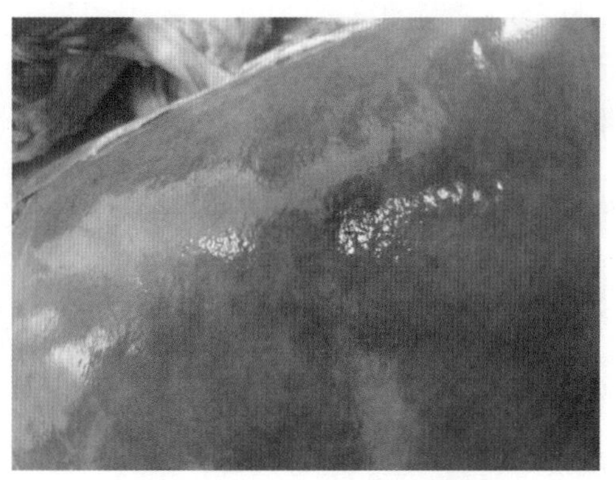

附图 6－14　肝脏出血坏死

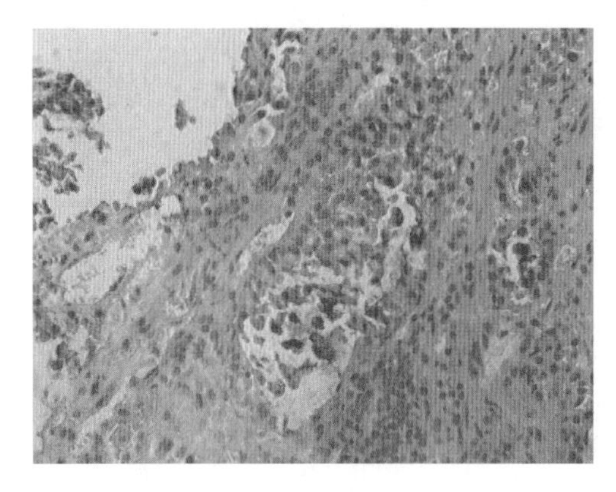

附图 6－15　淋巴细胞、中性粒细胞浸润

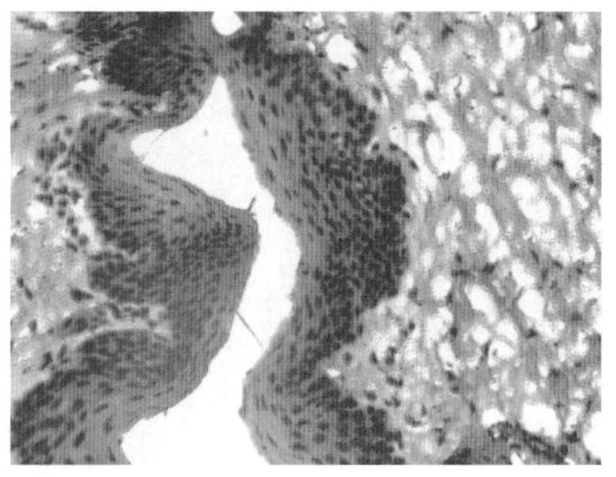

附图 6－16　食道固有膜疏松水肿

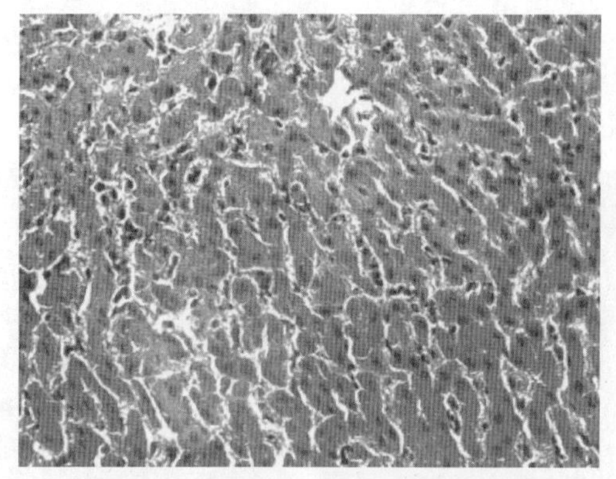

附图 6－17　肝脏淤血，肝脏细胞肿胀

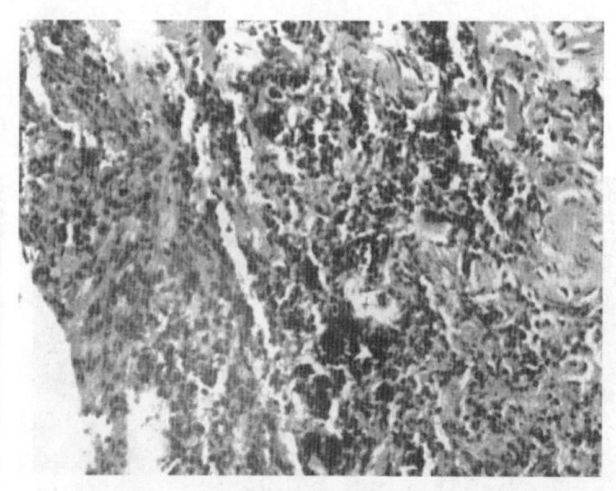

附图 6－18　淋巴结疏松水肿，有坏死

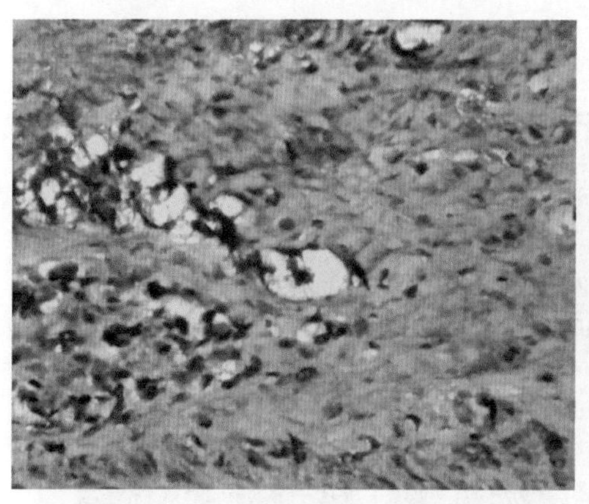

附图 6－19　肠黏膜上皮存在病毒阳性细胞

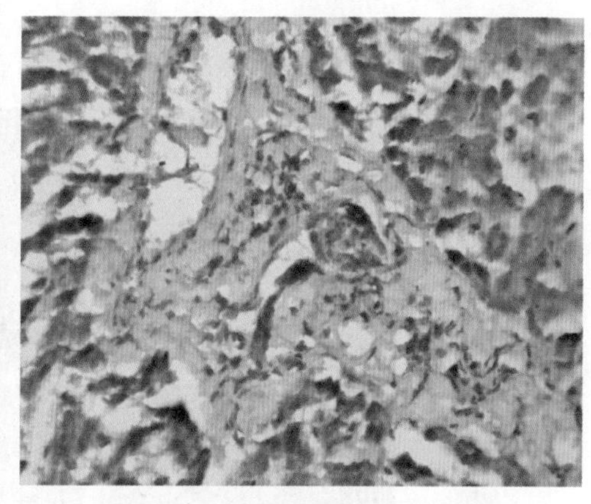

附图 6－20　腺上皮病毒阳性细胞

附图 6－21　小叶间胆管病毒阳性

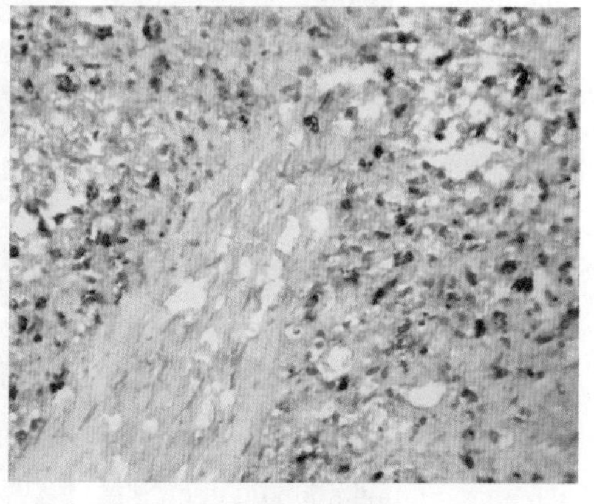

附图 6－22　脾脏存在大量病毒阳性细胞

第七章　免疫学

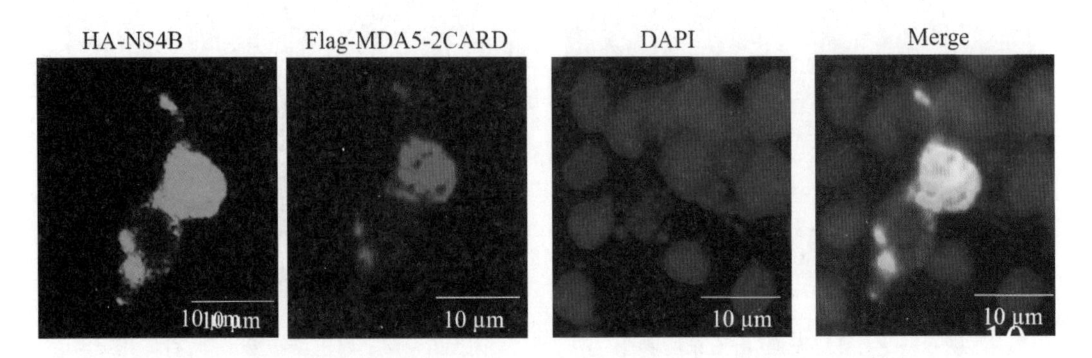

附图 7－1　HA－NS4B 与 Flag－MDA5－2CARD 在 HEK－293T 细胞中共定位

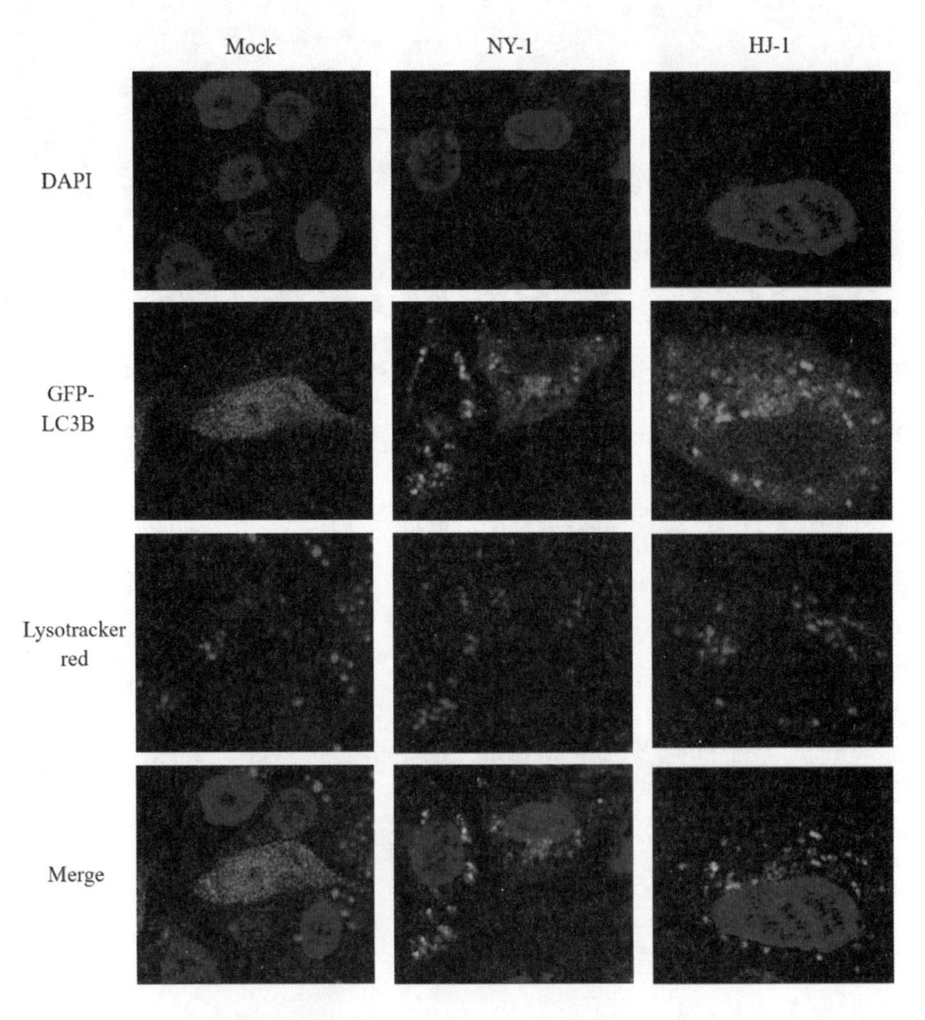

附图 7－2　自噬体与溶酶体共定位的激光共聚焦显微镜检查结果(10×20 倍)

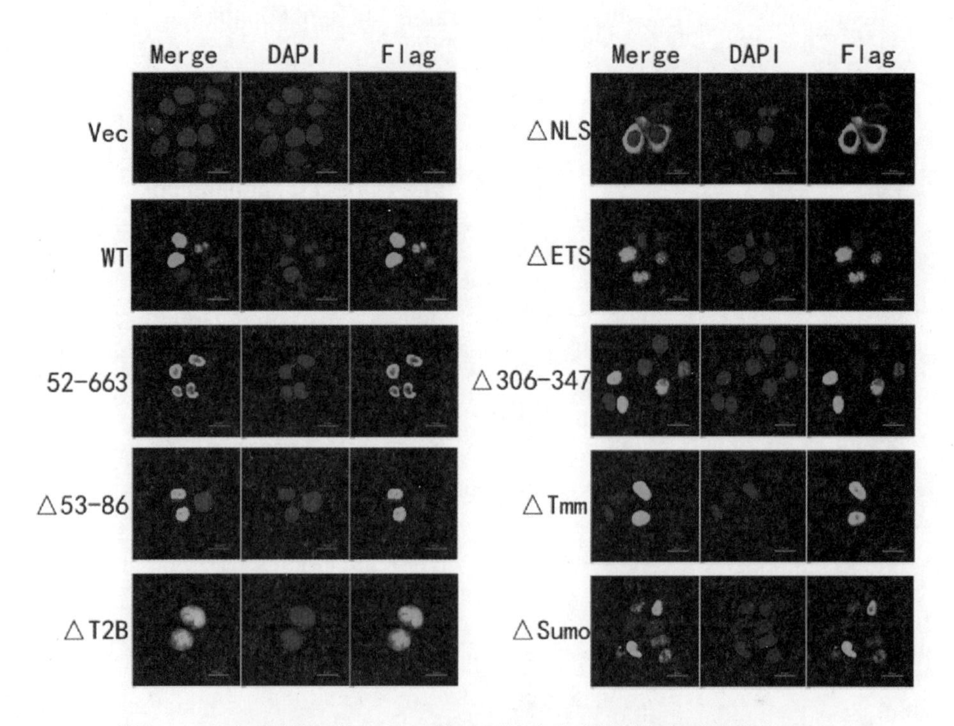

附图 7-3　加毒刺激后 BoELF4 的不同缺失突变体的亚细胞定位(400×)

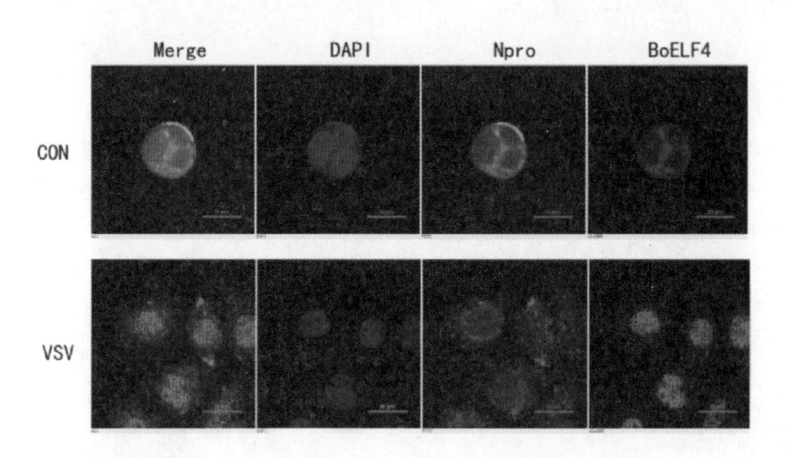

附图 7-4　病毒刺激细胞 Npro 的亚细胞定位(400×)